U0279376

钢结构识图快速入门

葛贝德　李建军　孙　伟　张美微　编著

机 械 工 业 出 版 社

本书全面、系统地介绍了识读钢结构施工图所需的基本知识和技能。内容包括钢结构施工图的基本知识和材料、构件的表达方法、单层钢结构工业厂房的识读、多层钢结构的识读、钢结构压型钢板等常见工程实例的识读。实例均选自设计单位的施工图和标准图集，具有较强的实用性。读者通过对本书的学习，对钢结构施工图会有较全面的理解，并能较快地学以致用。

本书可供钢结构制造、施工技术人员和钢结构设计初学者阅读参考，也适用于大中专院校基本建设相关学科教学使用。

图书在版编目（CIP）数据

钢结构识图快速入门/葛贝德等编著. —北京：机械工业出版社，2012.11（2025.1 重印）

ISBN 978-7-111-40554-2

Ⅰ.①钢…　Ⅱ.①葛…　Ⅲ.①钢结构-工程施工-建筑制图-识别　Ⅳ.①TU391

中国版本图书馆 CIP 数据核字（2012）第 283489 号

机械工业出版社（北京市百万庄大街 22 号　邮政编码 100037）
策划编辑：汤　攀　责任编辑：汤　攀　版式设计：闫玥红
责任校对：申春香　封面设计：张　静　责任印制：张　博
三河市宏达印刷有限公司印刷
2025 年 1 月第 1 版第 14 次印刷
184mm×260mm · 9.75 印张 · 5 插页 · 267 千字
标准书号：ISBN 978-7-111-40554-2
定价：19.80 元

凡购本书，如有缺页、倒页、脱页，由本社发行部调换

电话服务	网络服务
社 服 务 中 心：（010）88361066	教材网：http://www.cmpedu.com
销　售　一　部：（010）68326294	机工官网：http://www.cmpbook.com
销　售　二　部：（010）88379649	机工官博：http://weibo.com/cmp1952
读者购书热线：（010）88379203	**封面无防伪标均为盗版**

前　　言

随着我国基本建设步伐的加大，全国各地各种形式的建筑结构层出不穷，参与建筑施工的人员越来越多，因此，也就需要更多能掌握施工图识图方法和技巧的技术人员。

施工图样是工程技术人员表达实际工程的书面语言，了解施工图的基本知识并看懂施工图，是参加工程施工的技术人员应掌握的基本技能。对于刚参加工程建设施工的人员，尤其是新的建筑工人，迫切希望了解房屋建筑的基本构造，看懂建筑施工图样，学会这门技术，为实施工程施工创造良好的条件。

近年来，钢结构建筑以其强度高、抗震性能好、施工周期短、废料可回收等优点，在我国已越来越引起人们的重视。但由于受钢材产量的限制和经济水平的束缚，钢结构的发展相对缓慢，目前我国懂得和掌握钢结构施工技术的人员严重匮乏。为了帮助钢结构施工技术人员快速读懂钢结构施工图的设计意图，我们编写了此书。本书的编写依据是国家有关的最新标准，如《建筑制图标准》、《房屋建筑制图统一标准》、《建筑结构制图标准》和《钢结构设计制图深度和表达方法》。

本书从钢结构识图人员和施工人员的实际需要出发，首先从读图必须掌握的投影基本知识讲起，对读者最熟悉的普通房屋的施工图识读做了讲解，以便熟悉和掌握房屋建筑施工图的通用表达方法，为后面识读钢结构图做好充分准备。接下来是钢结构施工图的识读，介绍了钢结构施工图的基本知识和材料、构件的表达方法；对单层钢结构工业厂房、多层钢结构建筑、压型钢板和保温夹芯板等常见的工程实例进行了识读讲解，实例均选自设计单位的施工图和标准图集。读者通过对本书的学习，对钢结构施工图会有较为全面的理解，并能较快地学以致用。

本书由哈尔滨职业技术学院葛贝德，哈尔滨铁道职业技术学院李建军、孙伟、张美微编写。其中，第 4 章、第 6 章由葛贝德编写，第 1 章、第 5 章由李建军编写，第 2 章由张美微编写，第 3 章由孙伟编写。本书在编写过程中还得到了一些设计和施工单位技术人员的大力支持，在此一并表示感谢！

限于时间和水平，书中难免有不当之处，恳请广大读者批评指正。

编　　者

目　　录

第1章 钢结构识图基本知识

1.1 建筑制图标准及相关规定

钢结构工程制图隶属于建筑制图，为了统一建筑工程图样的画法，住房和城乡建设部颁发了《房屋建筑制图统一标准》（GB/T 50001—2010）、《总图制图标准》（GB/T 50103—2010）、《建筑制图标准》（GB/T 50104—2010）、《建筑结构制图标准》（GB/T 50105—2010），详细规定了建筑制图的要求。工程建筑人员应熟悉并严格遵守国家标准的有关规定。

1.1.1 图幅

图幅即图纸幅面的大小。为了使图纸规整，便于装订和保管，《房屋建筑制图统一标准》（GB/T 50001—2010）对图纸的幅面作了统一的规定。所有的设计图纸的幅面必须符合国家标准的规定，见表1-1。

表1-1 图纸幅面及图框尺寸 （单位：mm）

尺寸代号 \ 幅面代号	A0	A1	A2	A3	A4
$b \times l$	841×1189	594×841	420×594	297×420	210×297
c	10			5	
a	25				

必要时允许加长A0～A3图纸幅面的长度，其加长部分应符合表1-2的规定。

表1-2 图纸长边加长尺寸 （单位：mm）

幅面代号	长边尺寸	长边加长后尺寸
A0	1189	1486、1635、1783、1932、2080、2230、2378
A1	841	1051、1261、1471、1682、1892、2102
A2	594	743、891、1041、1189、1338、1486、1635、1783、1932、2080
A3	420	630、841、1051、1261、1471、1682、1892

注：有特殊需要的图纸，可采用 $b \times l$ 为 841mm×891mm 与 1189mm×1261mm 的幅面。

图纸以短边作为垂直边称为横式，如图1-1a所示；以短边作为水平边称为立式，如图1-1 b、c所示。一般A0～A3图纸宜横式使用，必要时也可立式使用；而A4图纸只能立式使用。

1.1.2 标题栏与会签栏

1. 标题栏

在图框内侧右下角的表格为标题栏（简称图标），用以填写工程名称、设计单位、图

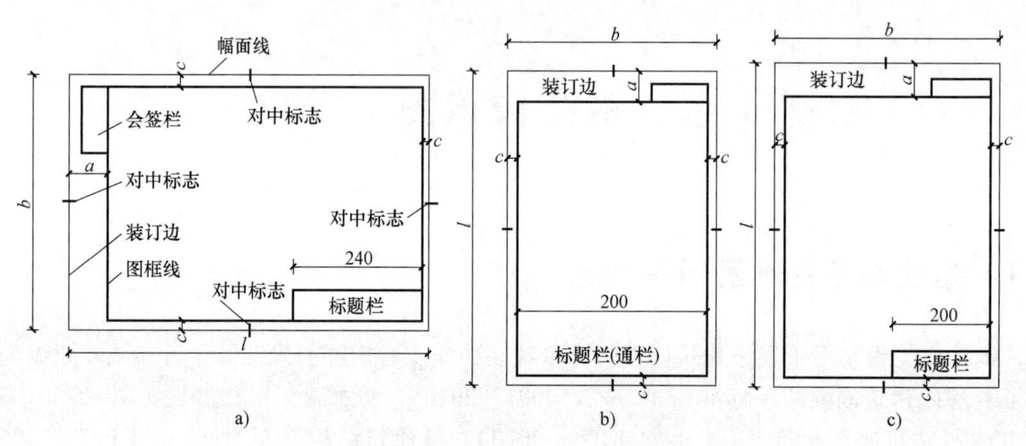

图 1-1 图纸幅面格式及尺寸代号

a）A0 ~ A3 横式 b）A0 ~ A3 立式 c）A4 立式

名、设计人员签名、图纸编号等内容，如图 1-2 所示。涉外工程的标题栏内，各项主要内容的中文下方应附有译文，设计单位的上方或左方应加注“中华人民共和国”字样。

2. 会签栏

会签栏应画在图纸左侧上方的图框线外侧，如图 1-3 所示。它是各设计专业负责人签字的表格。一个会签栏不够时，可另加一个或两个会签栏并列，不需会签的图纸可不设会签栏。

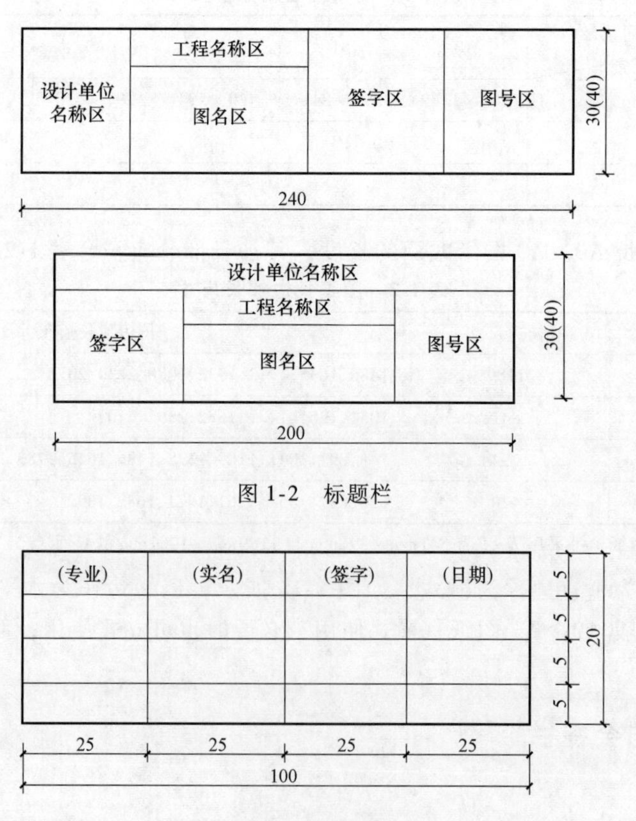

图 1-2 标题栏

图 1-3 会签栏

1.1.3　图线

1. 图线宽度

画在图纸上的线条统称为图线。为了使图样主次分明、形象清晰，国家制图标准对此作了明确规定，图线的宽度 b，应根据图样的复杂程度与比例大小，宜从下列线宽系列中选取：2.0mm、1.4mm、1.0mm、0.7mm、0.50mm、0.35mm。建筑工程图样中各种线型分粗、中、细三种图线宽度。先选定基本线宽 b，再选用表 1-3 所示的相应线宽组。

表 1-3　线宽组　（单位：mm）

线宽比	线宽组					
b	2.0	1.4	1.0	0.7	0.5	0.35
$0.5b$	1.0	0.7	0.5	0.35	0.25	0.18
$0.25b$	0.5	0.35	0.25	0.18	—	—

注：1. 需要微缩的图纸，不宜采用 0.18mm 及更细的线宽。
2. 同一张图纸内，各不同线宽中的细线，可统一采用较细的线宽组的细线。

图纸的图框线、标题栏线的宽度选用见表 1-4。

表 1-4　图框线、标题栏线的宽度　（单位：mm）

幅面代号	图框线	标题栏外框线	标题栏分格线、会签栏线
A0、A1	1.4	0.7	0.35
A2、A3、A4	1.0	0.7	0.35

2. 建筑制图图线

建筑专业、室内设计专业制图采用的各种图线、线宽及其主要用途，见表 1-5。

表 1-5　建筑制图图线

名称		线型	线宽	一般用途
实线	粗		b	主要可见轮廓线
	中		$0.5b$	可见轮廓线
	细		$0.25b$	可见轮廓线、图例线
虚线	粗		b	见各有关专业制图标准
	中		$0.5b$	不可见轮廓线
	细		$0.25b$	不可见轮廓线、图例线
单点长画线	粗		b	见各有关专业制图标准
	中		$0.5b$	见各有关专业制图标准
	细		$0.25b$	中心线、对称线等
双点长画线	粗		b	见各有关专业制图标准
	中		$0.5b$	见各有关专业制图标准
	细		$0.25b$	假想轮廓线、成型前原始轮廓线
折断线			$0.25b$	断开界线
波浪线			$0.25b$	断开界线

3. 建筑结构制图图线

建筑结构专业制图采用的各种线型、线宽及其主要用途，见表1-6。

表1-6　建筑结构制图图线

名　称		线　型	线宽	一般用途
实线	粗		b	螺栓、主钢筋线、结构平面图中的单线结构构件线、钢木支撑及系杆线，图名下横线、剖切线
	中		0.5b	结构平面图及详图中剖到或可见的墙身轮廓线，基础轮廓线，钢、木结构轮廓线，箍筋线，板钢筋线
	细		0.25b	可见的钢筋混凝土构件的轮廓线、尺寸线、标注引出线、标高符号、索引符号
虚线	粗		b	不可见的钢筋、螺栓线，结构平面图中的不可见的单线结构构件线及钢、木支撑线
	中		0.5b	结构平面图中的不可见构件、墙身轮廓线及钢、木构件轮廓线
	细		0.25b	基础平面图中的管沟轮廓线、不可见的钢筋混凝土构件轮廓线
单点长画线	粗		b	柱间支撑、垂直支撑、设备基础轴线图中的中心线
	细		0.25b	定位轴线、对称线、中心线
双点长画线	粗		b	预应力钢筋线
	细		0.25b	原有结构轮廓线
折断线			0.25b	断开界线
波浪线			0.25b	断开界线

4. 图线识图时注意事项（见图1-4）

（1）在同一张图纸内，相同比例的各个图样，应选用相同的线宽组，同类线应粗细一致。

（2）图纸的图框和标题栏线可采用表1-4中规定的线宽。

（3）相互平行的图线，其间隔不宜小于其中粗线的宽度，且不宜小于0.7mm。

（4）单点长画线或双点长画线，当在较小图形中绘制有困难时，可用实线代替。

（5）点画线与点画线或点画线与其他图线交接时，应是线段交接。

（6）虚线与虚线交接或虚线与其他图线交接时，应是线段交接，不要相交在空白处。虚线为实线的延长线时，不得与实线连接。

1.1.4　比例

图样的比例是图形和实物相对应的线性尺寸之比。比例的大小是指比值的大小，用阿拉伯数字表示，如2:1、1:1、1:10等。比值大于1的比例称为放大比例，如2:1表示图纸所画物体比实体放大2倍。比值小于1的比例称为缩小比例，如1:10表示图纸所画物体比实体缩小10倍。比例1:1表示图纸所画物体与实体一样大。建筑工程图样上常采用缩小比例。

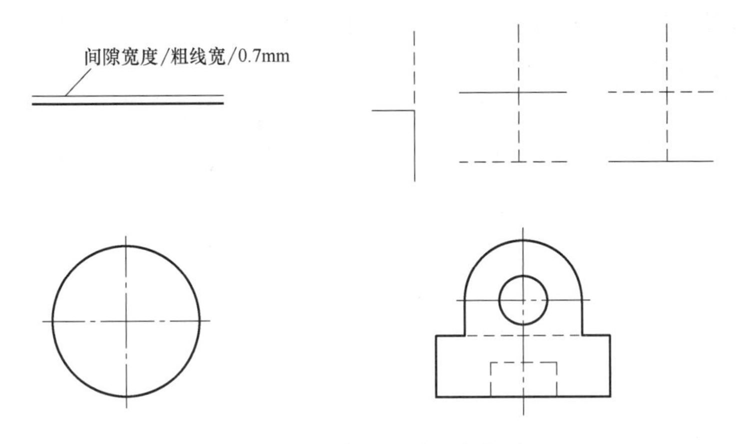

图 1-4　图线识图时注意事项

在图纸上注写比例时，若整张图纸只用一种比例，可将比例注写在标题栏中；若一张图纸中有多个图形并各自选用不同比例，则可将比例注写在图名的右侧，并与图名字的基准线平行，比例的字高应比图名的字小一或二号，如图 1-5 所示。

钢结构 1:100

a)

7 1:25

b)

图 1-5　比例的注写

a）施工图的注写　b）节点图的注写

绘图所用的比例，根据图样的用途与被绘对象的复杂程度，从表 1-7 中选用，并优先用表中常用比例。

表 1-7　绘图所用的比例

常用比例	1:1	1:2	1:5	1:10	1:20	1:50
	1:100	1:150	1:200	1:500	1:1000	1:2000
可用比例	1:3	1:15	1:25	1:30	1:40	1:60
	1:80		1:250	1:300	1:400	600

1.1.5　尺寸标注

工程图样只能表达形体的形状，而形体的大小则必须依据图样上标注的尺寸来确定。因此，尺寸标注在整个图样绘制中占有重要的地位，是施工的依据，应严格遵照国家标准中的有关规定，保证所标注的尺寸完整、清晰、准确无误，否则会给施工造成很大的损失。

1. 尺寸的组成与基本规定

图样上的尺寸由尺寸界线、尺寸线、尺寸起止符号和尺寸数字四部分组成的，如图 1-6 所示。

（1）尺寸界线　用细实线绘制，表示被标注尺寸的范围。一般应与被标注长度垂直，其一端应离开图样轮廓线不小于 2mm，另一端超出尺寸线 2～3mm。必要时，图样轮廓线、中心线及轴线可用作尺寸界线，如图 1-7 所示。

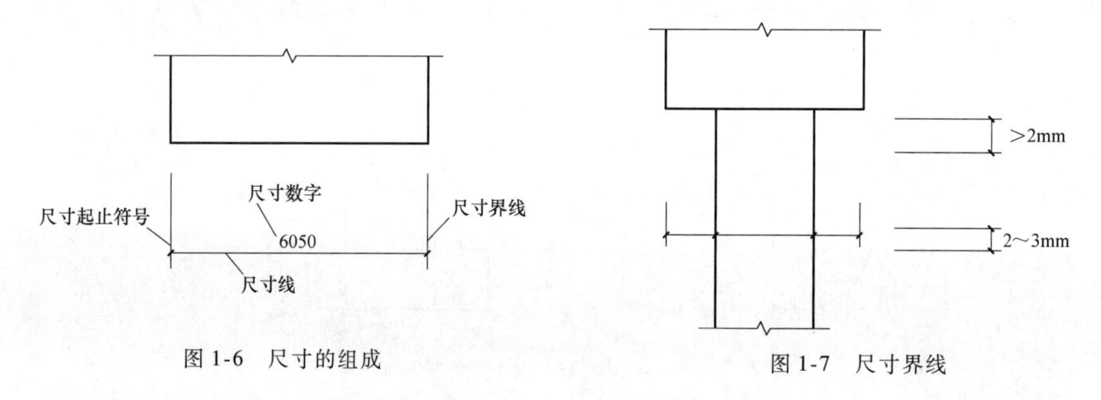

图 1-6　尺寸的组成

图 1-7　尺寸界线

（2）尺寸线　用细实线绘制，尺寸线在图上表示各部位的实际尺寸，与被标注长度平行且不宜超出尺寸界线。尺寸线与图样最外轮廓线的间距不宜小于 10mm，每道尺寸线之间的距离一般宜为 7～10mm，如图 1-8 所示。

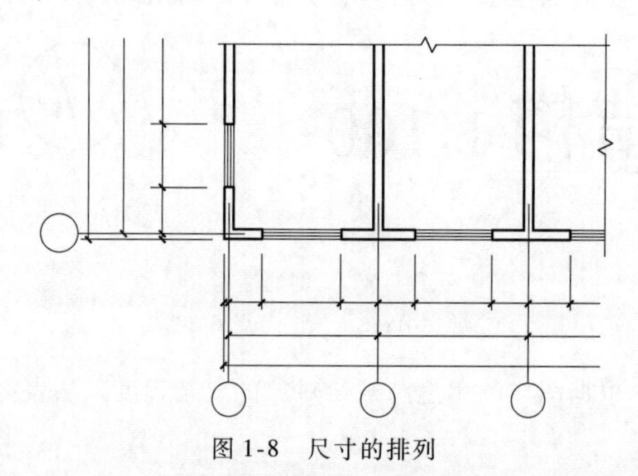

图 1-8　尺寸的排列

（3）尺寸起止符号　一般用中粗斜短线绘制，其倾斜方向与尺寸界线成顺时针 45°角，高度 h 宜为 2～3mm，半径、直径、角度与弧长的尺寸起止符号应用箭头表示，如图 1-9 所示。

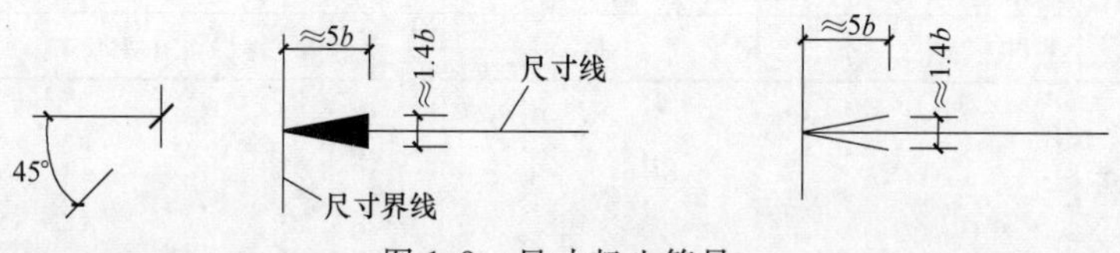

图 1-9　尺寸起止符号

（4）尺寸数字　表示被注尺寸的实际大小。应靠近尺寸线，平行标注在尺寸线中央位置。图样上的尺寸应以尺寸数字为准，不得从图上直接量取。图样上的尺寸单位，除标高及总平面图以米（m）为单位外，其他一律以毫米（mm）为单位，图样上的尺寸数字不再注写单位。同一张图样中，尺寸数字的大小应一致。水平尺寸要从左到右注在尺寸线上方，竖直尺寸要从下到上注在尺寸线左侧。其他方向的尺寸数字按如图 1-10a 的形式注写，当尺寸数字位于 30°斜线区内时，宜按图 1-10b 的形式注写。

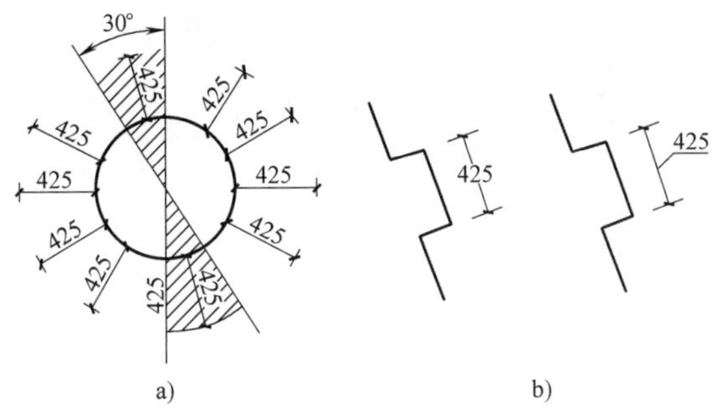

图1-10　尺寸数字的注写方向

(5) 尺寸的排列与布置　如果没有足够的位置注写，尺寸宜标注在图样轮廓线以外，不宜与图线、文字及符号等相交。不可避免时，应将数字处的图线断开。相互平行的尺寸线，应从图样轮廓线由内向外整齐排列，小尺寸在内，大尺寸在外；尺寸线与图样轮廓线之间的距离不宜小于10mm，尺寸线之间的距离为7～10mm，并保持一致。若注写位置狭小，尺寸数字没有位置注写，最外边的尺寸数字可注写在尺寸界线的外侧，中间相邻的尺寸数字可错开注写，或用引出线引出后再进行标注，不能缩小数字大小，如图1-11所示。

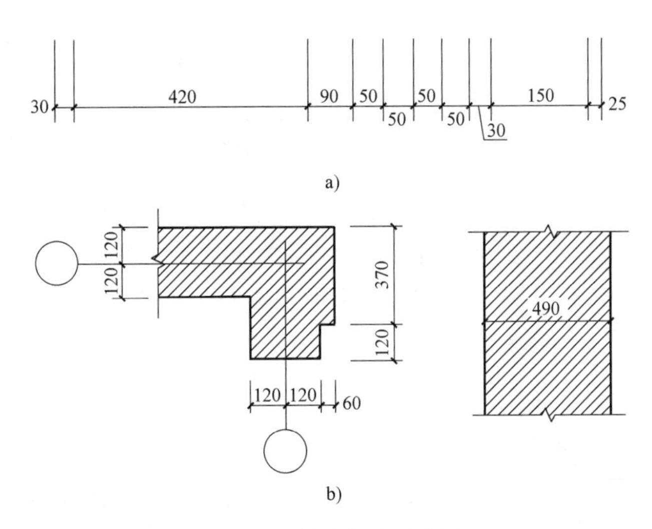

图1-11　尺寸数字的注写

2. 建筑结构构件尺寸标注

(1) 钢筋、钢丝束及钢筋与钢筋网片应按下列规定标注。

1) 钢筋、钢线束的说明应给出钢筋的代号、直径、数量、间距、编号及所在位置，其说明应沿钢筋的长度标注或标注在相关钢筋的引出线上。

2) 钢筋网片的编号应标注在对角线上，网片的数量应与网片的编号标注在一起。

(2) 构件配筋图中箍筋的长度尺寸应指箍筋的里皮尺寸；弯起钢筋的高度尺寸应指钢筋的外皮尺寸；如图1-12所示。

(3) 两构件的两条很近的重心线，应在交汇处将其各自向外错开，如图1-13所示。

(4) 弯曲构件的尺寸应沿其弧度的曲线标注弧的轴线长度，如图1-14所示。

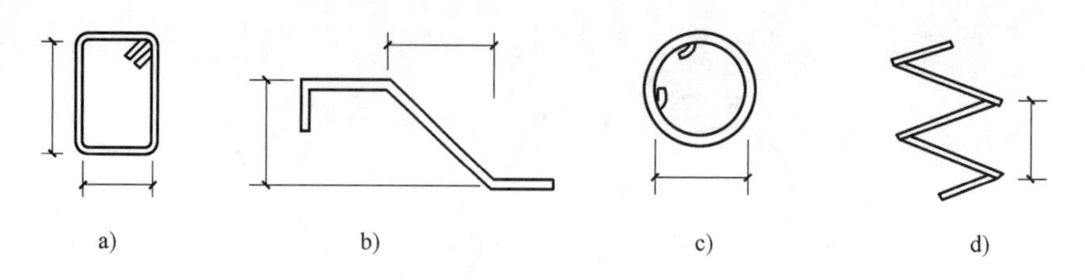

图 1-12　钢箍尺寸标注法

a）箍筋尺寸标注图　b）弯起钢筋尺寸标注图　c）环型钢筋尺寸标注图　d）螺旋钢筋尺寸标注图

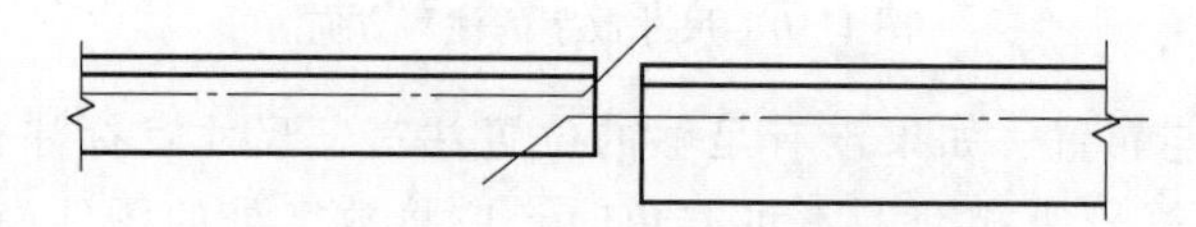

图 1-13　两构件重心线不重合的表示方法

（5）切割的板材，应标注各线段的长度及位置，如图 1-15 所示。

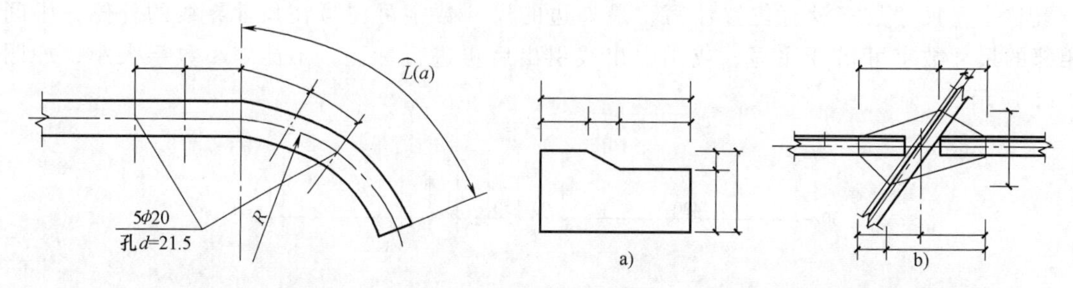

图 1-14　弯曲构件尺寸的标注方法　　图 1-15　切割板材尺寸的标注方法

（6）不等边角钢的构件，必须标注出角钢一肢的尺寸，如图 1-16 所示。

（7）节点尺寸，应注明节点板的尺寸和各杆件螺栓孔中心或中心距，以及杆件端部至几何中心线交点的距离，如图 1-16、图 1-17 所示。

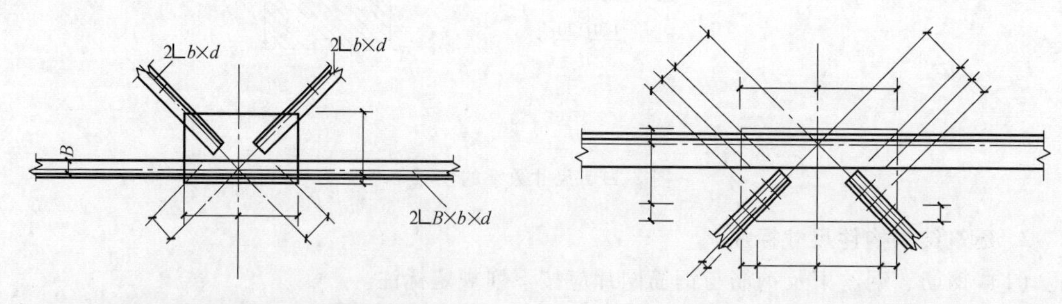

图 1-16　节点尺寸及不等边角钢的标注方法　　图 1-17　节点尺寸的标注方法

（8）双型钢组合截面的构件，应注明缀板的数量及尺寸，如图 1-18 所示。引出横线上方标注缀板的数量及缀板的宽度、厚度，引出横线下方标注缀板的长度尺寸。

（9）非焊接的节点板，应注明节点板的尺寸和螺栓孔中心与几何中心线交点的距离，如图 1-19 所示。

（10）桁架式结构的几何尺寸图可用单线图表示。杆件的轴线长度应标注在构件的上方，如图 1-20 所示。

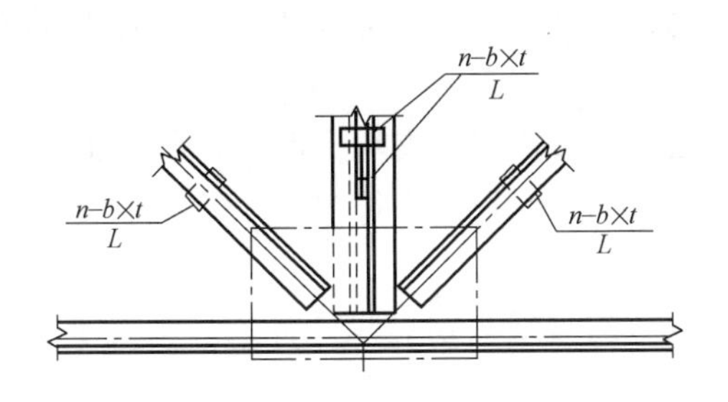

图 1-18 缀板的标注方法

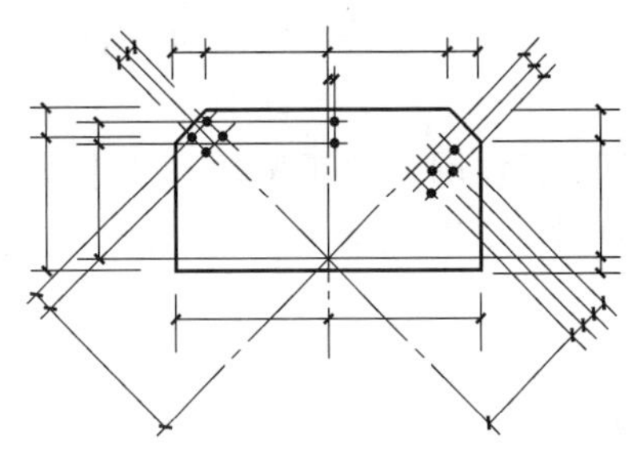

图 1-19 非焊接节点板尺寸的标注方法

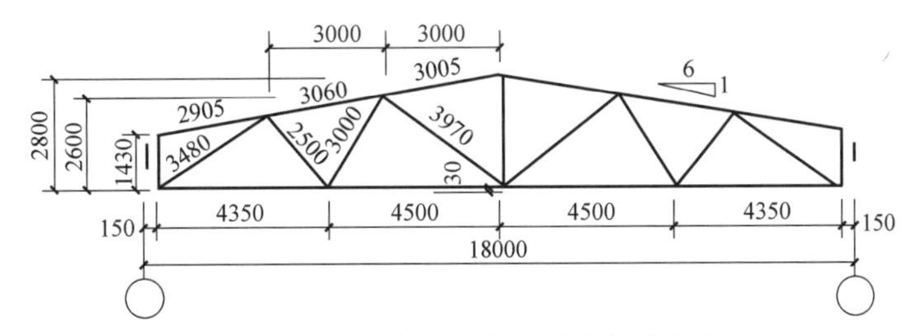

图 1-20 对称桁架几何尺寸的标注方法

（11）在杆件布置和受力均对称的桁架单线图中，若需要时可在桁架的左半部分标注杆件的几何轴线尺寸，右半部分标注杆件的内力值和反力值；非对称的桁架单线图，可在上方标注杆件的几何轴线尺寸，下方标注杆件的内力值和反力值。竖杆的几何轴线尺寸可标注在左侧，内力值标注在右侧。

3. 直径、半径的尺寸标注

标注圆的直径或半径尺寸时，在直径数字前应加直径符号“ ϕ”。在圆内标注的直径尺寸线应通过圆心画成斜线，两端画箭头指至圆弧。圆内半径尺寸线应一端从圆心开始，另一端画箭头指向圆弧。半径数字前应加注半径符号“*R*”。当在图样范围内标注圆心有困难时，较大圆弧的尺寸线可画成折断线，小尺寸的圆或圆弧可标注在圆外，如图 1-21 所示。

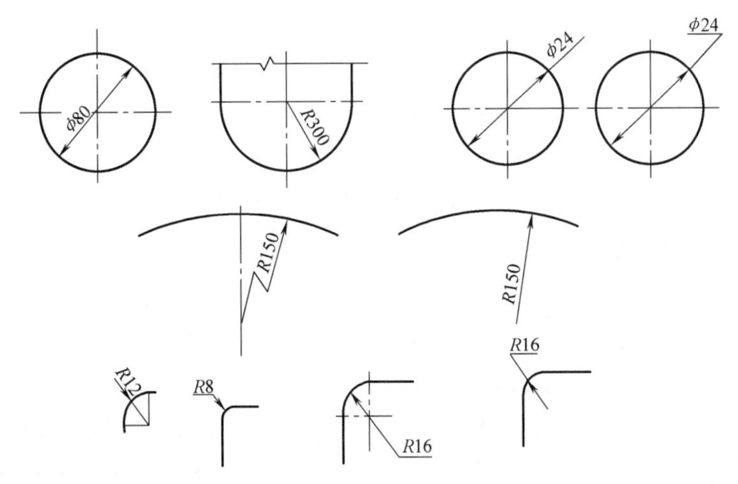

图 1-21 直径、半径的尺寸标注

4. 角度、弧长、弦长的尺寸标注

（1）角度的尺寸线画成圆弧，圆心应是角的顶点，角的两条边为尺寸界线，角度数字一律水平书写。起止符号应以箭头表示，如没有足够位置画箭头，可用圆点代替，如图 1-22a 所示。

（2）标注圆弧的弧长时，尺寸线应以与该圆弧线同心的圆弧表示，尺寸界线应垂直于该圆弧的弦，用箭头表示起止符号，弧长数字的上方应加注圆弧符号“⌒”，如图 1-22b 所示。

（3）标注圆弧的弦长时，尺寸线应以平行于该弦的直线表示，尺寸界线应垂直于该弦，起止符号用中粗斜短线表示，如图 1-22c 所示。

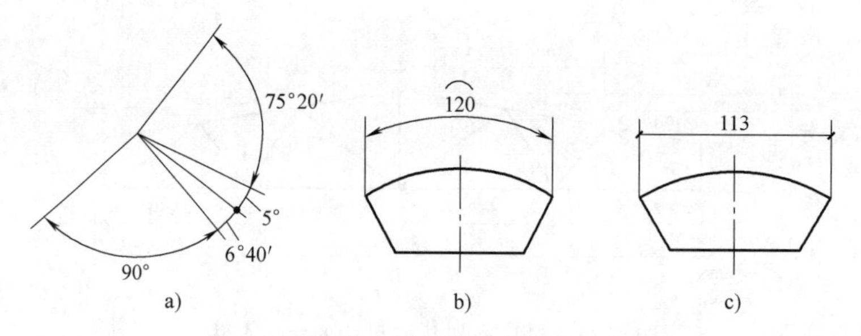

图 1-22　角度、弧长及弦长的尺寸标注

5. 坡度、薄板厚度、正方形、非圆曲等的尺寸标注

（1）坡度可采用百分数或比例的形式标注。标注坡度（也称斜度）时，在坡度数字下，应加注坡度符号“⇀”（单面箭头），箭头应指向下坡方向，如图 1-23a、b 所示。坡度也可用由斜边构成的直角三角形的对边与底边之比的形式标注，如图 1-23c 所示。

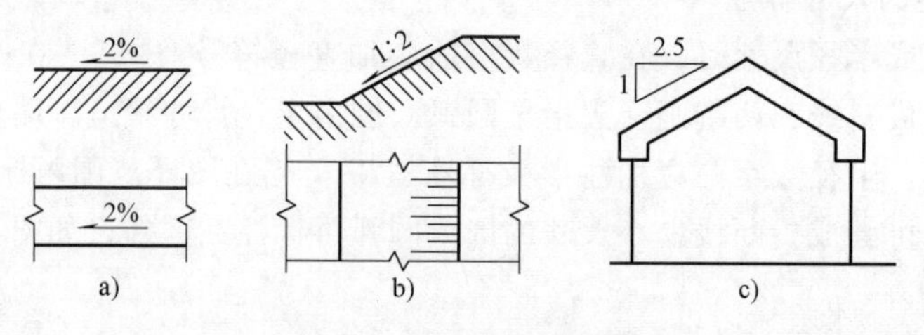

图 1-23　坡度的尺寸标注

（2）在薄板板面标注板厚尺寸时，应在表示厚度的数字前加注厚度符号“t”，如图 1-24所示。

（3）标注正方形的尺寸，可用“边长 × 边长”的形式表示，也可在边长数字前加正方形符号“□”，如图 1-25 所示。

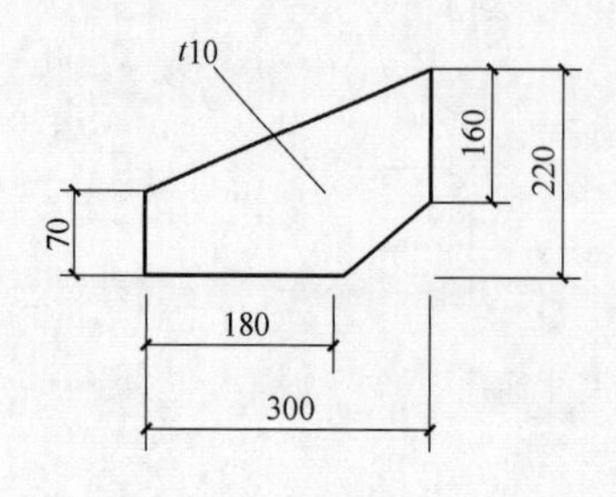

图 1-24　薄板厚度的尺寸标注

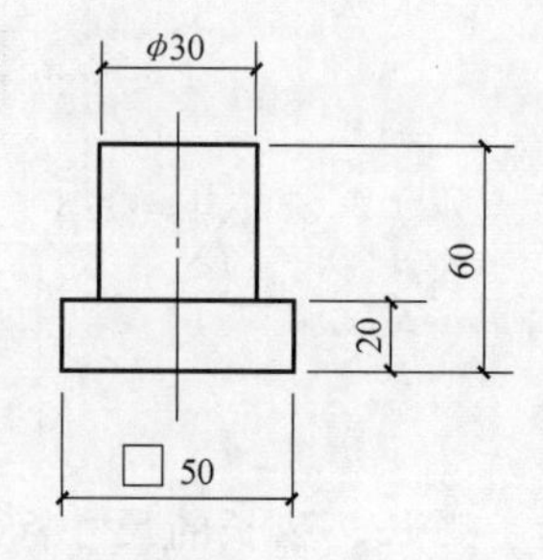

图 1-25　正方形尺寸标注

(4) 外形为非圆曲线的构件，可用坐标形式标注尺寸，如图 1-26 所示。

(5) 复杂的图形，可用网格形式标注尺寸，如图 1-27 所示。

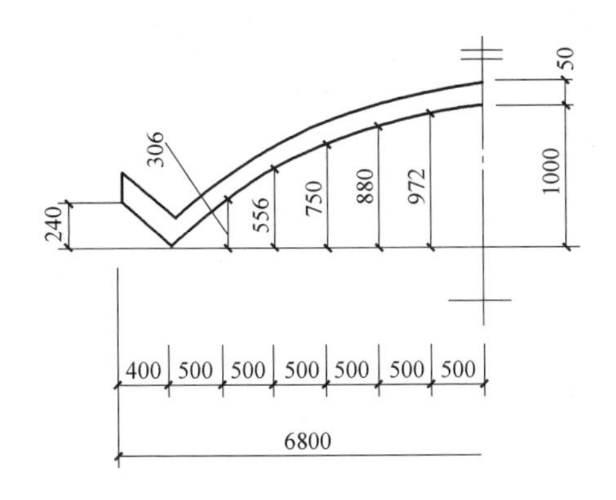

图 1-26　非圆曲线的尺寸标注

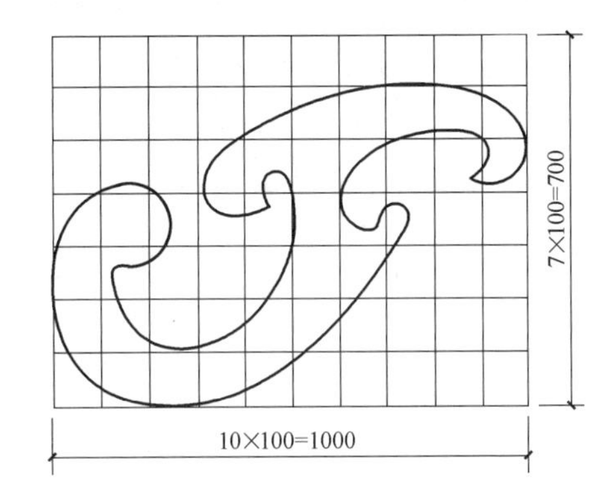

图 1-27　复杂图形的尺寸标注

6. 尺寸的简化标注

(1) 对于较多相等间距的连续尺寸，可以标注成乘积形式，用“个数 × 等长尺寸 = 总长”的形式标注，如图 1-28 所示。

(2) 对于钢筋、杆件、管线等单线图，可以将尺寸直接标注在杆件的一侧，无须画出尺寸界线、尺寸线和尺寸起止符号，如图 1-29 所示。

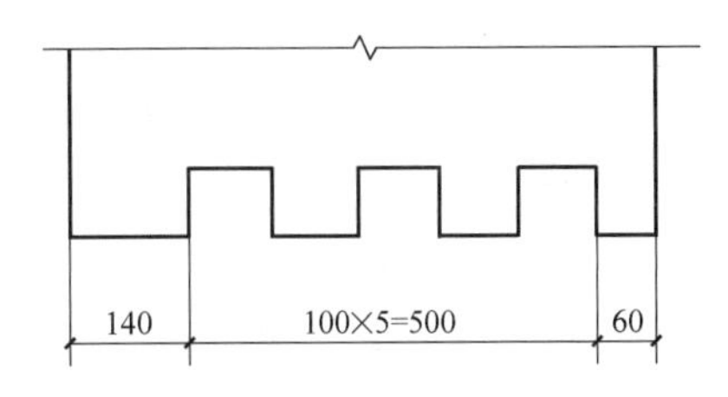

图 1-28　等长尺寸简化标注

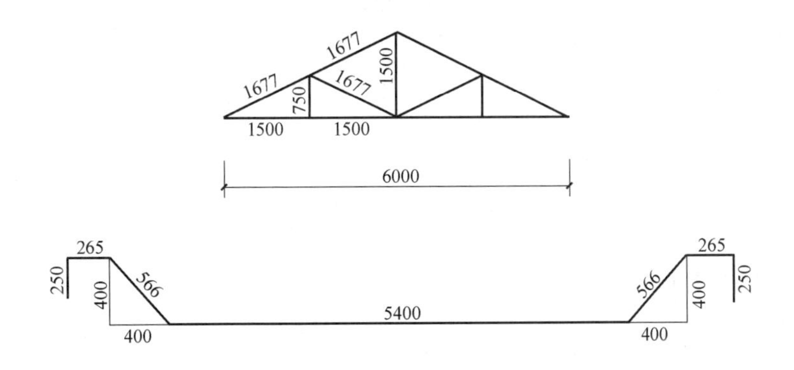

图 1-29　单线图的尺寸标注

(3) 构配件内具有诸多相同构造要素（如孔、槽等）时，可只标注其中一个要素的尺寸，如图 1-30 所示。

(4) 对称构配件可采用对称省略画法，该对称构配件的尺寸线应略超过对称符号，仅在尺寸线的一端画尺寸起止符号，尺寸数字应按整体全尺寸注写，其注写位置宜与对称符号对齐，如图 1-31 所示。

(5) 两个构配件，如个别尺寸数字不同，可画在同一图样中，在同一图样中将其中一个构配件的不同尺寸数字注写在括号内，该构配件的名称也应注写在相应的括号内，如图1-32 所示。

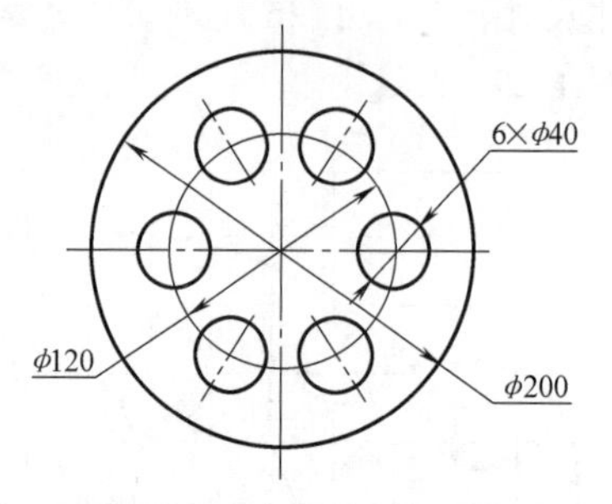

图 1-30　相同要素尺寸标注

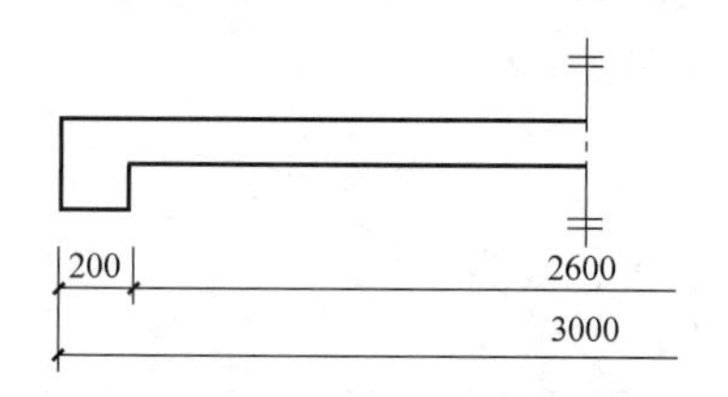

图 1-31　对称构件的尺寸标注

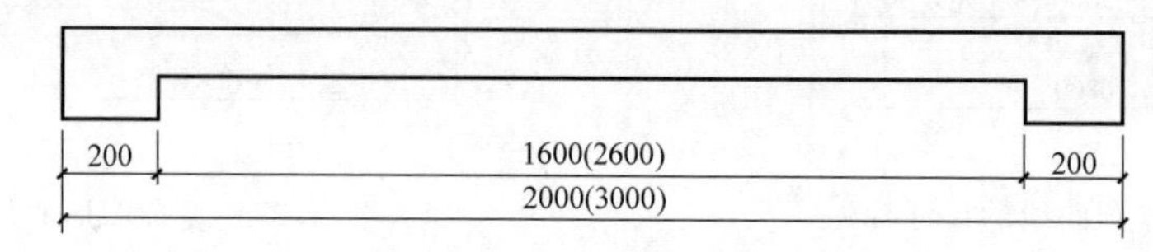

图 1-32　形体相似构件的尺寸标注

（6）数个构配件，如其图样样式相同仅某些尺寸不同，这些有变化的尺寸数字，可用拉丁字母注写在同一图样中，其具体尺寸另列表格写明，如图 1-33 所示。

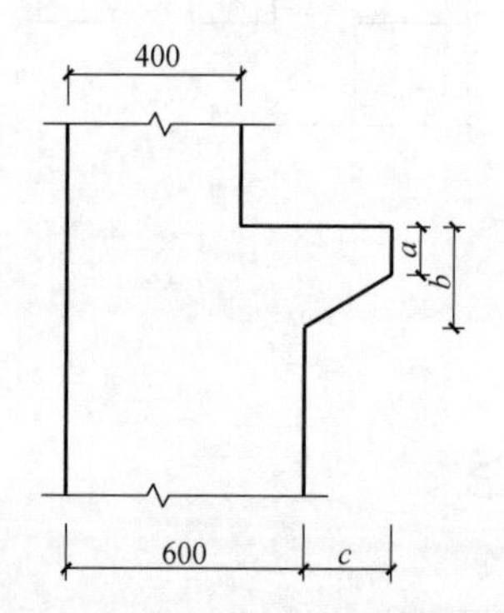

构件编号	*a*	*b*	*c*
z-1	200	200	200
z-2	250	450	200
z-3	200	450	250

图 1-33　多个相似构件尺寸的列表标注

1.1.6　索引和详图符号

学会索引符号及详图符号的使用，是正确查阅图纸、明确前后图关系的重要一步。在工程图样中，经常有这样一种情况，一个图样无法清楚地表达出某一个构件的局部结构，需另见引出的详图，用来引出的符号称索引符号，如图 1-34a 所示。索引符号由直径为 10mm 的圆和水平直径组成，圆及水平直径均应以细实线绘制。索引符号应按下列规定编写：

（1）索引出的详图，与被索引的详图画在同一张图纸内时，应在索引符号的上半圆中用阿拉伯数字注明该详图的编号，并在下半圆中间画一段水平细实线，如图 1-34b 所示。

（2）索引出的详图，与被索引的详图不画在同一张图纸内时，应在索引符号的上半圆中用阿拉伯数字注明该详图的编号，在索引符号的下半圆中用阿拉伯数字注明该详图所在图纸的编号，如图 1-34c 所示。数字较多时，可加文字标注。

（3）索引出的详图，如采用标准图，应在索引符号水平直径的延长线上加注该标准图册的编号，如图 1-34d 所示。

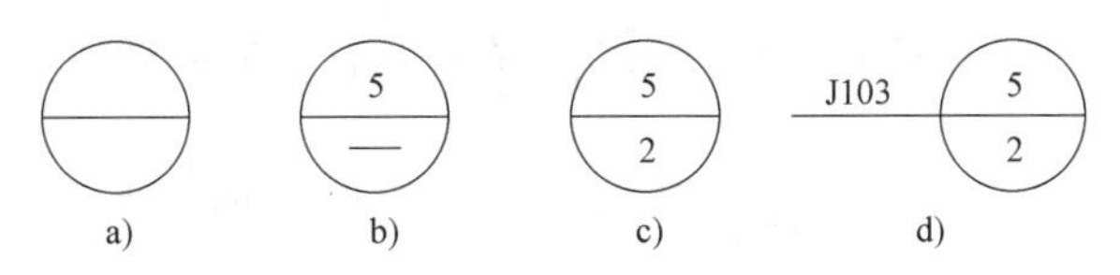

图1-34　索引符号

（4）索引符号如用于索引剖视详图时，应在被剖切的部位绘制剖切位置线，并以引出线引出索引符号，引出线所在的一侧应为投射方向。索引符号的编写同上条的规定，如图1-35所示。

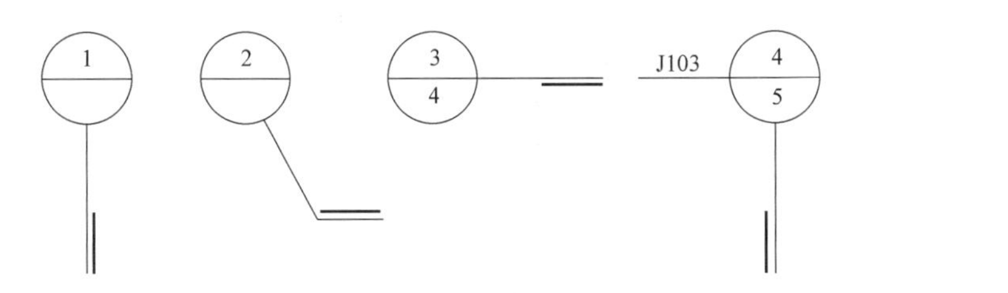

图1-35　用于索引剖面详图的索引符号

图1-36　零件、钢筋等的编号

（5）零件、钢筋、杆件、设备等的编号，用直径为4～6mm的细实线圆表示，其编号应用阿拉伯数字按顺序编写，如图1-36所示。

1.1.7　其他符号

1. 引出线

（1）建筑物的某些部位需用详图或必要的文字加以说明时，常用引出线从该部位引出。引出线用细实线绘制，宜采用水平方向的直线、与水平方向成30°、45°、60°、90°的直线，或经上述角度再折为水平的折线，如图1-37所示。

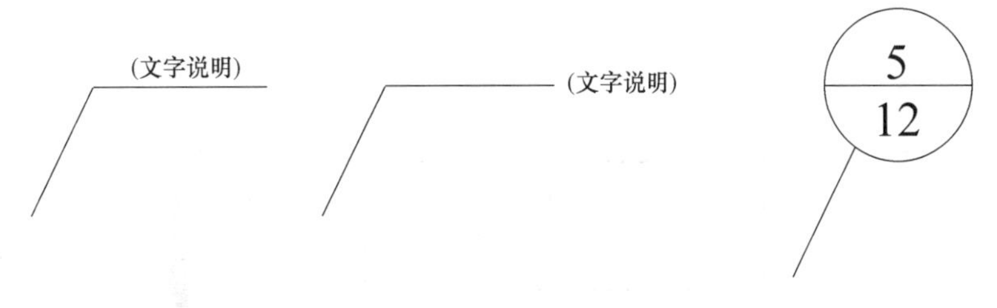

图1-37　引出线

（2）同时引出几个相同部分的引出线，应互相平行，或画成集中于一点的放射线，如图1-38所示。

（3）多层构造或多层管道的引出线应通过被引出的各层，文字说明宜注写在横线的上方，也可注写在横线的端部，说明的顺序应由上至下，并与被说明的层次相互一致；如层次

图1-38　共同引出线

为横向排列，则由上至下的说明顺序应与由左至右的层次相互一致，如图 1-39 所示。

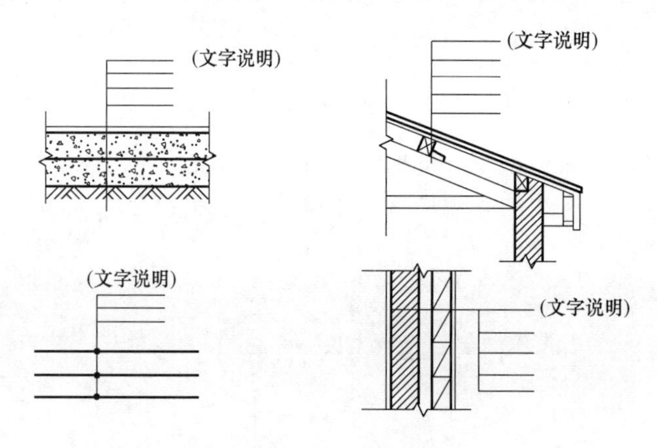

图 1-39　多层构造引出线

2. 对称符号

对称符号由对称线和两端的两对平行线组成。对称线用细单点画线绘制；平行线用细实线绘制，其长度宜为 6～10mm，每对的间距宜为 2～3mm，对称线垂直平分于两对平行线，两端超出平行线宜为 2～3mm，如图 1-40a 所示。

3. 连接符号

一个构配件，如绘制位置不够，可分成几个部分绘制，并用连接符号表示。连接符号应以折断线表示需要连接的部位。两部分相距过远时，折断线两端靠图样一侧应标注大写拉丁字母表示连接符号。两个被连接的图样必须用相同的字母编号，如图 1-40b 所示。

4. 指北针

指北针的形状宜如图 1-42c 所示，其圆的直径为 24mm，用细实线绘制，指针尾部的宽度宜为 3mm，指针头部应注“北”或“N”字。需用较大直径绘制指北针时，指针尾部宽度为直径的 1/8。

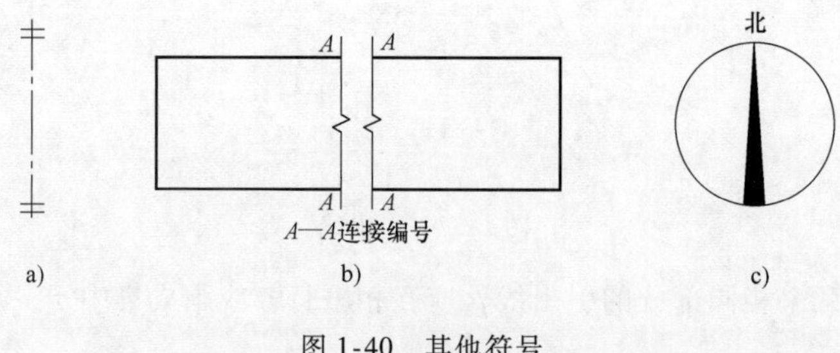

图 1-40　其他符号

a）对称符号　b）连接符号　c）指北针

1.2　钢结构工程施工图常用图例

图例是施工图纸上用图形来表示一定含意的符号，具有一定的形象性，可向读图者表达所代表的内容。

1.2.1　建筑构造及配件图例

常用建筑构造及配件图例见表 1-8。

表 1-8　常用建筑构造及配件图例

<table>
<tr><th>名称</th><th>图例</th><th>说明</th><th>名称</th><th>图例</th><th>说明</th></tr>
<tr><td rowspan="2">楼梯</td><td rowspan="2">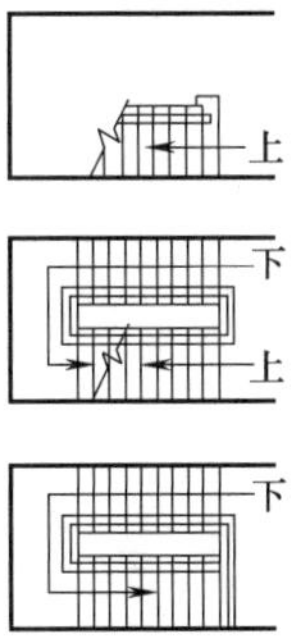</td><td rowspan="2">1. 上图为底层楼梯平面，中图为中间层楼梯平面，下图为顶层楼梯平面
2. 楼梯的形式及梯段踏步数应按实际情况绘制</td><td>单层双面弹簧门</td><td>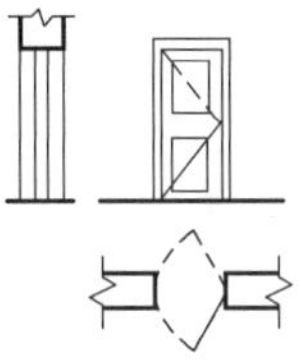</td><td rowspan="2"></td></tr>
<tr><td>双扇双面弹簧门</td><td>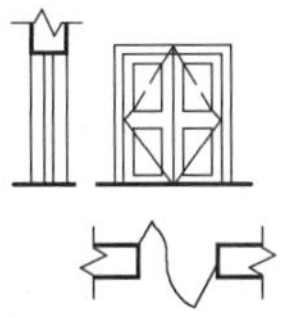</td></tr>
<tr><td>烟道</td><td>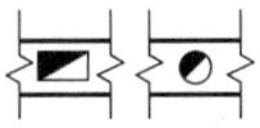</td><td></td><td>单层固定窗</td><td>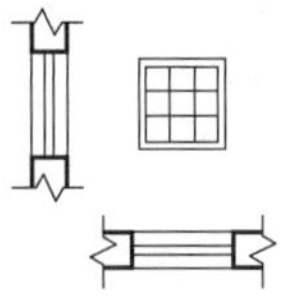</td><td rowspan="5">1. 窗的名称代号用 C 表示
2. 立面图中的斜线表示窗的开启方向，实线为外开，虚线为内开；开启方向线交角的一侧为安装合页的一侧，一般设计图中可不表示
3. 图例中，剖面图所示左为外，右为内，平面图所示下为外，上为内
4. 窗的立面形式应按实际绘制
5. 小比例绘图时平、剖面的窗线可用单粗实线表示</td></tr>
<tr><td>孔洞</td><td></td><td></td><td rowspan="3">单层内开下悬窗</td><td rowspan="3">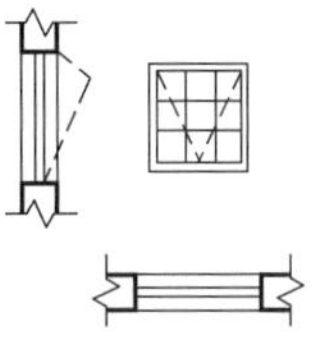</td></tr>
<tr><td>通风道</td><td>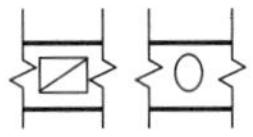</td><td>烟道与墙体为同一材料，其相接处墙身线应断开</td></tr>
<tr><td>墙体</td><td>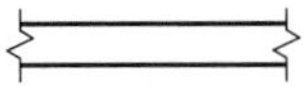</td><td></td></tr>
<tr><td>单扇门（包括平开或单面弹簧）</td><td>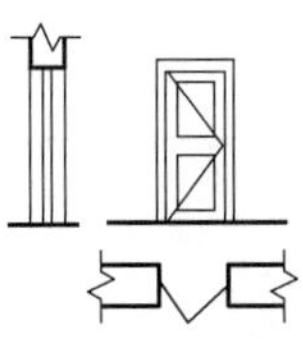</td><td>1. 门的名称代号用 M
2. 图例中剖面图左为外、右为内，平面图下为外、上为内
3. 立面图上开启方向线交角的一侧为安装合页的一侧，实线为外开，虚线为内开
4. 平面图上门线应 90°或 45°开启，开启弧线宜绘出</td><td>单层外开平开窗</td><td>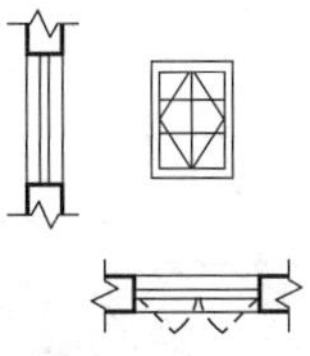</td></tr>
</table>

（续）

名称	图例	说明	名称	图例	说明
坡道		1. 上图为长坡道 2. 下图为门口坡道	转门		1. 门的名称代号用 M 表示 2. 图例中剖面图左为外、右为内，平面图下为外、上为内 3. 平面图上门线应 90°或 45°开启，开启弧线宜绘出 4. 立面图上的开启线在一般设计图中可不表示，在详图及室内设计图上应表示 5. 立面形式应按实际情况绘制
自动门		1. 门的名称代号用 M 2. 图例中剖面图左为外、右为内平面图下外、上为内 3. 立面形式应按实际情况绘制	百叶窗		1. 窗的名称代号用 C 表示 2. 立面图中的斜线表示窗的开启方向，实线为外开；虚线为内开开启方向线交角的一侧为安装合页的一侧，一般设计图中可不表示 3. 图例中，剖面图所示左为外，右为内，平面图所示下为外，上为内 4. 平面图和剖面图上的虚线仅说明开关方式，在设计图中不需表示 5. 窗的立面形式应按实际绘制
竖向卷帘门		1. 门的名称代号用 M 2. 图例中剖面图左为外、右为内，平面图下为外、上为内 3. 立面形式应按实际情况绘制			
提升门					

1.2.2　常用建筑材料图例

为简化作图，工程图样中采用各种图例表示所用的建筑材料，称为建筑材料图例，标准规定常用建筑材料应按表 1-9 所示图例绘制。

表 1-9　常用建筑材料图例

名　称	图　例	备　注
自然土壤		包括各种自然土壤
夯实土壤		

（续）

名　称	图　例	备　注
砂、灰土		靠近轮廓线绘制较密的点
石材		应注明大理石或花岗岩及光洁度
毛石		应注明石料块面大小及品种
普通砖		包括实心砖、多孔砖、砌块等砌体，断面较窄不易绘出图例线时，可涂红
饰面砖		包括铺地砖、马赛克、陶瓷锦砖、人造大理石等
焦渣、矿渣		包括与水泥、石灰等混合而成的材料
多孔材料		包括水泥珍珠岩、沥青珍珠岩、泡沫混凝土、非承重加气混凝土、软木、蛭石制品等
混凝土		1. 本图例是指能承重的混凝土及钢筋混凝土 2. 包括各种强度等级、骨料、添加剂的混凝土 3. 在剖面图上画出钢筋时，不画图例线 4. 断面图形小，不易画出图例线时，可涂黑
钢筋混凝土		
木材		1. 上图为横断面，上左图为垫木、木砖或木龙骨 2. 下图为纵断图
玻璃		本图例为玻璃断面图，包括平板玻璃、磨砂玻璃、夹丝玻璃、钢化玻璃、中空玻璃、夹层玻璃等
防水材料		采用此图例，一般构造层次多或比例大时
粉刷		本图例采用较稀的点

1.2.3　水平及垂直运输装置图例

水平及垂直运输装置图例及说明见表 1-10。

表 1-10　水平及垂直运输装置图例

名　　称	图　　例	说　　明
铁路	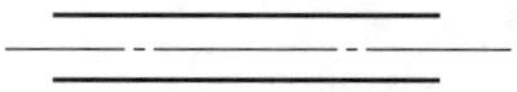	本图例适用于标准轨及窄轨铁路，使用本图例时应注明轨距
起重机轨道		
电动葫芦	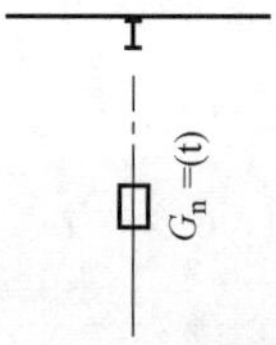 G_n=(t)	1. 上图表示立面（或剖切面），下图表示平面 2. 起重机的图例宜按比例绘制 3. 有无操纵室，应按实际情况绘制 4. 需要时，可注明起重机的名称、行驶的轴线范围及工作级别 5. 本图例的符号说明：G_n 为起重机起重量，以“t”计算；S 为起重机的跨度或臂长，以“m”计算
梁式悬挂起重机	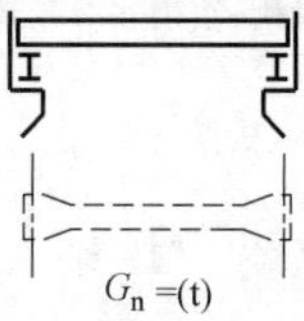 G_n=(t) S=(m)	
梁式起重机	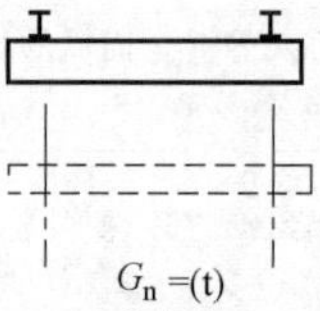 G_n=(t) S=(m)	
桥式起重机	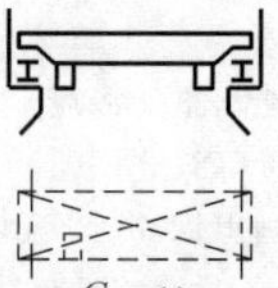 G_n=(t) S=(m)	
壁行起重机	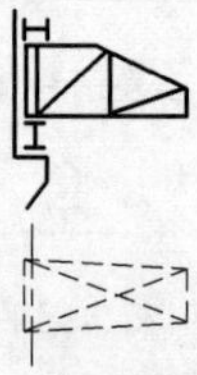 G_n=(t) S=(m)	
旋臂起重机	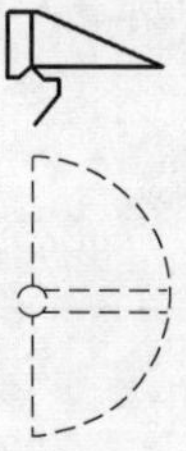 G_n=(t) S=(m)	

（续）

名　　称	图　　例	说　　明
电梯	图例	1. 电梯应注明类型，并绘出门和平衡锤的实际位置 2. 观景电梯等特殊类型电梯应参照本图例按实际情况绘制
自动扶梯	图例（上；上、下）	1. 自动扶梯和自动人行道、自动人行坡道可正、逆向运行，箭头方向为设计运行方向 2. 自动人行坡道应在箭头线段尾部加注上或下
自动人行道及自动人行坡道	图例（下；上）	

1.3　钢材的种类、规格及选择

1.3.1　钢材的种类

在建筑钢材中采用的是碳素结构钢、低合金高强度结构钢和优质碳素结构钢。

1. 碳素结构钢

按国家现行标准《碳素结构钢》（GB 700—1988）规定，碳素结构钢的牌号由代表屈服点的字母 Q、屈服点数值、质量等级符号（A、B、C、D）、脱氧方法符号（F、b、Z、TZ，分别表示沸腾钢、半镇定钢、镇定钢和特殊镇定钢）四个部分顺序组成。

目前生产的碳素结构钢有：Q195、Q215、Q235、Q255 和 Q275 五种，含碳量越多，屈服点越高，塑性越低。Q235 的含碳量低于 0.22%，属于低碳钢，其强度适中，塑性、韧性和可焊性较好，是建筑钢结构常用的钢材品种之一。

2. 低合金高强度结构钢

低合金高强度结构钢是在冶炼过程中，在碳素钢中加入少量几种合金元素，其总量虽低于 5%，但钢的强度明显提高，故称为低合金高强度结构钢。其牌号按屈服点由小到大排列，有 Q295、Q345、Q390、Q420 和 Q460 五种，牌号意义和碳素结构钢相同。不同的是，低合金高强度结构钢的质量等级分为 A、B、C、D、E 五级，A 级对冲击韧性无要求；B 级、C 级、D 级对应温度 20℃、0℃、-20℃的冲击功≥34J；E 级要求 -40℃的冲击功≥27J。

3. 优质碳素结构钢

优质碳素结构钢以不进行热处理或热处理（退火、正火或高温回火）状态交货，要求进行热处理状态交货的应在合同中注明，未注明者按不进行热处理交货，如用于高强度螺栓的 45 号优质碳素结构钢需经热处理，强度较高，对塑性和韧性又无显著影响。

1.3.2　钢材的规格

钢结构采用的型材有热轧成形的钢板和型钢如图 1-41 所示，冷弯（或冷压）成形的薄壁型钢如图 1-42 所示。

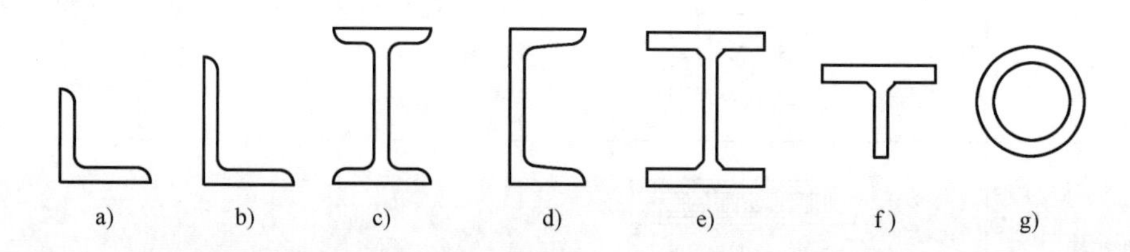

图 1-41　热轧型钢截面

a）等边角钢　b）不等边角钢　c）工字钢　d）槽钢　e）H 型钢　f）T 型钢　g）圆钢

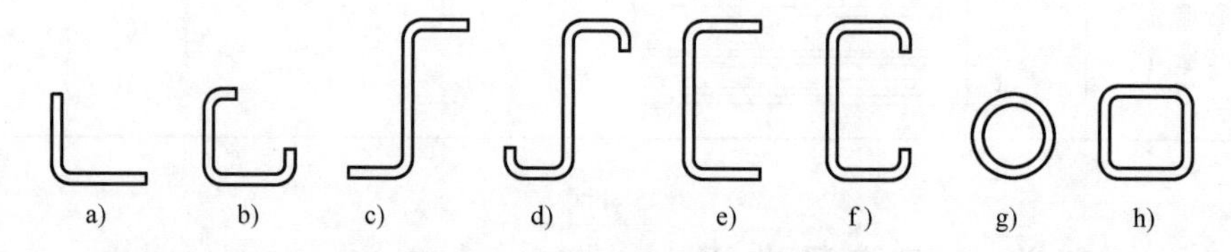

图 1-42　冷弯薄壁型钢截面

a）等边角钢　b）卷边角钢　c）Z 型钢　d）卷边 Z 型钢　e）槽钢　f）卷边槽钢　g）钢管　h）方钢

1. 钢板

热轧钢板有薄钢板、厚钢板、特厚板和扁钢。厚钢板：厚度为 4.5 ~ 60mm，宽度为 600 ~ 300mm，长度为 4 ~ 12m；用于制作焊接组合截面构件，如焊接工字形截面梁翼缘板、腹板等。薄钢板：厚度为 0.35 ~ 4mm，宽度为 500 ~ 1500mm，长度为 0.5 ~ 4m；用于制作冷弯薄壁型钢。扁钢：厚度为 3 ~ 60mm，宽度为 10 ~ 200mm，长度为 3 ~ 9m。用于焊接组合截面构件的翼缘板、连接板、桁架节点板和制作零部件等。钢板的表示方法为“ − 宽度 × 厚度 × 长度”，如“ −400 × 12 × 800”，单位为 mm。

2. 角钢

角钢分等边角钢和不等边角钢。不等边角钢的表示方法为，“∟长边宽 × 短边宽 × 厚度”，如“∟100 × 80 × 8”；等边角钢表示为“∟边宽 × 厚度”，如∟100 × 8，单位为 mm，角钢如图 1-43 所示。

3. 钢管

钢管分无缝钢管和焊接钢管两种，表示方法为“Φ 外径 × 壁厚”，如 Φ180 × 4，单位为 mm。钢管如图 1-44 所示。

4. 槽钢

槽钢有普通槽钢和轻型槽钢，用截面符号“[”和截面高度（cm）表示，高度在 20 以上的槽钢，还用字母 a、b、c 表示不同的腹板厚度。如[30a，称为“30 号”槽钢。号数相同的轻型槽钢与普通槽钢相比，其翼缘宽而薄，腹板也较薄。槽钢如图 1-45 所示。

5. 工字钢

工字钢有普通工字钢和轻型工字钢。用截面符号“I”和截面高度的厘米数表示，高度

图1-43　角钢

图1-44　钢管

在20以上的普通工字钢，用字母a、b、c表示不同的腹板厚度。如I 20c，称为“20号”工字钢。腹板较薄的工字钢用于受弯构件较为经济。轻型工字钢的腹板和翼缘均比普通工字钢薄，因而在相同重量下其截面模量和回转半径较大。工字钢如图1-46所示。

图1-45　槽钢

6. H型钢和剖分T型钢

H型钢是目前广泛使用的热轧型钢，与普通工字钢相比，其特点是：翼缘较宽，故两个主轴方向的惯性矩相差较小；另外翼缘内外两侧平行，便于与其他构件相连。为满足不同需要，H型钢有宽翼缘H型钢、中翼缘H型钢和窄翼缘H型钢，分别用标记HW、HM和HN表示。各种H型钢均可剖分为T型钢，相应标记用TW、TM、TN表示。H型钢和剖分T型钢的表示方法是：标记符号、高度×宽度 ×腹板厚度×翼缘厚度。例如，HM244×175×7×11，其剖分T型钢是TM122×175×7×11，单位均为mm。H型钢如图1-47所示。

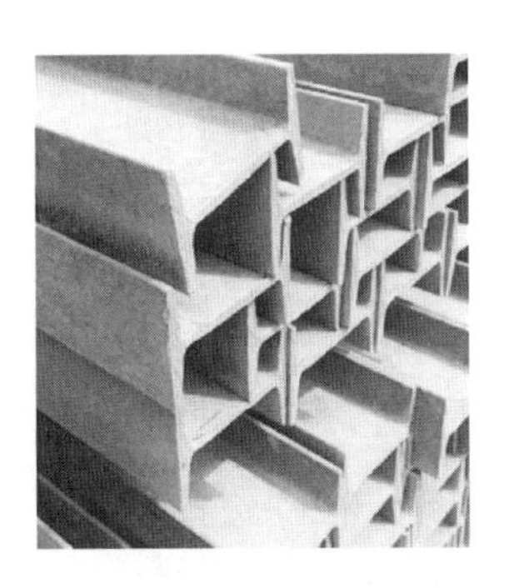

图1-46　工字钢

图1-47　H型钢

7. 薄壁型钢

薄壁型钢是用薄钢板经模压或冷弯而制成，其截面形式及尺寸可按合理方案设计。薄壁型钢的壁厚一般为1.5～5mm，用于承重结构时其壁厚不宜小于2mm。用于轻型屋面及墙面的压型钢板，钢板厚为0.4～1.6mm。薄壁型钢能充分利用钢材的强度，节约钢材，已在我国推广使用。

1.3.3 钢材的选择

钢材的选择在钢结构设计中非常重要，为达到安全可靠，满足使用要求以及经济合理的目的，选择钢材牌号和材性时应综合考虑以下因素：

1. 结构的重要性

结构和构件按其用途、部位和破坏后果的严重性可分为重要、一般和次要三类。不同类别的结构或构件应选用不同的钢材，对重型工业建筑结构、大跨度结构、高层或超高层的民用建筑结构或构筑物等重要结构，应考虑使用质量好的钢材；对一般工业与民用建筑结构，可按工作性质选用普通质量的钢材。

2. 荷载情况

荷载可分为静态荷载和动态荷载两种。直接承受动态荷载的结构和强烈地震区的结构，应选用综合性能好的钢材；一般承受静力荷载的结构则可选用价格较低的 Q235 钢。

3. 连接方法

钢结构的连接方法有焊接和非焊接两种。由于在焊接过程中，会产生焊接变形、焊接应力以及其他焊接缺陷，如咬肉、气孔、裂纹、夹渣等，有导致结构产生裂缝或脆性断裂的危险。因此，焊接结构对材质的要求应严格一些。例如，在化学成分方面，焊接结构必须严格控制碳、硫、磷的极限含量，而非焊接结构对碳含量可降低要求。

4. 结构所处的温度和环境

钢材处于低温度时容易冷脆，因此在低温度条件下工作的结构，尤其是焊接结构，应选用具有良好抗低温脆断性能的镇定钢。此外，露天结构的钢材容易产生时效，有害介质作用的钢材容易腐蚀 、疲劳和断裂，也应加以区别地选择不同材质。

5. 钢材厚度

厚度大的钢材不但强度小，而且塑性、冲击韧性和焊接性能也较差。因此，厚度大的焊接结构应采用材质好的钢材。

第 2 章　投影的基本知识

2.1　投影及其特性

2.1.1　投影的概念

在日常生活中，有种常见的自然现象：当光线照射物体时，在地面或墙面上就会出现影子，此即投影现象。自然界中形体的影子是灰黑一片的，只能反映形体的外部轮廓，不能反映形体的内部情况，如图 2-1a 所示，这样的投影不符合清晰表达工程形体形状及大小的要求。于是人们在自然投影的基础上进行抽象，假设按规定方向射来的光线能够透过形体，形成的影子不但能反映形体的外形，同时也能反映形体内部的情况，这样形成的影子就称为投影，如图 2-1b 所示。把能够产生光线的光源称为投影中心，光线称为投射线，落影平面称为投影面，用投影表达形体形状和大小的方法称为投影法，用投影法画出的物体的图形称为投影图。

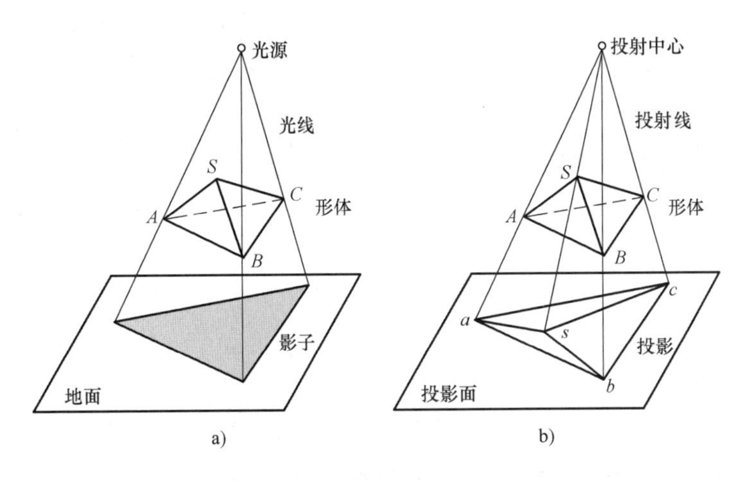

图 2-1　形体的影子与投影

2.1.2　投影的类型

投影分中心投影和平行投影两种类型。

1. 中心投影

由一点发出的光线照射形体所形成的投影，称为中心投影。这种投影的方法称为中心投影法，如图 2-2 所示。由于中心投影法的投射线都通过投射中心，各投射线与投影面的倾角一般不同，因而得到的投影与被投射形体在形状和大小上的关系比较复杂，不适合实际应用。

2. 平行投影

由一组相互平行的光线照射物体所形成的投影，称为平行投影。这种投影的方法称为平行投影法。平行投影法的投射中心在无穷远处。平行投影法又分为斜投影法和正投影法。

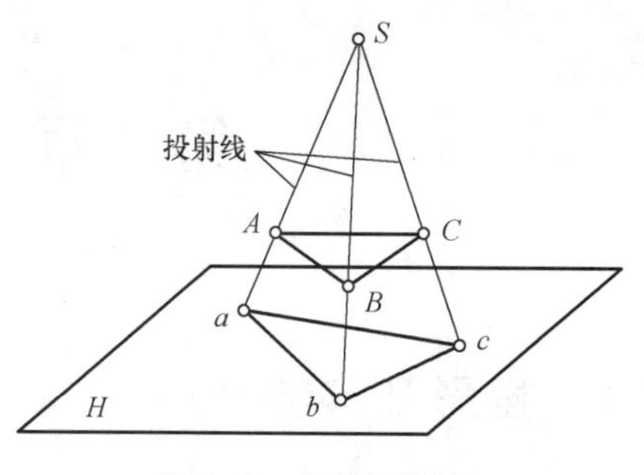

图 2-2　中心投影法

（1）斜投影　在平行投影中，当投射线彼此平行且与投影面不垂直时，对形体进行投影的方法称为斜投影法，如图 2-3a 所示。用斜投影法得到的投影称为斜投影。由于投射线的方向以及投射线与投射面的夹角 θ 存在无穷多种情况，所以斜投影也有无穷多种，只有在投射线的方向和夹角 θ 都确定时，斜投影才唯一。

（2）正投影　在平行投影中，当投射线彼此平行且与投影面垂直时（即 $\theta=90°$），对形体进行投影的方法称为正投影法，如图 2-3b 所示。用正投影法得到的投影称为正投影。采用正投影法时，若使形体的某个面平行于投影面，则该面的正投影能反映该面的实际形状和大小。由于正投影的规律性强，所以工程图样一般都选用正投影原理绘制。

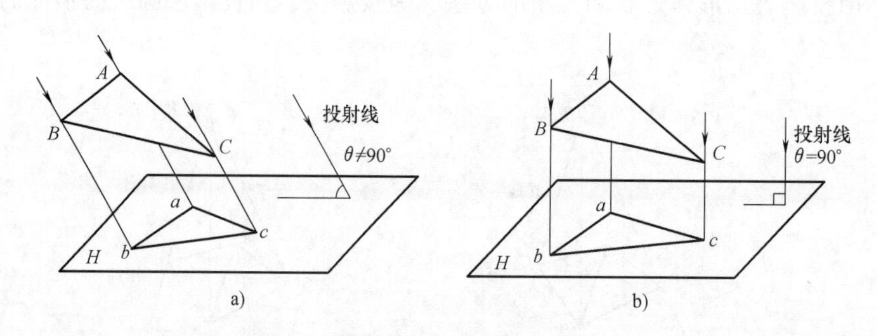

图 2-3　平行投影法

2.1.3　投影的性质

通过研究投影的性质，可以找出空间几何元素本身与其在投影面上投影之间的联系，并以此作为绘图、读图的依据。由于工程图样一般都选用正投影法，所以下面介绍正投影的性质。

1. 显实性

当直线或平面与投影面平行时，其投影反映了直线的实际长度或平面的实际形状，如图 2-4 所示。

2. 积聚性

当直线或平面垂直于投影面时，其投影积聚为一点或一条直线，如图 2-5 所示。

3. 类似性

当直线或平面不平行也不垂直于投影面时，其投影小于直线实际长度或平面实际形状，如图 2-6 所示。此时，投影反映的是直线和平面的类似形状。

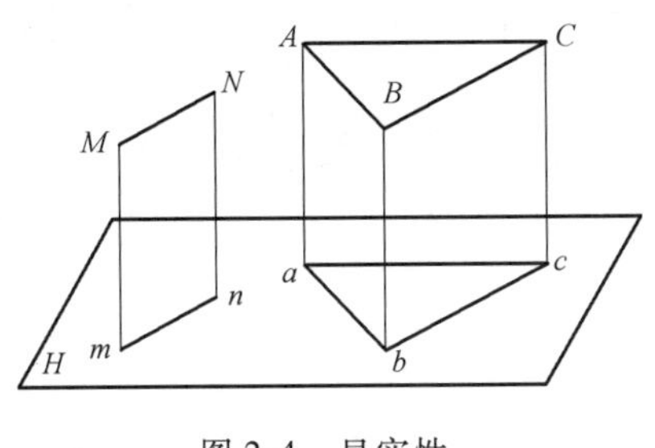

图 2-4　显实性

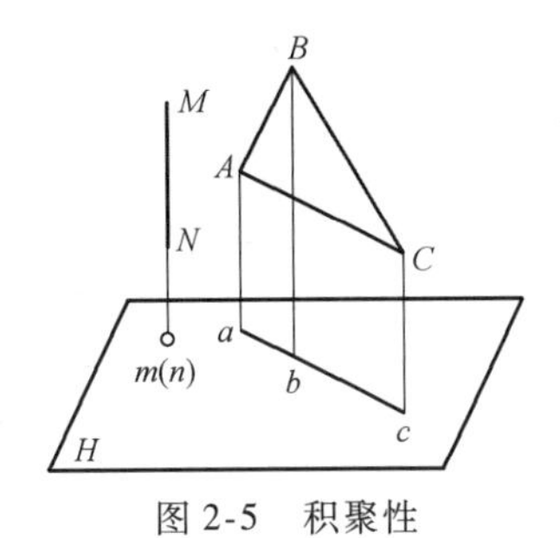

图 2-5　积聚性

4. 平行性

当空间两直线相互平行时，其投影也相互平行，且投影长度之比等于直线长度之比，如图 2-7 所示。

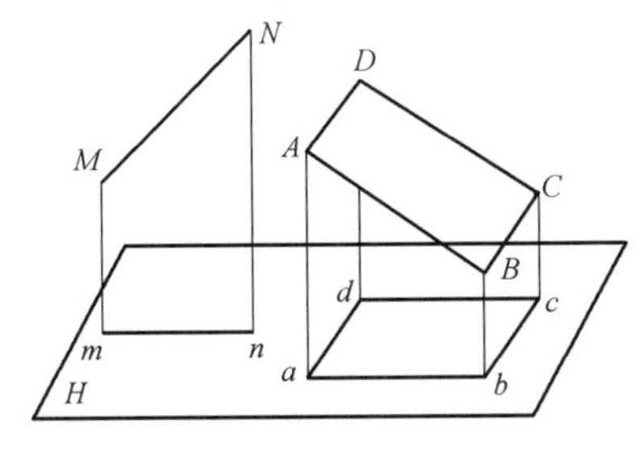

图 2-6　类似性

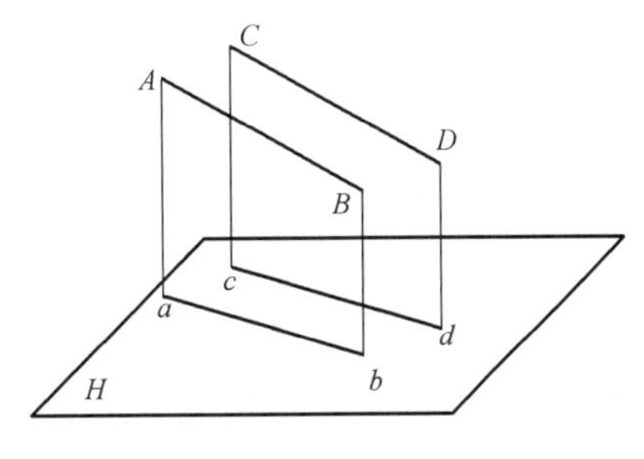

图 2-7　平行性

5. 定比性

点在线段上的比例等于点的投影在线段投影上的比例，如图 2-8 所示，可从三角形的相似定理看出。

6. 从属性

属于直线或平面的点，其投影必定属于直线或平面的投影，如图 2-9 所示。

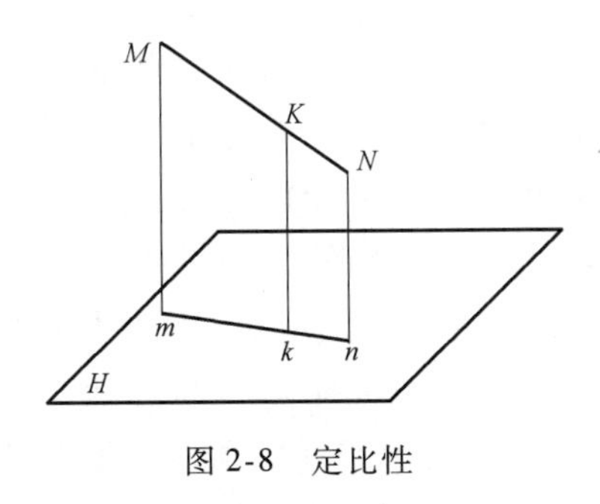

图 2-8　定比性

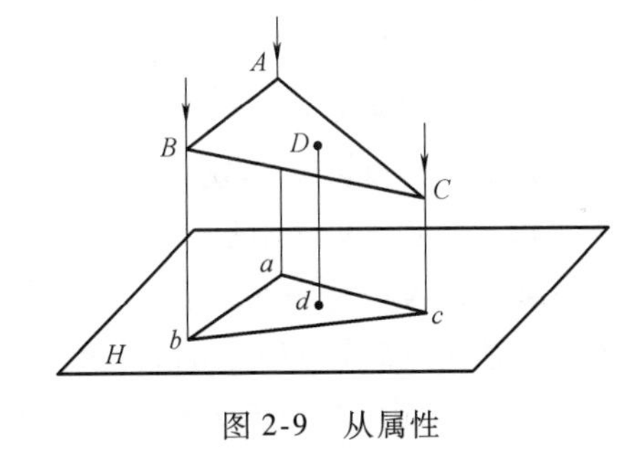

图 2-9　从属性

2.2　三面投影及其对应关系

2.2.1　三面投影体系的建立

1. 形体的单面投影

将形体向一个投影面作正投影所得到的投影图称为形体的单面投影图，形体的单面投影图不能反映形体的真实形状和大小，即根据单面投影图不能唯一确定一个形体的空间形状，如图 2-10 所示。

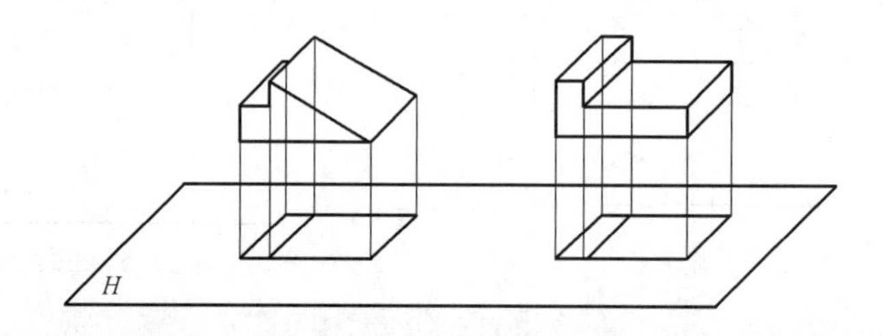

图 2-10　形体的单面投影

2. 形体的两面投影

将形体向两个相互垂直的投影面作正投影所得到的投影图称为形体的两面投影图。根据两面投影图分析空间形体的形状，有时也不能唯一确定该形体的空间形状，如图 2-11 所示。

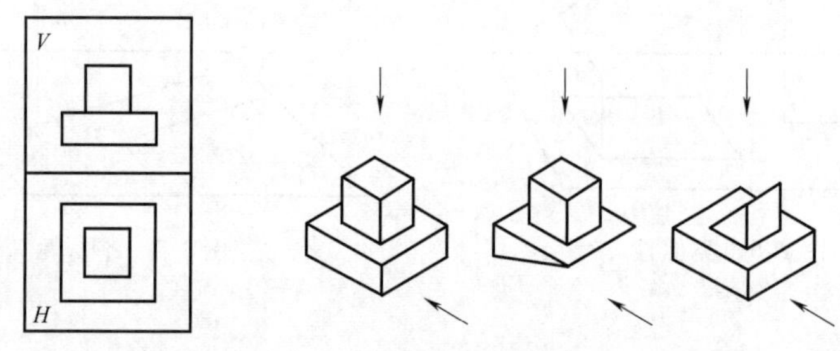

图 2-11　形体的两面投影

3. 形体的三面投影

将形体向三个相互垂直的投影面作正投影所得到的投影图称为形体的三面投影图。三面投影图是工程实践中最常用的投影图。三个相互垂直的投影面构成三面投影体系，在三面投影体系里，水平放置的投影面称为水平投影面，用字母 H 表示；立在正面的投影面称为正立投影面，用字母 V 表示；立在右侧面的投影面称为侧立投影面，用字母 W 表示；任意两个投影面的交线称为投影轴，分别用 X 轴、Y 轴、Z 轴表示。三个投影轴的交点 O 称为原点。如图 2-12a 所示。实际画投影图时需要把三个投影图画在一个平面内，即将三个互相垂直的投影平面展开为一个平面，展开的方法是：正立投影面（V 面）不动，水平投影面（H 面）以 OX 为轴向下旋转 90°，侧立投影面（W 面）以 OZ 为轴向右旋转 90°。此时 OY 轴被一分为二，随 H 面的轴记为 OY_{H}，随 W 面的轴记为 OY_{W}，如图 2-12b 所示。形体各投影面上的投影随其所在的投影面一起旋转，这样就得到了在同一平面上的三面投影图，如图 2-12c 所示。在三面投影图中，外框线是否画出并不重要。

2.2.2　三面投影的对应关系

1. 三面投影图的尺寸关系

在三面投影体系中，物体在 X 轴方向的尺寸称为长度，Y 轴方向的尺寸称为宽度，Z 轴方向的尺寸称为高度。由三面投影图的形成可知，物体的水平投影反映它的长和宽，正面投

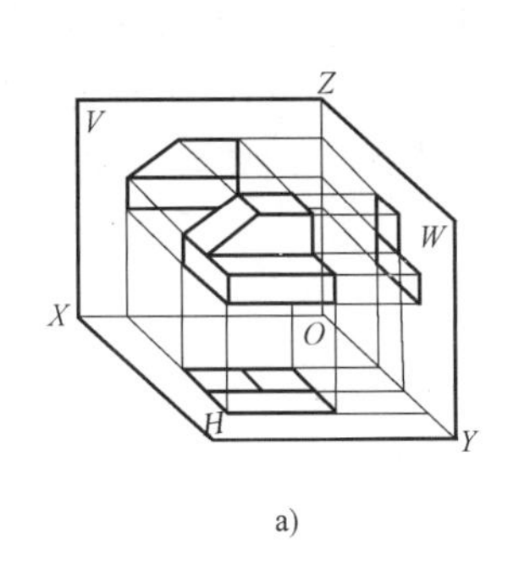

a)

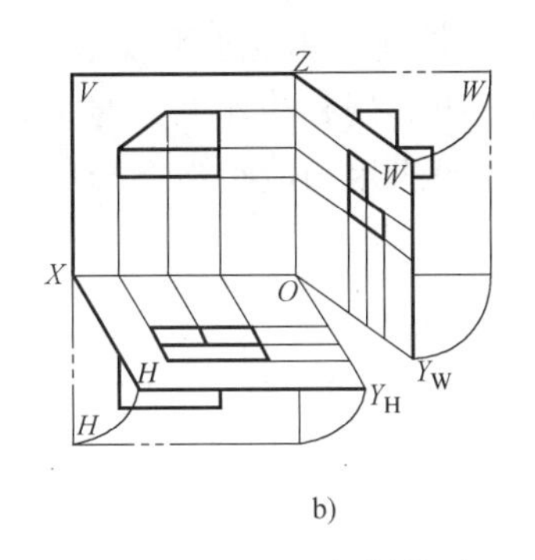

b)

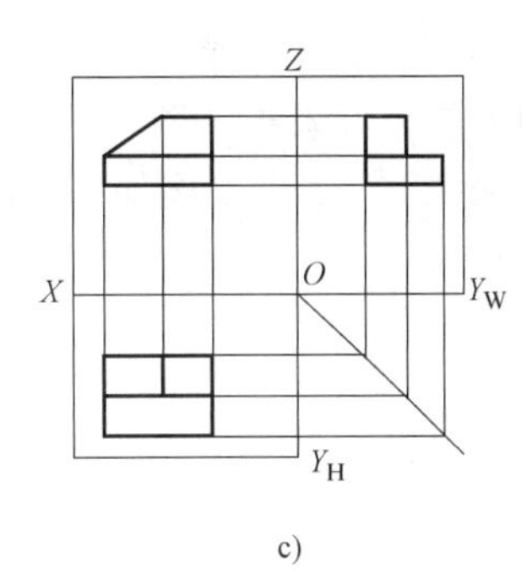

c)

图 2-12　三面投影体系

影反映它的长和高，侧面投影反映它的宽和高。因此在图 2-12 中，物体的三面投影之间存在下列的对应关系：水平投影和正面投影的长度必相等，且相互对正，称为长对正；正面投影和侧面投影的高度必相等，且相互平齐，称为高平齐；水平投影和侧面投影的宽度必相等，称为宽相等。在三面投影图中，“长对正、高平齐、宽相等”是画投影图必须遵循的对应关系，也是检查投影图是否正确的重要原则。

2. 三面投影图的方位关系

当物体在投影体系中的相对位置确定之后，就有上、下、左、右、前、后六个方位，如图 2-13a 所示。这些方位在三面投影图中可以反映出来，物体的水平投影反映前、后、左、右四个方向，正面投影反映上、下、左、右四个方向；侧面投影反映上、下、前、后四个方向，如图 2-13b 所示。在投影图上正确判断形体的方位，对读图非常有帮助。

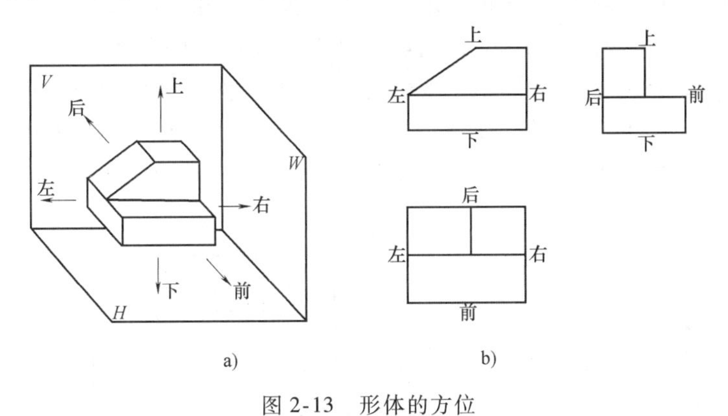

图 2-13　形体的方位

2.3　点、线、面的投影

无论多么复杂的任何形体都可以看成是由点、线和面所组成。因此，研究点、线和面的投影特性对正确绘制和阅读物体的投影图十分重要。

2.3.1　点的投影

1. 点的三面投影及投影规律

点是构成形体的最基本元素，了解点的投影规律是学习线、面、体投影的基础。将一空

间点 A 向三面投影体系进行投影，可得到点 A 的水平投影 a、正立投影 a'和侧立投影 a''。空间点用大写字母表示，例如 A；水平投影用相应小写字母表示，例如 a；正立投影用相应小写字母加“′”表示，例如 a'；侧立投影用相应小写字母加“″”表示，例如 a''，如图 2-14 所示。

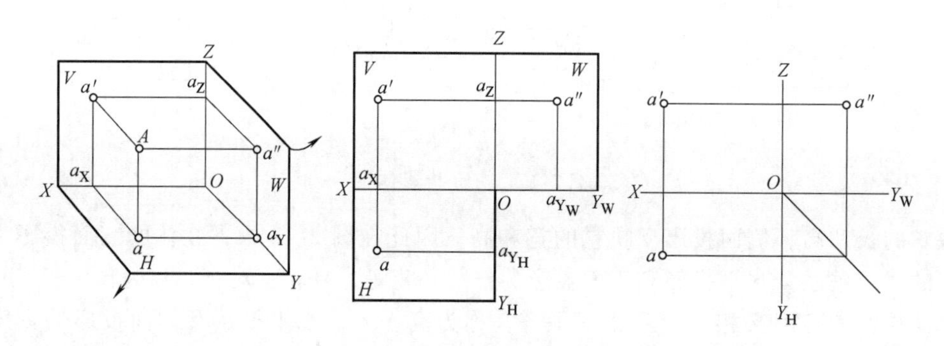

图 2-14　点的三面投影

根据正投影原理，由图 2-14 可知点的三面投影具有如下规律：

(1) 点的投影依然是点；

(2) 点的任意两面投影的连线垂直于对称轴；

(3) 点的投影到投影轴的距离，反映了点到相应投影面的距离。

2. 点的投影与坐标的关系

如果把三面投影体系看作是空间直角坐标系，投影面和投影轴分别视为坐标面和坐标轴，若点 A 的坐标为 A（x_A，y_A，z_A），则点 A 到三个投影面的距离 Aa''、Aa'、Aa 可用点的三个坐标 x_A、y_A、z_A 分别表示。如图 2-15a 所示。于是点的三个投影的坐标分别为：a（x_A、y_A）、a'（x_A、z_A）、a''（y_A、z_A）。如图 2-15b 所示。由此可知，只要知道了点的三个投影坐标中的任意两个，那么第三个投影坐标也就确定了，同时该点的坐标也确定了。

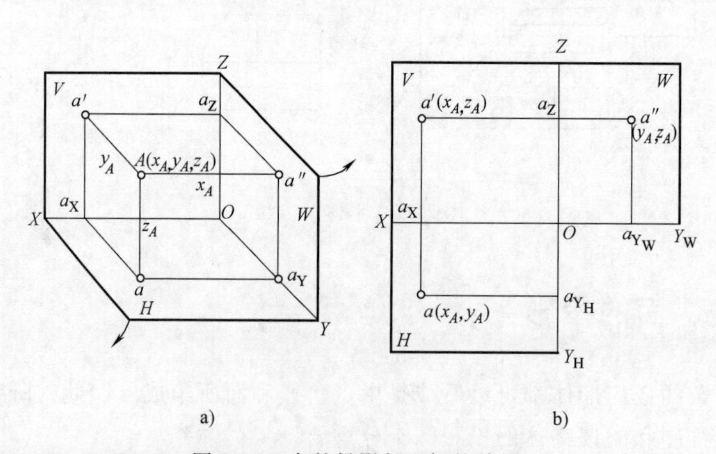

图 2-15　点的投影与坐标的关系

3. 重影点及可见性

若两个点在某一投影面上的投影重合，则这两个点称为该投影面的重影点。如图 2-16 所示，点 A 和点 B 为 H 面的重影点。在投影图中，需要标明投影点的可见性。A、B 两点向

H 面投影时，由于点 A 的 z 坐标大于点 B 的 z 坐标，即 A 在 B 的上方，所以点 A 的 H 面投影 a 可见，而点 B 的 H 面投影 b 不可见。对于不可见的投影要加上括号以示区别，A、B 两点在 H 面上的投影为 a（b）。

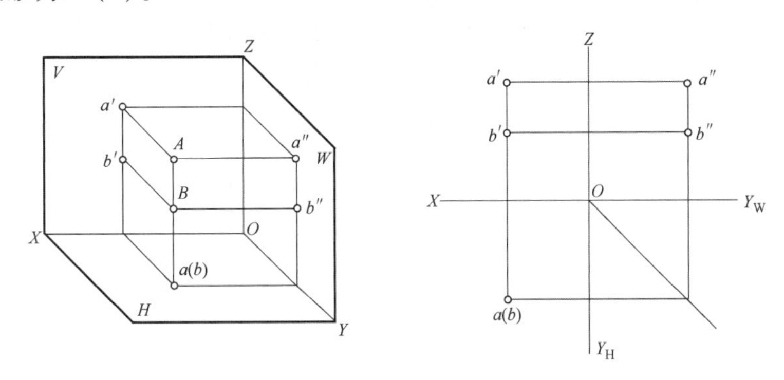

图 2-16　重影点及其可见性

如果空间两点有两对坐标对应相等，那么这两个点一定是某一投影面的重影点，不相等的那个坐标决定了重影点的可见性，坐标大的点可见，而坐标小的点不可见。

4. 两点的相对位置

两点的相对位置指的是上下、左右、前后的位置关系。分析两点的相对位置，通过分析这两点的坐标值即可：X 坐标值大的点在左，小的点在右；Y 坐标值大的点在前，小的点在后；Z 坐标值大的点在上，小的点在下。如图 2-17a 所示，通过 V 面投影可知，A 的 X 坐标值大于 B，因此 A 在 B 的左方；通过 H 面投影可知，A 的 Y 坐标值大于在 B，因此 A 在 B 的前方，通过 W 面投影可知，A 的 Z 坐标值小于 B，因此 A 在 B 的下方，于是 A 在 B 的左、前、下方。

空间两点的相对位置也可从它们的三面投影中看出，H 面反映出物体的前后和左右关系，V 面反映物体的上下和左右关系，W 面反映上下和前后的关系。在图 2-17b 中，对 A、B 两点的投影进行比较，可分析这两点的相对位置。从正面投影和水平投影可以看出 $x_A > x_B$，因此 A 在 B 的左方；从水平投影和侧立投影可以看出 $y_A > y_B$，因此 A 在 B 的前方；从正面投影和侧立投影可以看出 $z_A < z_B$，因此 A 在 B 的下方。于是同样可得到 A 在 B 的左、前、下方。

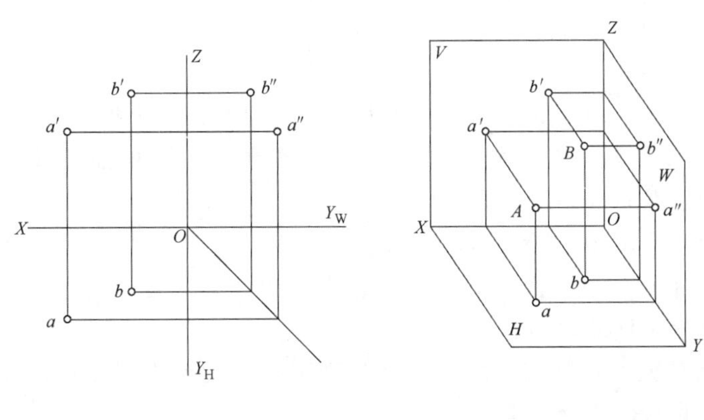

图 2-17　两点的相对位置

2.3.2 直线的投影

由于投影具有从属性，即属于直线或平面的点，其投影必定属于直线的投影或平面的投影。同时根据初等几何学，直线上的任意两点可确定该直线的位置。因此直线在某一投影面的投影可由该直线上任意两点在该投影面上的投影相连而得。如果要作直线 AB 的三面投影，可以首先作出 A 和 B 两点的三面投影 a、a'、a''和 b、b'、b''，然后将同一投影面内的投影相连，就可得到该直线的三面投影 ab、$a'b'$、$a''b''$，如图 2-18 所示。

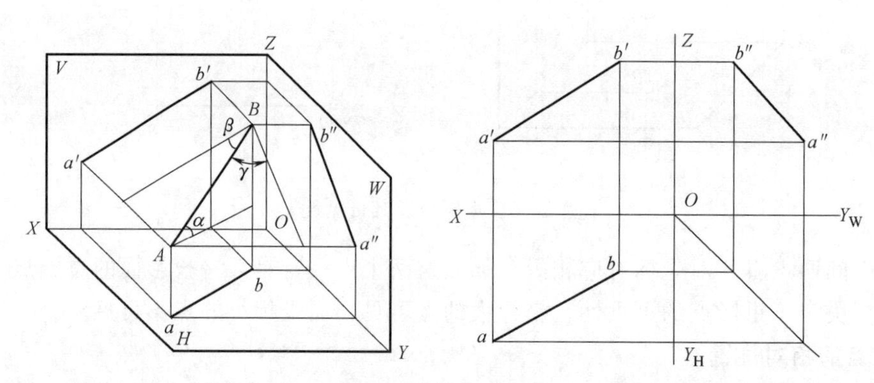

图 2-18 直线的投影

按直线与投影面的相对位置不同，可以分为一般位置线和特殊位置直线，特殊位置直线又包括投影面平行线和投影面垂直线。

1. 一般位置直线

与三个投影面都处于倾斜位置的直线称为一般位置直线。在图 2-18 中，直线 AB 就是一般位置直线。空间直线与投影面之间的夹角称为直线对投影面的倾角，用 α 表示直线与 H 面的倾角，用 β 表示直线与 V 面的倾角，用 γ 表示直线与 W 面的倾角。

一般位置直线具有如下投影特点：

（1）一般位置直线的三个投影均为直线，由于直线与各投影面都处于倾斜位置，因此投影长度小于实际长度。

（2）一般位置直线的三个投影都倾斜于投影轴，各投影与投影轴的夹角不能反映该直线与投影面的倾角。

2. 投影面平行线

与一个投影面平行，而与其他两个投影面倾斜的直线，称为投影面平行线。其中，与 H 面平行的直线称为水平线，与 V 面平行的直线称为正平线，与 W 面平行的直线称为侧平线。投影面平行线的投影及特点如表 2-1 所示。

由表 2-1 可知，投影面平行线具有下列投影特性。

（1）直线在其平行的投影面上的投影反映直线的实际长度，该投影与投影轴的夹角反映直线与另外两个投影面的倾角。

（2）直线在另外两个投影面上的投影，分别平行于其所在投影面与平行投影面相交的投影轴，但都小于直线的实际长度。

3. 投影面垂直线

与某一投影面垂直的直线称为该投影面的垂直线。投影面垂直线必与另两个投影面平行。垂直于 H 面的直线称为铅垂线，垂直于 V 面直线称为正垂线，垂直于 W 面的直线称为侧垂线。投影面垂直线的投影及特点如表 2-2 所示。

表 2-1　投影面平行线

类型	立体图	投影图	特点
水平线	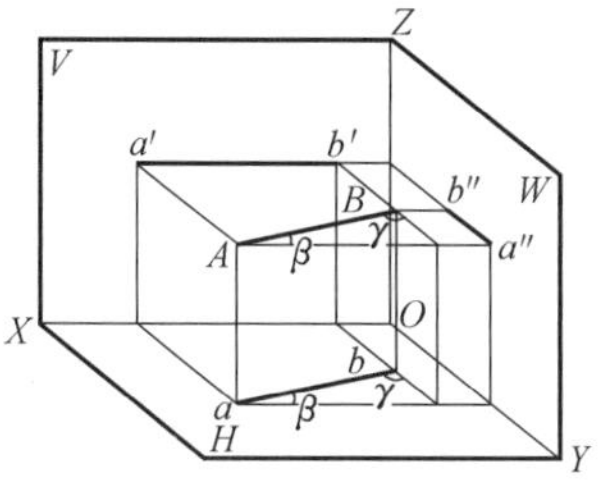 Z V a′ b′ B b″ W A β γ a″ O X b a β γ H Y	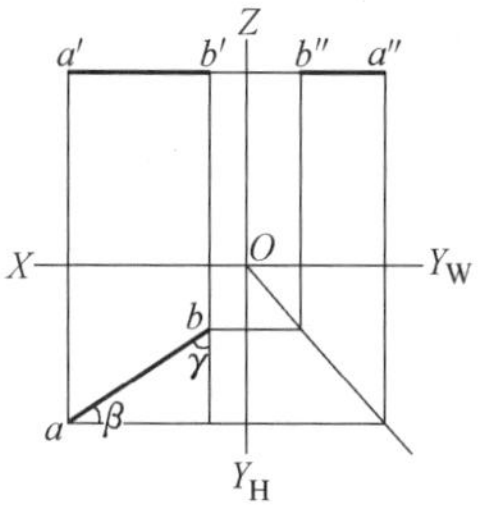 Z a′ b′ b″ a″ X O Y_W b γ a β Y_H	$ab=AB$； 水平投影反映 β 和 γ 角； $a'b'//OX$； $a''b''//OY_W$
正平线	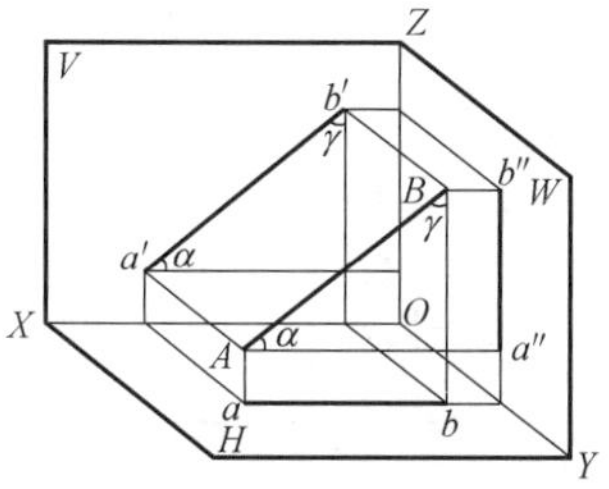 Z V b′ γ B b″ W γ a′ α O X A α a″ a H b Y	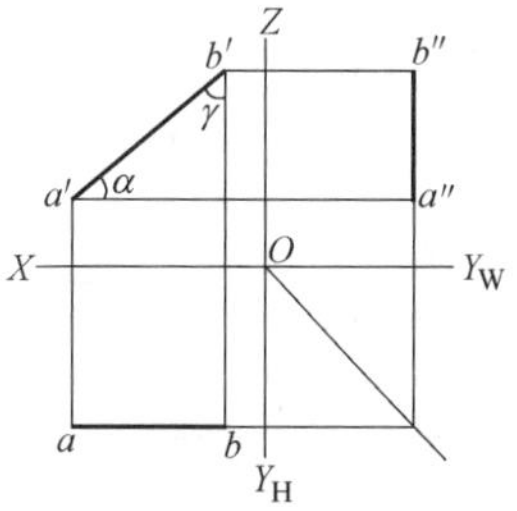 Z b′ b″ γ a′ α a″ X O Y_W a b Y_H	$a'b'=AB$； 正立投影反映 α 和 γ 角； $ab//OX$； $a''b''//OZ$
侧平线	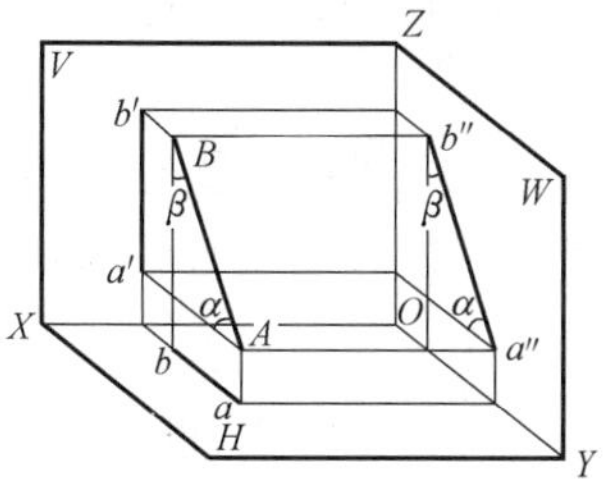 Z V b′ B b″ β β W a′ α A O α X b a″ a H Y	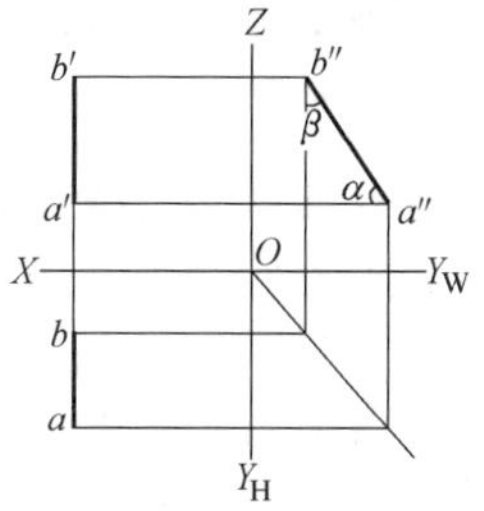 Z b′ b″ β a′ α a″ X O Y_W b a Y_H	$a''b''=AB$； 侧立投影反映 α 和 β 角； $a'b'//OZ$； $ab//OY_H$

表 2-2　投影面垂直线

类型	立体图	投影图	特点
铅垂线	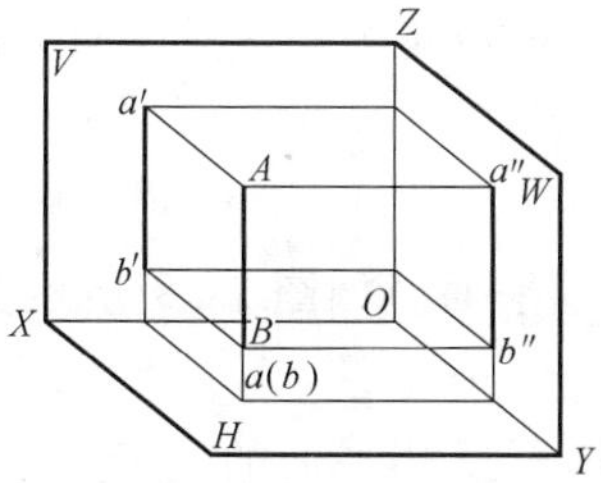 Z V a′ A a″ W b′ O X B a(b) b″ H Y	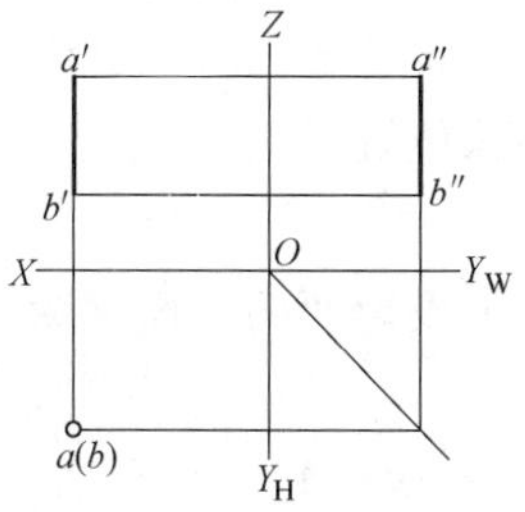 Z a′ a″ b′ b″ X O Y_W a(b) Y_H	ab 积聚为一点 $a'b'$ 和 $a''b''$ 等于直线实际长度 $a'b'\perp OX$ $a''b''\perp OY_W$

（续）

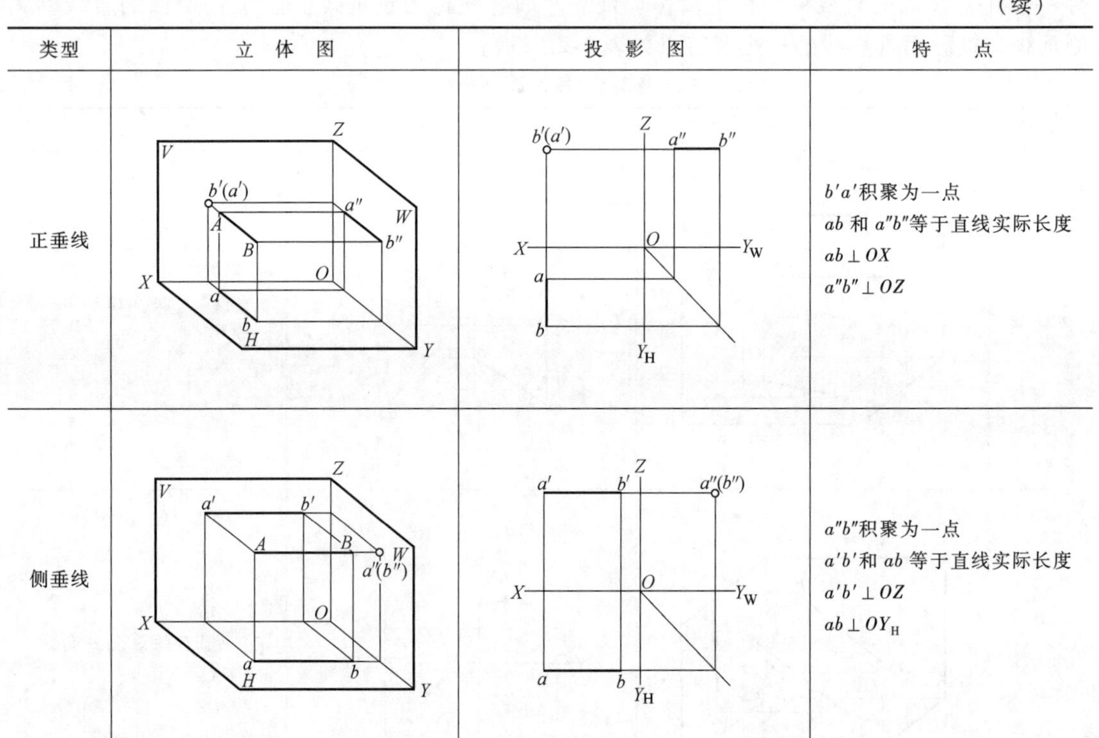

类型	立 体 图	投 影 图	特 点
正垂线			$b'a'$积聚为一点 ab 和 $a''b''$等于直线实际长度 $ab \perp OX$ $a''b'' \perp OZ$
侧垂线			$a''b''$积聚为一点 $a'b'$和 ab 等于直线实际长度 $a'b' \perp OZ$ $ab \perp OY_H$

投影面垂直线具有如下特点：

（1）直线在其垂直的投影面上的投影积聚为一点。

（2）直线在另两个投影面上的投影，均与其所在投影面与垂直投影面相交的投影轴相垂直，且反映实长。

投影面垂直线与投影面平行线的区别：投影面垂直线与两个投影面平行，而投影面平行线只与一个投影面平行；投影面垂直线与一个投影面垂直，而投影面平行线与任意一个投影面都不垂直。

2.3.3 平面的投影

空间平面位置的确定有以下几种方式：不在同一直线上的三个点；直线和直线外一点，两条平行或相交直线等。因此平面的投影可通过不同方式中的直线或（和）点的投影来确定。通常所说的平面指的是平面图形，例如三角形、多边形、圆形等。要绘制平面图形的投影，首先作出表示平面图形轮廓的点和线的投影，然后依次连接即可得平面图形的投影图。

按平面与投影面的相对位置不同，可以分为三类：一般位置平面、投影面平行面和投影面垂直面，后两种也称为特殊位置平面。

1. 一般位置平面

既不平行也不垂直于三个投影面的平面称为一般位置平面。如图 2-19 所示为一般位置平面 *ABC* 的投影。

从图 2-19 中可以看出，一般位置平面的三个投影均不反映平面的实形，也无积聚性，而只是原图形的类似形状。

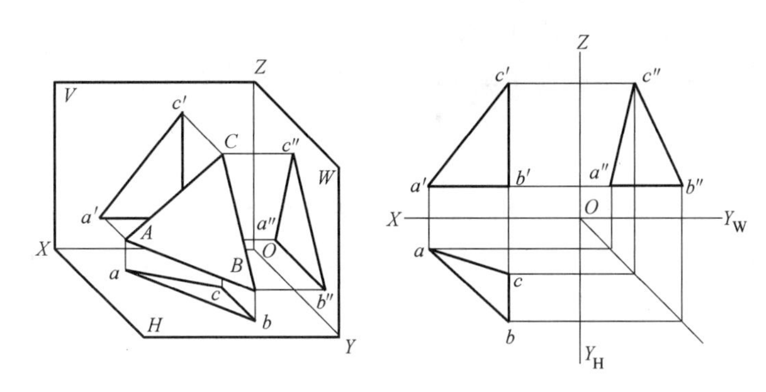

图 2-19　一般位置平面的投影

2. 投影面平行面

与某一投影面平行，进而与其他两投影面垂直的平面称为投影面平行面。其中，与 *H* 面平行的平面称为水平面，与 *V* 面平行的平面称为正平面，与 *W* 面平行的平面称为侧平面。投影面平行面的投影及特点见表 2-3。

表 2-3　投影面平行面

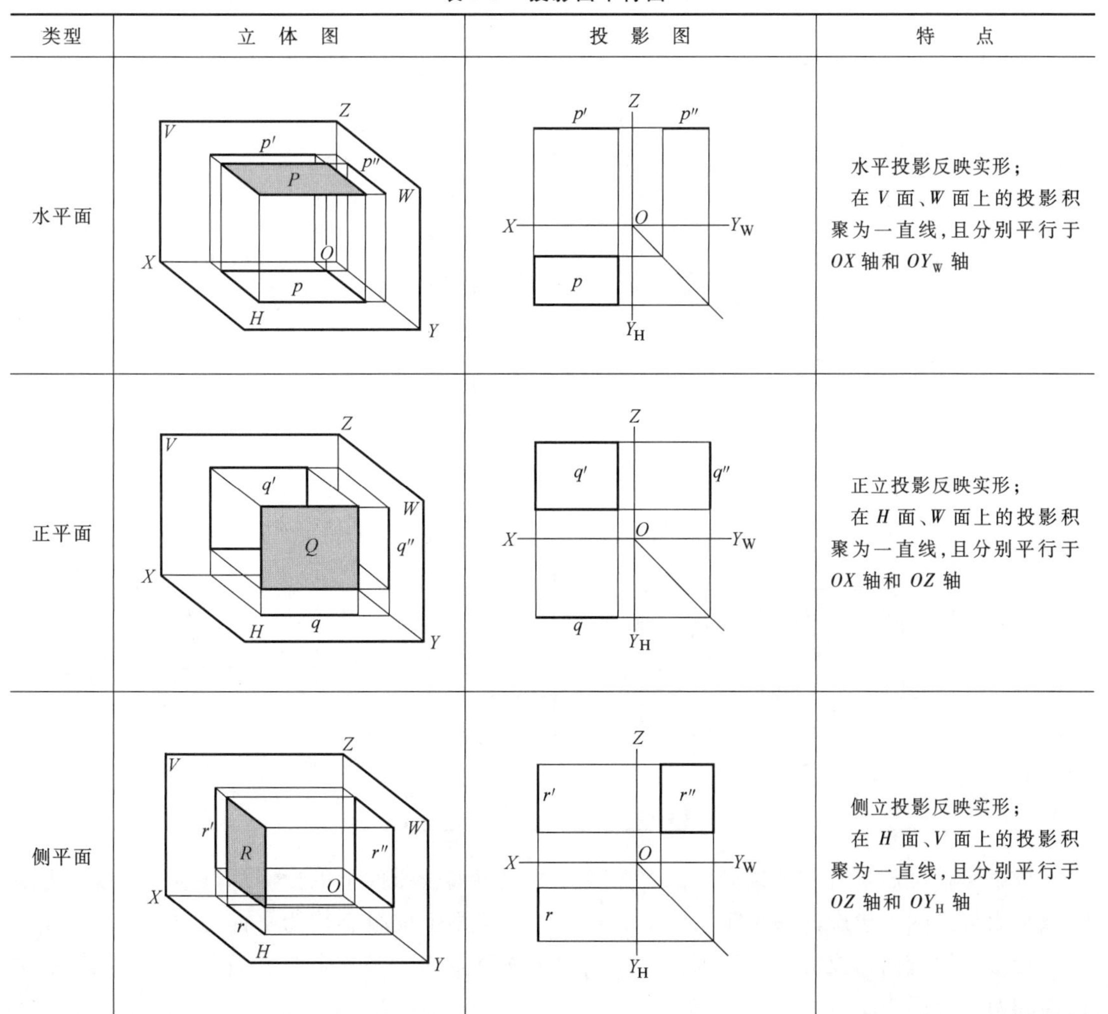

类型	立 体 图	投 影 图	特 点
水平面			水平投影反映实形； 在 *V* 面、*W* 面上的投影积聚为一直线，且分别平行于 *OX* 轴和 OY_W 轴
正平面			正立投影反映实形； 在 *H* 面、*W* 面上的投影积聚为一直线，且分别平行于 *OX* 轴和 *OZ* 轴
侧平面			侧立投影反映实形； 在 *H* 面、*V* 面上的投影积聚为一直线，且分别平行于 *OZ* 轴和 OY_H 轴

投影面平行面具有下列投影特点：平面在其所平行的投影面上的投影反映实形；平面在另外两个投影面上的投影积聚成直线，且分别平行于各投影所在平面与投影面平行面相交的投影轴。

3. 投影面垂直面

与一个投影面垂直且与另两个投影面倾斜的平面称为投影面垂直面。其中，与水平投影面垂直的平面称为铅垂面；与正立投影面垂直的平面称为正垂面；与侧立投影面垂直的平面称为侧垂面。投影面垂直面的投影及特点如表 2-4 所示。

表 2-4　投影面垂直面

类型	立　体　图	投　影　图	特　　点
铅垂面	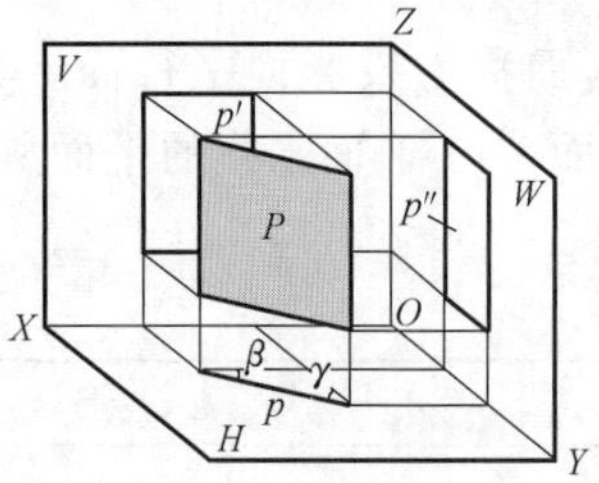	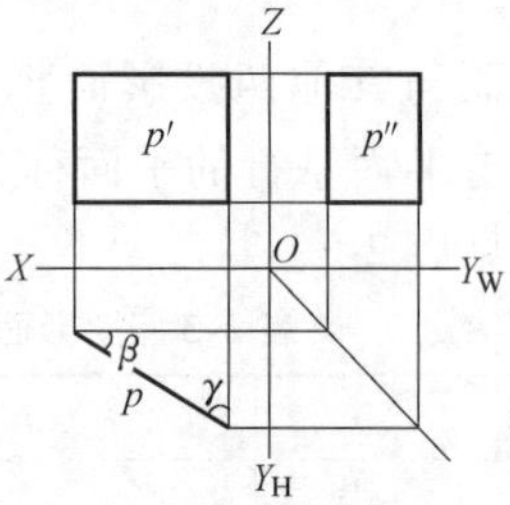	水平投影积聚为一斜直线，反映 β 和 γ 角 正面投影和侧面投影均为平面的类似形
正垂面	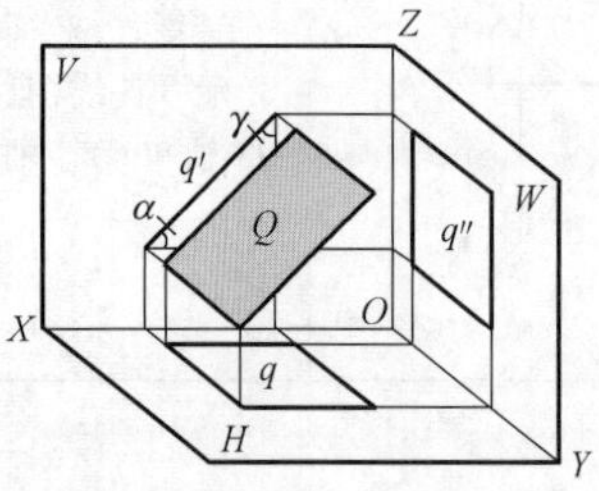	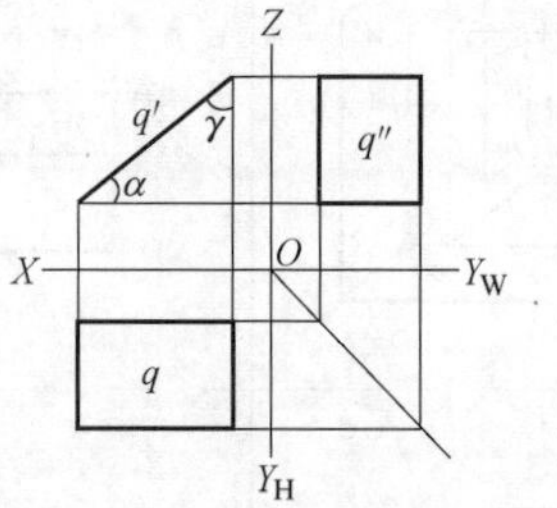	正面投影积聚为一斜直线，反映 α 和 γ 角 水平投影和侧面投影均为平面的类似形
侧垂面	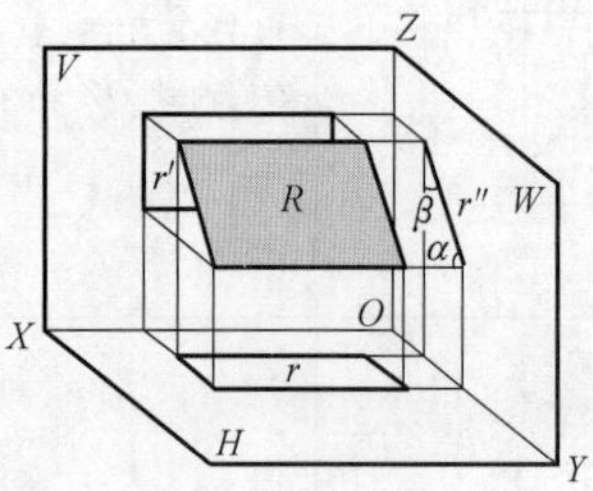	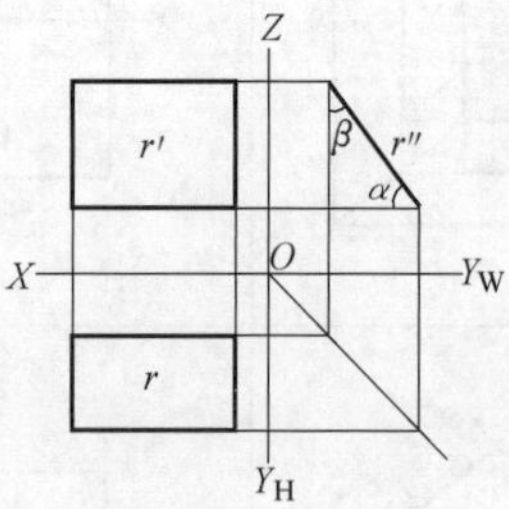	侧面投影积聚为一斜直线，反映 α 和 β 角 正面投影和水平投影均为平面的类似形

投影面垂直面具有下列投影特点：平面在所垂直的投影面上的投影积聚为一直线，并反映该平面与另两个投影面的夹角；平面在另两个投影面上的投影均为平面的类似形。

投影面垂直面与投影面平行面的区别：投影面垂直面只和一个投影面垂直，而投影面平行面和两个投影面垂直。

2.4　立体的投影

2.4.1　平面立体的投影

由平面构成的几何体称为平面立体。在建筑工程中，很多建筑物及其构配件都是由平面几何体构成的。常见的平面立体包括：棱柱体、棱锥体、棱台体和长方体等。

1. 棱柱体的投影

棱柱体是由平行的顶面和底面以及若干个侧棱面所围成的实体，侧棱面的交线（即棱线）互相平行，根据棱线的数目可分为三棱柱、四棱柱和五棱柱等。棱线垂直于底面的棱柱称为直棱柱；棱线倾斜于底面的棱柱称为斜棱柱；顶面和底面为正多边形的直棱柱称为正棱柱。

下面以正三棱柱为例来说明棱柱体投影的作法及其投影规律。通过平面的投影可知，当平面与投影面的相对位置不同时，得到的投影也不会相同，由平面所围成的立体更是如此。为了方便，在做棱柱的投影时，常使棱柱的顶面和底面与某一投影面平行。设存在正三棱柱，其顶面和底面均平行于 H 面，侧棱面都垂直于 H 面。该正三棱柱的三面投影如图 2-20 所示。

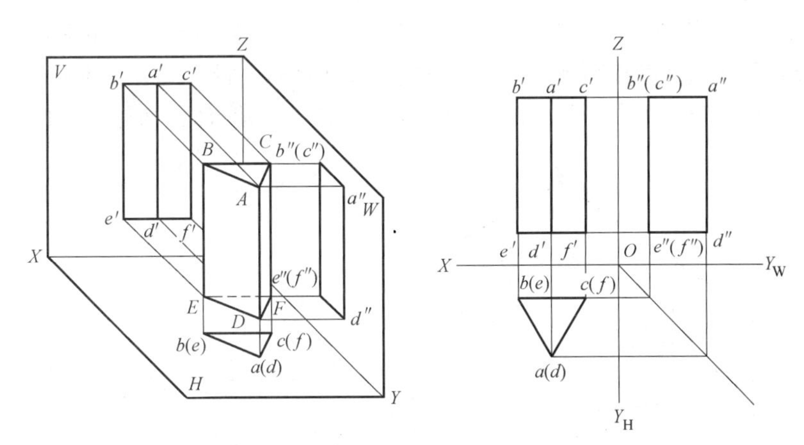

图 2-20　正三棱柱的三面投影

通过正三棱柱的投影可推断，对于正棱柱体，在与底面平行的投影面上的投影为正多边形，正多边形的边数等于棱线的数目，而在另两个投影面上的投影的轮廓为矩形，其内部可能包含一至多个矩形。

2. 棱锥体的投影

棱锥体是由一个底面和若干个侧棱面围成的实体。棱锥体的底面为多边形，各个侧棱面为三角形，所有棱线都汇交于锥顶。与棱柱类似，棱锥也有正棱锥和斜棱锥之分，同样根据棱线的数目可分为正三棱锥、正四棱锥和正五棱锥等。下面以正三棱锥为例来说明棱锥体投影的作图方法及其投影规律。为了方便，在做棱锥的投影时，常使棱锥的底面与某一投影面平行。设存在正三棱锥，其底面平行于 H 面。该正三棱锥的三面投影如图 2-21 所示。

通过正三棱锥的投影可推断，对于正棱锥体，在与底面平行的投影面上的投影，其轮廓

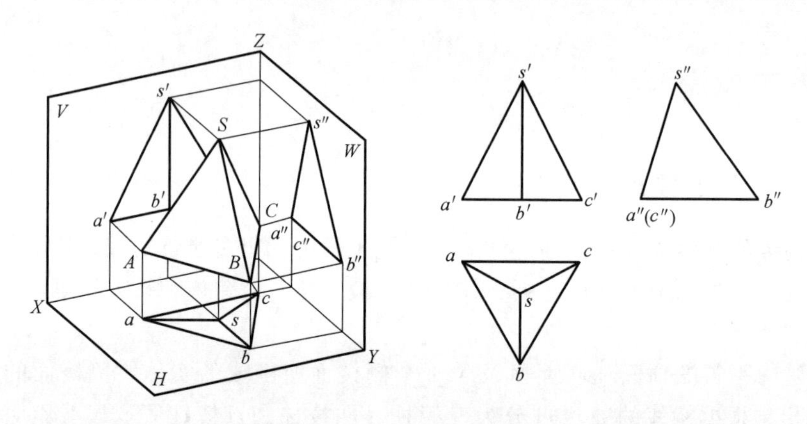

图 2-21　正三棱锥的三面投影

为正多边形，正多边形的边数等于棱线的数目，在正多边形内部是以该多边形为底边，以棱锥的顶点投影为公共顶点的多个三角形。而在另两个投影面上的投影的轮廓为三角形，其内部可能包含一至多个以棱锥的顶点投影为公共顶点的三角形。

3. 棱台体的投影

棱台体是用平行于棱锥底面的一个平面切割棱锥后，底面和截面之间的剩余部分。棱台体的顶面和底面平行，各个侧棱面均为梯形。与棱柱和棱锥类似，棱台也有正棱台和斜棱台之分，同样根据棱线的数目可分为正三棱台、正四棱台和正五棱台等。下面以正三棱台为例来说明棱台投影的作法及其投影规律。为了方便，在作棱台的投影时，常使棱台的底面与某一投影面平行。设存在正三棱台，其底面平行于 H 面。该正三棱台的三面投影如图 2-22 所示。

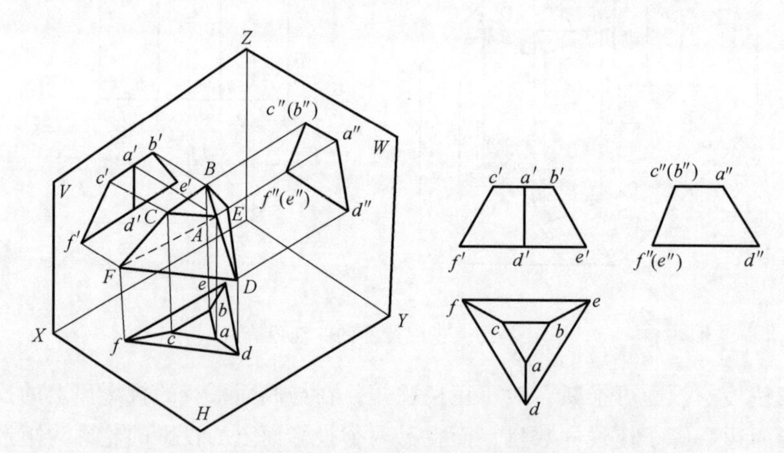

图 2-22　正三棱台的三面投影

通过正三棱台的投影可推断，对于正棱台，在与底面平行的投影面上的投影，其轮廓为正多边形，正多边形的边数等于棱线的数目，正多边形的内部由与其相似的多边形与之相应顶点相连而构成。而在另两个投影面上的投影的轮廓为梯形，其内部可能包含一至多个梯形。

2.4.2　曲面立体的投影

曲面立体是由曲面或由曲面和平面所围成的形体。工程中常见的曲面立体包括圆柱体、圆锥体、圆台体和球体等。

1. 圆柱体的投影

圆柱体是由圆柱面和两个平行且相等的圆平面所围成的立体。两个圆平面分别称为圆柱的上下底面，圆柱面也称为侧面，可看成是由一条母线绕轴线旋转一周而形成，母线两端点的运动轨迹即为上下底面的圆周。

下面说明圆柱体的投影做法及其投影规律。设存在圆柱体，其上下底面平行于 H 面，该圆柱体的三面投影如图 2-23 所示。图中的点画线表示圆柱的轴线及其投影。

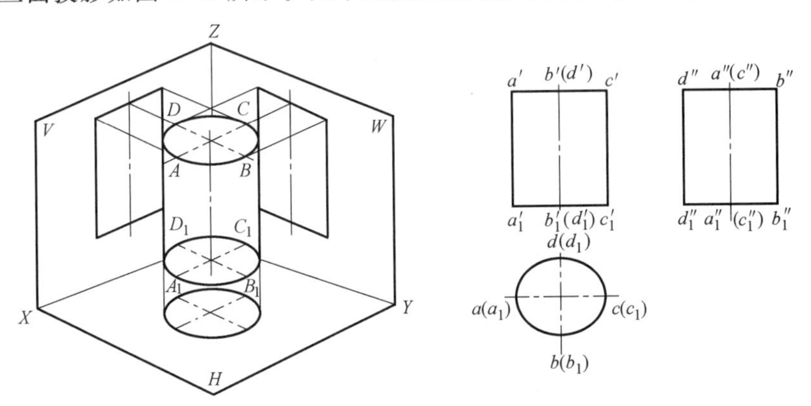

图 2-23　圆柱体的三面投影

通过图 2-23 可知，圆柱在 H 面的投影是一个圆，它是上下底面投影的重合和侧面投影的积聚。圆柱在 V、W 面上的投影都是矩形且相等，分别由正面轮廓和侧面轮廓产生。

2. 圆锥体的投影

圆锥体是由一圆形平面和一圆锥面所围成的立体。圆形平面称为底面，圆锥面称为侧面，可看作是一条母线绕与其相交的轴线旋转一周而形成，母线的一个端点是母线与轴线的交点也就是圆锥的顶点，而另一个端点的运动轨迹是底面的圆周。

下面说明圆锥体的投影做法及其投影规律。设存在圆锥体，其底面平行于 H 面，该圆锥体的三面投影如图 2-24 所示。图中的点画线表示圆锥的轴线及其投影。

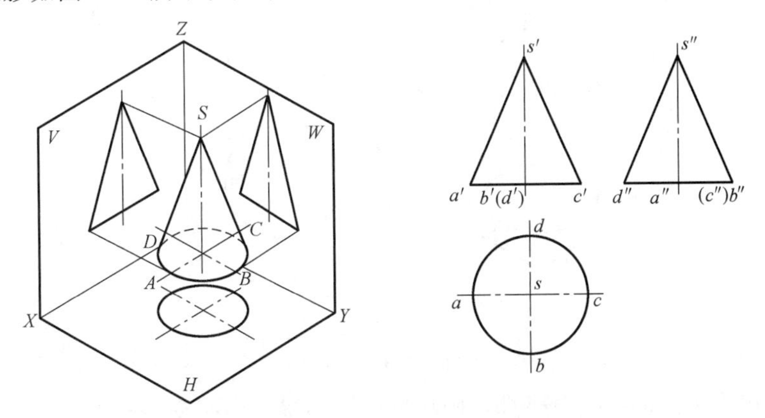

图 2-24　圆锥体的三面投影

通过图 2-24 可知，圆锥在 H 面的投影是一个圆，它是底面的投影，圆柱在 V、W 面上的投影都是等腰三角形且相等，分别由正面轮廓和侧面轮廓产生。

3. 圆台体的投影

圆台体是用平行于底面的平面切割圆锥后，截面和底面之间的剩余部分。圆台的上下底面相互平行但大小不等，圆台的侧面可看作是一条母线绕轴线旋转一周而形成，母线两个端点的运动轨迹分别是上下底面的圆周。

下面说明圆台体的投影做法及其投影规律。设存在圆台体，其底面平行于 *H* 面，该圆台体的三面投影如图 2-25 所示。图中的虚线表示圆台的轴线及其投影。

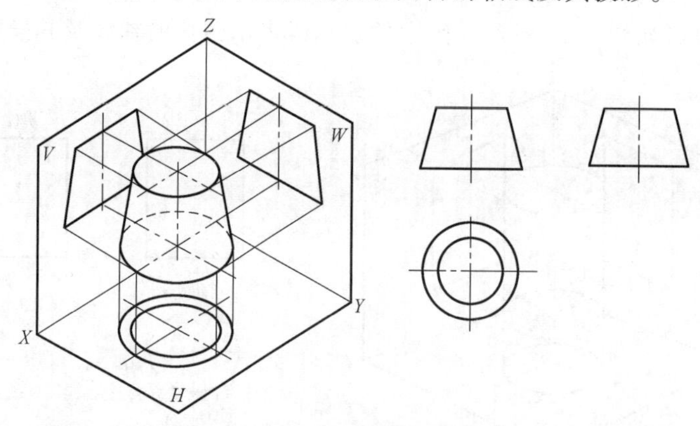

图 2-25　圆台体的三面投影

通过图 2-25 可知，圆台在 *H* 面的投影是两个同心圆，分别是上下底面的投影，且反映上下底面的实际形状，圆台在 *V*、*W* 面上的投影都是等腰梯形，且相等，分别由正面轮廓和侧面轮廓产生。

4. 圆球的投影

由球面所围成的立体称为圆球。球面可看做圆周绕其直径旋转而形成。圆球的三面投影如图 2-26 所示。图中的虚线表示圆球的轴线及其投影。

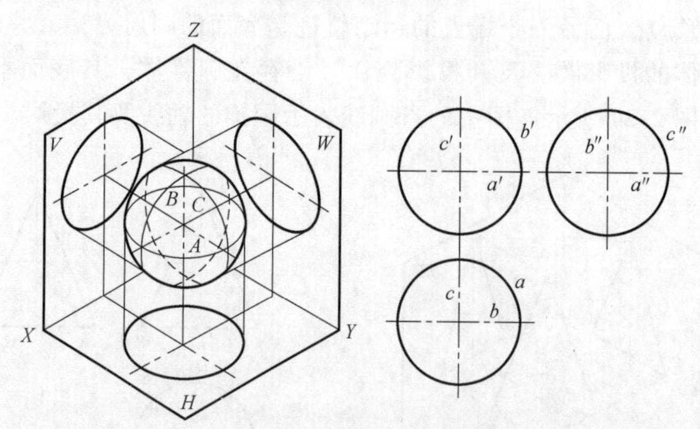

图 2-26　圆球的三面投影

通过图 2-26 可知，圆球在三个投影面上的投影都是圆，这三个圆的直径相等，且等于圆球的直径。由于圆球的形状特殊性，圆球的投影与投影面的选择无关。

2.4.3　组合体的投影

组合体就是基本几何体按不同方式组合而成的形体。基本几何体包括棱柱、棱锥、棱台、长方体、圆柱、圆锥、圆台和圆球等。组合方式包括叠加、相交、切割和混合等形式。工程中的形体，大部分都是以组合体的形式出现的。

1. 组合方式

(1) 叠加型组合体。由两个或多个基本几何体堆砌或拼合而形成的立体，称为叠加型组合体。在叠加型组合体里，各个基本组合体仅仅是表面重合，彼此之间并不相交或相贯，如图 2-27 所示，图中的叠加型组合体可看作长方体Ⅰ、Ⅱ与五棱柱Ⅲ的叠加。叠加型组合体的投影，可通过对构成叠加型组合体的基本几何体的投影进行组合而得到。

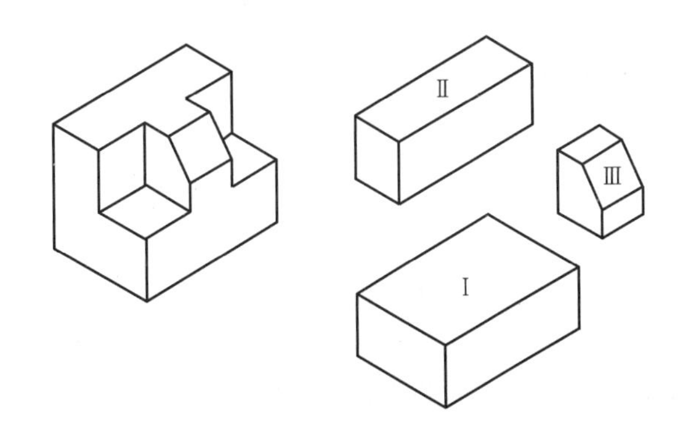

图 2-27　叠加型组合体

(2) 相交型组合体。相交型组合体是指构成组合体的基本几何体表面相交，在相交处会产生交线，而投影图上也必须体现出交线，如图 2-28 所示。

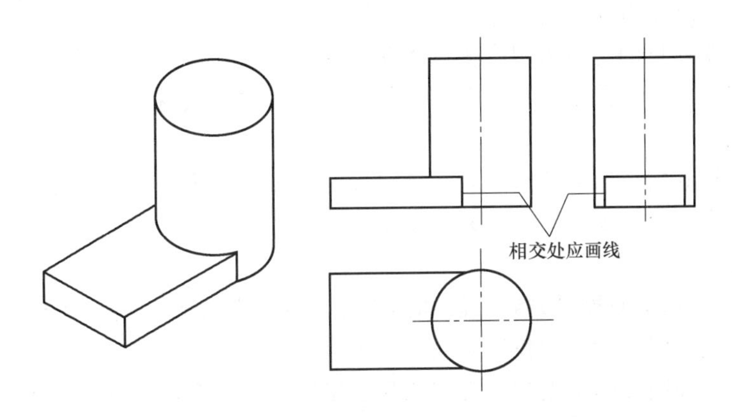

图 2-28　相交型组合体

(3) 切割型组合体。由一个基本几何体经过一次或多次切割后形成的立体称为切割型组合体。如图 2-29 所示，该切割型组合体可看作在长方体Ⅰ上切去小长方体Ⅱ和Ⅲ而来。作切割型组合体的投影图，可先画出基本几何体的投影，然后根据切割位置，分别在投影上进行切割，作图的关键在于正确作出切割面和基本几何体的截面交线的投影。

(4) 混合型组合体。既有叠加又有切割或相交的组合体称为混合型组合体。如图 2-30 所示，Ⅰ、Ⅱ和Ⅲ叠加构成组合体，而形体Ⅱ又是切割体，所以在图 2-30 中存在叠加和切割两种混合形式。

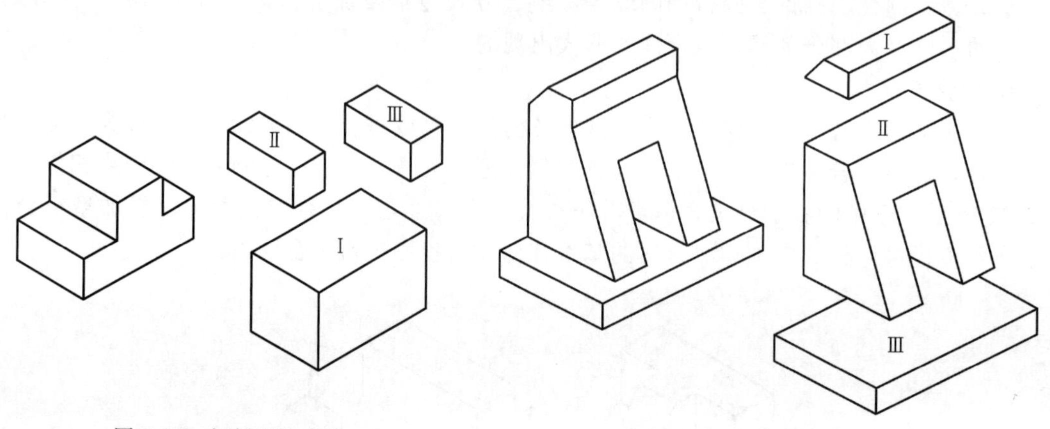

图 2-29　切割型组合体　　图 2-30　混合型组合体

2. 组合体三面投影的画法

组合体的形状比较复杂，绘制组合体的投影图时，总体思路是：先将组合体分解成若干个基本几何体，并分析它们之间的相互关系，然后绘制每一个基本几何体的投影，最后根据组合体的组成方式及基本几何体之间的关系，将基本几何体的投影组合成组合体的投影。组合体投影图的具体作图步骤如下：

（1）形体分析。为方便画图，假想将组合体分解为若干个简单的基本几何体来进行分析，确定它们的形状、组合方式、相对位置和表面过渡关系，这种思维方法称为形体分析法。形体分析法就是“先分解，后综合，分解时考虑局部，综合时考虑整体”。使用形体分析法可使复杂的问题变得相对简单。

形体分析的主要目的是弄清组合体的形状，为绘制组合体的投影图打基础。同一个组合体允许采用不同的组合形式来分析，既可以把一个组合体看成由几个基本体叠加而成，如图 2-27 所示，也可把其看成由一个基本体经过多次切割而成。无论采用何种组合方式来分析，只要分析正确，得到的组合体的形状相同就可以。而至于采用哪种组合方式进行分析，要根据繁简程度、个人习惯以及熟练程度来灵活运用。

（2）视图选择

1）形体的摆放和正面投射方向。已知当平面或立体与投影面的相对位置不同时，得到的投影也不会相同。因此，在用投影图表达形体时，形体的摆放位置和正面投影的方向对形体形状特征的表达和图样的清晰程度等有明显的影响。形体摆放的选择原则为：应尽可能使形体上的线或面为在投影面上特殊位置处的线或面。对于工程中的形体，通常按其自然状态和工作位置放置，一般要保持基面向下并处于水平位置。正面投影的选择原则为：使组合体的各个组成部分及相互关系特征尽可能地在主视图中表现出来，并尽可能减少各视图中的虚线。形体的摆放和正面投影的方向二者应综合考虑。

2）视图数量的确定。形体摆放和正面投影方向确定后，为减少画图的工作量，在保证能够完整、清楚地表达形体各部分的形状和位置的前提下，应尽量减少投影图的数量。对组合体而言，一般要画出三面投影。

（3）投影图的绘制。完成形体分析和视图选择后，可进行组合体投影图的绘制。

1）根据组合体的大小和复杂程度，选择适当的比例和图幅。确定图纸的绘制范围，安排好各投影图的位置。

2）根据形体分析和视图选择的结果，画出各基本形体的三面投影，重点注意各基本组合体之间的位置和组合关系，以图2-27的组合体为例，其分步投影作图如图2-31a～f所示，这是在为投影图打底稿。

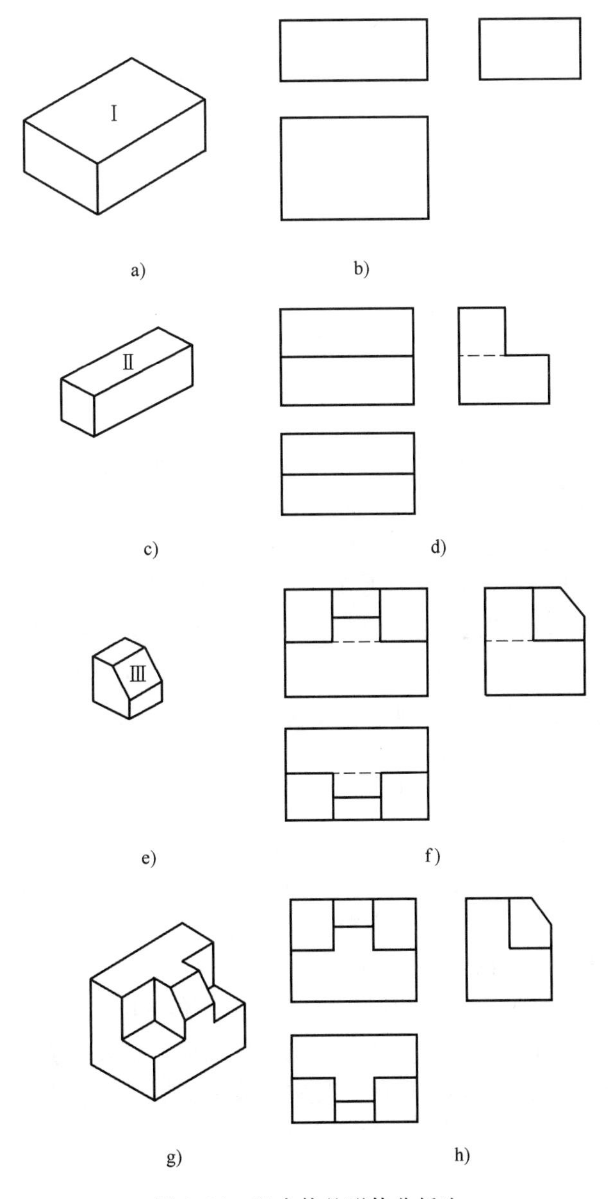

图2-31　组合体的形体分析法

3）检查投影图的正确性。根据三面投影的基本规律，检查各投影是否正确，各基本几何体的组合处是否存在多线或漏线现象。通过检查，发现在图2-31d的侧立面投影中，Ⅰ与Ⅱ的交接处有多余线条（虚线处）；在图2-31f的水平和正立面投影中，Ⅱ与Ⅲ的交接处也有多余线条（虚线处），因此将这些多余线条擦除，最终该组合体的三面投影如图2-31h所示。

4）检查无误后，按规定的线型加深底稿中的图线，标注尺寸，填写标题栏，完成全图。

3. 组合体投影图的识读

组合体投影图的识读就是根据形体的一组投影图，想象出该形体的空间形状，是从平面图形到空间图形的想象过程，是画图的逆过程。读图在工程中非常重要，是工程技术人员必须掌握的知识。

（1）读图的基本知识和注意事项

1）掌握三面投影的基本性质，即“长对正、高平齐、宽相等”。掌握各种位置的直线、平面和曲面的投影特性。这些是进行形体空间形状分析的基础。

2）要把几个视图联系起来进行分析。一般情况下，一个投影不能反映物体的形状，常需要三个或更多个投影来表示。因此读图时，不能孤立地看一个投影，要抓住重点投影并将几个投影图联系起来，才能正确分析物体的形状。

3）充分利用特征视图。特征视图就是把形体的形状特征表达得最充分的视图，利用特征视图和方位关系可以比较快速地分析物体的形状。

4）对复杂的组合体应充分利用线、面进行分析，重点考虑视图中反映形体之间连接关系的图线。

（2）读图的方法。组合体的读图方法一般包括两种：形体分析法和线面分析法。在读图时，两种方法是相辅相成的。形体分析法考虑组合体，确定组合体的基本形状。当组合体的某些部位的形状不能确定时，就需要利用线面分析法，对其表面的线、面投影进行分析，从而想象出组合体的具体形状，线面分析法是形体分析法的补充。

1）形体分析法。形体分析法是以基本形体的投影特征为基础的。以某个特征投影图为中心，联系其他投影图分析组合体的组合方式，然后把组合体投影图分解成若干个基本形体的投影图，并按各自的投影关系，分别想象出每个基本形体的形状，再根据各基本形体的相对位置关系，结合组合体的组合方式，整合基本形体，最终想象出整个形体的形状。这种读图的方法即为形体分析法。

2）线面分析法。线面分析法是以线和面的投影特点为基础，根据组合体投影图中线和面的投影，分析线和面的空间形状和位置，从而确定组合体形状的方法。线面分析法是一种辅助方法，通常在采用形体分析法对投影图进行分析的基础上，对投影图中难以看懂的局部投影，运用线面分析法进行识读。

采用线面分析法的关键是要弄清投影图中封闭线框和线段代表的意义。一个封闭线框，可能表示一个相切的组合面，也可能表示一个平面或曲面，还可能表示一个孔洞。投影图中一个线段，可能是两个面的交线，也可能是特殊位置的面，还可能表示曲面的轮廓素线。

2.5　轴测投影

三面投影图能准确而完整地表示形体的形状和大小，而且作图简单，因此在工程中得到了广泛的应用。但是三面投影图缺乏立体感，必须要具备一定的投影知识才能想象出形体的空间形状，不直观。

轴测投影图（简称轴测图）是一个单面投影图，它用一个投影图表示出形体的立体形状，并能反映形体的长、宽和高的大小。轴测图立体感较强，形象直观，容易看懂。轴测投影图是在一个投影面上反映形体的三维形状，有时不能很全面地表示形体，具有局限性，因此在工程上常用来作为辅助图样。

2.5.1　基本知识

1. 轴测图的形成

将形体及确定其空间位置的直角坐标系，沿不平行于任意一个坐标面的投射方向平行地投射到一个投影面上，这样所得的投影图就是轴测图，如图 2-32 所示。

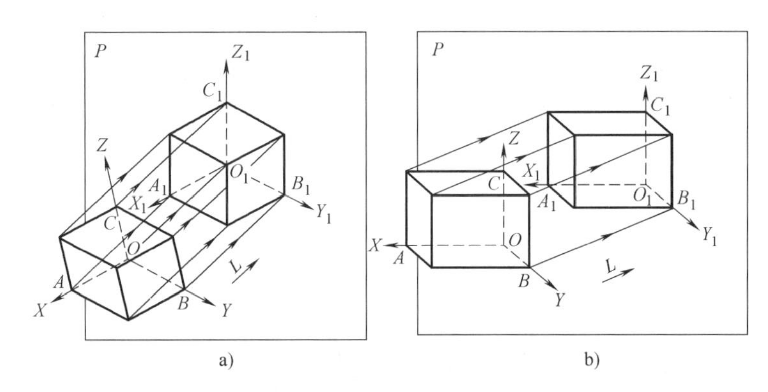

图 2-32　轴测图的形成
a）正轴测投影（L 与 P 垂直）　b）斜轴测投影（L 与 P 不垂直）

在图 2-32 中，平面 P 称为轴测投影面，方向 L 称为轴测投影方向，O_1X_1、O_1Y_1 和 O_1Z_1 称为轴测轴，分别是坐标轴 OX、OY 和 OZ 在轴测投影面上的投影。轴测轴之间的夹角称为轴间角，由于轴间角处于一个平面上，所以三个轴间角之和等于 360°。轴测图中沿轴测轴方向的线段长度和在空间直角坐标系中相应线段的长度之比，称为轴向伸缩系数，通常用 p、q 和 r 表示：

$$p=\frac{O_1X_1}{OX},q=\frac{O_1Y_1}{OY},r=\frac{O_1Z_1}{OZ}$$

轴间角和轴向伸缩系数对于绘制轴测图非常关键，不同类型的轴测图有着不同的轴间角和轴向伸缩系数。

2. 轴测图的特性

由于轴测图是采用平行投影法进行投影而得到的，因此它具有平行投影的特性，具体如下：

（1）平行性。形体上相互平行的线段，在轴测图中依然平行。形体上平行于直角坐标轴的线段，其轴测投影也必然平行于相应的轴测轴。

（2）定比性。形体上与坐标轴平行的线段，其轴向伸缩系数和相应轴测轴的轴向伸缩系数是相同的。画轴测图时，形体上与坐标轴平行的线段，都可以按其原长度乘以相应的轴向伸缩系数而得到其轴测长度；这就是“轴测”的含义。

（3）真实性。形体上平行于轴测投影面的平面，在轴测图上反映实际形状。

3. 轴测图的分类

轴测图按投影方向可分为正轴测图和斜轴测图。当投影方向与轴测投影面垂直时，称为正轴测图，不垂直时称为斜轴测图。按轴向伸缩系数是否相等，可分为等轴测图、二等轴测图和三等轴测图。轴向伸缩系数都相等，称为等轴测图，只有两个轴向伸缩系数相等的称为二等轴测图，三个轴向伸缩系数都不相等的称为三等轴测图。因此，正轴测图包括：正等轴测图、正二等轴测图和正三等轴测图。斜轴测图包括：斜等轴测图、斜二等轴测图和斜三等轴测图。在工程实践中，比较常用的是正等轴测图和斜二等轴测图。

2.5.2　正等轴测图

当形体的三个坐标轴与轴测投影面的倾角都相同时，在轴测投影面上的正投影图即为形体的正等轴测图。正等轴测图具有以下特点：轴测轴之间的夹角相等，均为120°；各轴测轴的轴向伸缩系数相等，均为0.82。为了简便，通常将轴向伸缩系数都取为1，这样画出的轴测图将比原轴测图放大了1.22倍，但这并不影响对形体的形状和结构的理解。如图2-33所示。

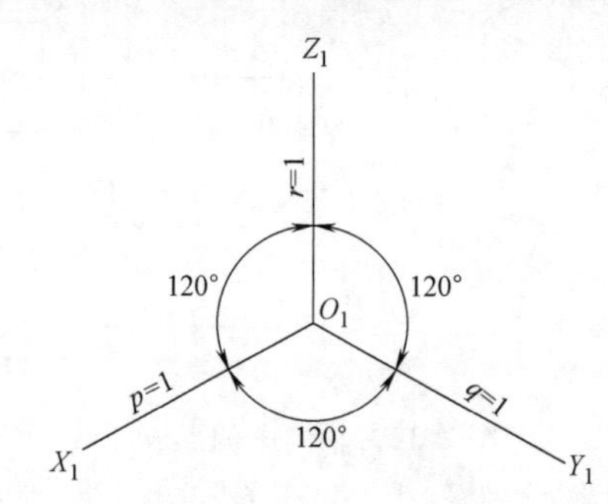

图2-33　正等轴测图的轴向伸缩系数和轴间角

1. 平面体正等轴测图

常用的画平面体轴测图的方法有：坐标法、切割法、叠加法和特征面法，其中常用的是坐标法和切割法。

（1）坐标法。按坐标值确定形体上各特征点的轴测投影并连线，从而得到形体的轴测投影图，这种方法称为坐标法，是画轴测图最基本的一种方法。

（2）切割法。如果形体可看做是由基本体经过切割后形成的，那么可先用坐标法将基本体的轴测图画出，然后将找出多余部分并切割掉，最后得到形体的轴测投影，这就是切割法。

（3）叠加法。如果形体是由几个基本体叠加而成，那么可以逐一画出基本体的轴测图，然后将各部分叠加起来，这就是叠加法。

（4）特征面法。当形体的某一面比较复杂且能够反映形体的形状特征时，可先画出该面的轴测图，然后再扩展成“立体”，这就是特征面法。特征面法适用于柱体轴测图的绘制。

2. 曲面体正等轴测图

曲线在正等轴测图中仍为曲线，可用坐标法画出曲线上一系列点的轴测投影，进行光滑连接就可得到曲线的轴测投影。

（1）平行于坐标面的圆的正等轴测图。平行于坐标面的圆的轴测投影是椭圆，画圆的正等轴测图的方法有四心偏圆法和八点法。常用的是四心偏圆法，又称为菱形法，是椭圆的一种近似画法。图2-34体现的是四心偏圆法的作图过程。

（2）圆柱的正等轴测图。绘制圆柱的正等轴测图，一般要先画出圆柱上下底面的正等轴测图，然后用直线连接出外轮廓线即可。

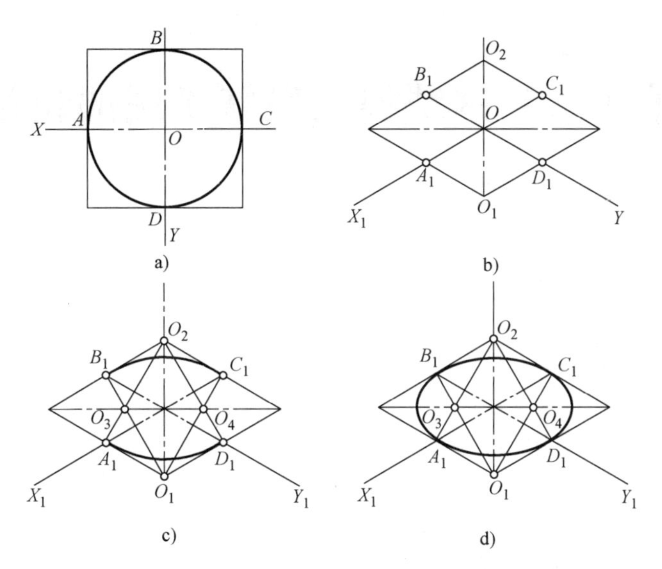

图 2-34　平行于坐标面的圆的正等轴测图

第3章　钢结构工程施工图的识读

3.1　建筑施工图的识读

3.1.1　总平面图的识读

总平面图是将拟建工程附近一定范围内的建筑物、构筑物及其自然状况，用水平投影方法和相应的图例画出的图样。它主要表示新建房屋的位置、标高、朝向、与原有建筑物的关系、周边道路布置、绿化布置及地形地貌等内容，是新建房屋施工定位、土方施工、设备专业管线以及施工现场（现场的材料和构件、配件堆放场地、构件预制的场地以及运输道路）总平面布置的依据，要注意其与相邻建筑物、用地红线、道路红线及高压线等的间距是否符合要求。

1. 总平面图的主要内容

（1）拟建建筑的定位。新建建筑物的定位方式有以下三种。

1）利用新建建筑和原有建筑或道路中心线之间的距离定位。

2）利用施工坐标确定新建建筑物的位置。

3）利用大地测量坐标确定新建建筑物的位置。

（2）建筑红线。各地方国土管理局提供给建设单位的地形图，在蓝图上用红色笔划定的土地使用范围的线称为建筑红线。任何建筑物在设计和施工时均不能超出此线。

（3）比例与图例。总平面图一般采用1:500、1:1000或1:2000的比例绘制，因为比例较小，图示内容多按《总图制图标准》（GB/T 50103—2010）中相应的图例要求进行简化绘制。

（4）等高线和标高。在总平面图上通常画有多条类似手绘的波浪线，每条线代表一个等高面，称为等高线。等高线上的数字代表该区域地势变化的高度。等高线上标注的高度是绝对标高。室外地坪标高符号宜用涂黑的三角形表示，总平面图的坐标、标高、距离以米为单位，并应至少取至小数点后两位。

（5）风向频率玫瑰图。风向频率玫瑰图（风玫瑰）是根据当地若干年来平均风向的统计值，按一定比例绘制，风的吹向是从外吹向该地区中心。实线表示全年风向频率，虚线表示按6月、7月、8月三个月统计的风向频率。

2. 总平面图的识读步骤

（1）熟悉图例、比例和有关的文字说明

1）这是阅读建筑总平面图应具备的基本知识。

2）阅读标题栏和图名、比例，通过阅读标题栏可以了解工程名称、性质、类型等。

（2）了解新建建筑物首层地坪、室外设计地坪的标高和周围地形、等高线等。

（3）了解新建建筑物的位置、层数、朝向以及当地常年主导风向和风速等。

（4）了解原有建筑物、构筑物和计划扩建的项目，如道路、绿化等。

（5）道路与绿化是主体工程的配套工程。从道路可了解建成后的人流方向和交通情况，从绿化可以看出建成后的环境绿化情况。

3.1.2　建筑平面图的识读

用一个假想的水平剖切平面沿着门、窗洞口且略高于窗台的部位剖切房屋，移去上面部分，将剩余部分向水平面做正投影而得到的水平投影图，称为建筑平面图，简称平面图。

在多层和高层建筑中一般有底层平面图、标准层平面图、顶层平面图和屋顶平面图。另外，有的建筑还有地下层平面图，并在图形的下方注出相应的图名、比例等。

沿房屋底层窗洞口剖切开得到的平面图称为底层平面图，又称为首层平面图或一层平面图。沿二层门窗洞口剖切开得到的平面图称为二层平面图。如果中间各层平面布置相同，可只画一个平面图表示，称为标准层平面图。沿最上一层的门窗洞口剖切开得到的平面图称为顶层平面图。将房屋直接从上向下进行投影得到的平面图称为屋顶平面图。如果建筑物设有地下室，还要画出地下室平面图。

1. 建筑平面图的图示内容

（1）表示建筑物某一平面形状，房间的位置、形状、大小、用途及相互关系。

（2）表示建筑物的墙、柱的位置并对其轴线编号。

（3）表示建筑物的门、窗位置及编号。

（4）表示室内设施（如卫生器具、水池等）的形状、位置。

（5）表示楼梯的位置及楼梯上下行方向及级数、楼梯平台标高。

（6）底层平面图应注明剖面图的剖切位置和投影方向及编号，确定建筑朝向的指北针以及散水、入口台阶、花坛等。

（7）标明主要楼、地面及其他主要台面的标高。

（8）屋顶平面图则主要表明屋面形状、屋面坡度、排水方式、雨水口位置、挑檐、女儿墙、烟囱、上人孔及电梯间等构造和设施。

（9）标注各墙厚度和墙段、门、窗、房间的进深、开间等尺寸。

（10）标注图名和绘图比例以及详图索引符号和必要的文字说明。

2. 建筑平面图的识读步骤

（1）底层平面图的识读

1）了解图名、比例。

2）了解定位轴线及编号、内外墙的位置和平面布置。

3）了解门窗的位置、编号及数量。

4）了解该房屋的平面尺寸和各地面的标高。

5）了解剖面图的剖切位置、投射方向等。

（2）标准层平面图的识读

1）了解图名、比例。

2）了解定位轴线、内外墙的位置和平面布置。

3）与底层平面图相比，其他层平面图要简单一些。已在底层平面图中表示清楚的构配件，就不在其他图中重复绘制。

(3) 屋顶平面图的识读。

3.1.3 建筑立面图的识读

1. 建筑立面图的形成

用正投影法将建筑物的墙面向与该墙面平行的投影面投影所得到的投影图称为建筑立面图，简称立面图。

2. 建筑立面图的图示内容

(1) 室外地坪线及房屋的勒脚、台阶、花池、门窗、雨篷、阳台、檐口、女儿墙、墙外分格线、雨水管、屋顶上可见的排烟口、水箱间等。

(2) 尺寸标注。立面图上一般只需标注房屋外墙各主要结构的相对标高和必要的尺寸，如室外地坪、台阶、窗台、门窗洞口顶端、阳台、雨篷、檐口、女儿墙顶、屋顶等的标高。

(3) 标注房屋总高度与各关键部位的高度，一般用相对标高表示。

(4) 外墙面装修。节点详图索引及必要的文字说明。

3. 建筑立面图的识读步骤

(1) 了解图名、比例。

(2) 了解房屋的体型和外貌特征。

(3) 了解门窗的形式、位置及数量。

(4) 了解房屋各部分的高度尺寸及标高。

(5) 了解房屋外墙面的装饰等。

3.1.4 建筑剖面图的识读

1. 建筑剖面图的形成

剖面图是指房屋的垂直剖面图。假想用一个或几个剖切平面在建筑平面图横向或纵向沿建筑的主要入口、窗洞口、楼梯等需要剖切的部位将建筑垂直地剖开，移去靠近观察者的部分，对剩余部分所作的正投影图，称为建筑剖面图，简称剖面图。

2. 建筑剖面图的图示内容

(1) 被剖到的墙或柱的定位轴线及轴线编号。

(2) 剖切到的屋面、墙体、楼面、梁等轮廓及材料做法。

(3) 建筑物内部的分层情况及层高、水平方向的分隔。

(4) 投影可见部分的形状、位置等。

(5) 屋顶的形式及排水坡度。

(6) 详图索引符号，标高及必须标注的局部尺寸。

(7) 必要的文字说明。

3. 建筑剖面图的识读步骤

(1) 了解图名、比例。

(2) 了解剖面图位置、投影方向。

(3) 了解房屋的结构形式。

(4) 了解其他未剖切到的可见部分。

(5) 了解地面、楼面、屋面的构造。

（6）了解楼梯的形式和构造。

（7）了解各部分尺寸和标高。

3.1.5　建筑详图的识读

1. 建筑详图的形成

建筑平、立、剖面图是建筑施工图的基本图样，都是用较小的比例绘制的，主要表达建筑全局性的内容，对建筑物的细部构造及构配件的形状、构造关系等无法表达清楚。因此，为了满足施工要求，对建筑的细部构造及配件的形状、材料、尺寸等用较大的比例详细地表达出来的图样称为建筑详图或大样图。

2. 建筑详图的类型

（1）局部构造详图，如楼梯详图、墙身详图、厨房、卫生间等。

（2）构件详图，如门窗详图、阳台详图等。

（3）装饰构造详图，如墙裙构造详图、门窗套装饰构造详图等。

3. 建筑详图的图示内容与图示方法

（1）详图的比例。详图的比例宜用1:1、1:2、1:5、1:10、1:20及1:50几种。必要时也可选用1:3、1:4、1:25、1:30等。

（2）详图符号与详图索引符号。为了便于识读图，常采用详图符号和索引符号。建筑详图必须加注图名（或详图符号），详图符号应与被索引的图样上的索引符号相对应，在详图符号的右下侧注写比例。

（3）建筑标高与结构标高。建筑标高是指在建筑施工图中标注的标高，它已将构造的粉饰层的层厚包括在内。结构标高是指在结构施工图中的标高，它标注结构构件未装修前的上表面或下表面的高度。

3.2　结构施工图的识读

3.2.1　结构施工图的内容

结构施工图主要表示建筑物的承重构件（梁、板、柱、墙体、屋架、支撑、基础等）的布置、形状、尺寸大小、数量、材料、构造及其相互关系。结构施工图是建筑结构施工的主要依据。

结构施工图的组成一般包括结构图纸目录、结构设计总说明、基础施工图、结构平面布置图、梁板配筋图和结构详图等。

（1）图纸目录可以让我们了解图纸的排列、总张数和每张图纸的内容，校对图纸的完整性，查找我们所需要的图纸。

（2）结构总设计说明，包括：抗震设计与防火要求，地基与基础，地下室，钢筋混凝土各结构构件，砖砌体，后浇带与施工缝等部分选用的材料类型、规格、强度等级，施工注意事项等。

（3）结构平面布置图，包括以下几类。

1）基础平面图。工业建筑还有设备基础布置图。

2）楼层结构平面布置图。工业建筑还包括柱网、吊车梁、柱间支撑等。

3）屋面结构平面图。包括屋面板、天沟板、屋架、天窗架及支撑系统布置等。

（4）结构详图。包括以下几类。

1）梁、板、柱及基础构件详图。

2）楼梯结构详图。

3）屋架结构详图。

4）其他结构详图。

3.2.2 结构施工图的作用

结构施工图主要作为施工放线、开挖基槽、立模板、绑扎钢筋、设置预埋件、浇捣混凝土、柱、梁、板等承重构件的制作安装和现场施工的依据，也是编制预算与施工组织计划等的依据。

3.2.3 基础结构图识读

基础图是表示建筑物相对标高 ±0.000 以下基础的平面布置、类型和详细构造的图样。它是施工放线、开挖基槽或基坑、砌筑基础的依据。一般包括基础平面图、基础详图和说明三部分。尽量将这三部分图样编排在同一张图纸上，以便于看图。

1. 基础平面图的形成

建筑物基础平面图是假想用一个水平剖切面沿室内地面以下的位置将房屋全部剖开，移去上部的房屋结构及其周围的泥土，向下所做出的水平正投影图。它主要表示基础的平面布置以及墙、柱与轴线的关系，为施工放线、开挖基槽或基坑和砌筑基础提供依据。

2. 基础平面图的图示内容

基础平面图主要表示基础墙、柱、预留洞及构件布置等平面位置关系，主要包括以下内容。

（1）图名、比例。基础平面图的比例应与对应建筑平面图一致，常用比例为 1:100、1:200。

（2）定位轴线及编号、轴线尺寸应与对应建筑平面图一致。

（3）基础墙、柱的平面布置。基础平面图应反映基础墙、柱、基础底面形状、大小及其基础与轴线的尺寸关系。

（4）基础梁的位置、代号。

（5）基础构件配筋。

（6）基础编号、基础断面图的剖切位置线及其编号。

（7）施工说明。用文字说明地基承载力及所用材料的强度等级等。

不同的基础类型，基础平面图的内容不尽相同，但目的都是为了表达基础的平面布置和位置。

3.2.4 楼层结构平面图识读

楼层结构平面布置图是假想用剖切平面沿楼板面水平切开所得的水平剖面图，用直接正投影法绘制。

楼层结构平面布置图表示各楼层结构构件（如梁、板、柱、墙等）的平面布置情况，以及现浇混凝土构件构造尺寸与配筋情况的图纸，是建筑结构施工时构件布置、安装的重要依据。

3.2.5　屋顶结构平面图识读

屋顶结构平面图是表示屋面承重构件平面布置的图样。在建筑中，为了得到较好的外观效果，屋顶常做成各种各样的造型，因此屋顶的结构形式有时会与楼层不同，但其图示内容和表达方法与楼层结构平面图基本相同。

3.2.6　钢筋混凝土构件结构详图识读

结构平面图只是表示房屋各楼层的承重构件的平面布置，而各构件的真实形状、大小、内部结构及构造并未表示出来。为此，还需画结构详图。

钢筋混凝土构件是指用钢筋混凝土制成的梁、板、柱、屋架等构件。按施工方法不同可分为现浇钢筋混凝土构件和预制钢筋混凝土构件两种。钢筋混凝土构件详图一般包括模板图、配筋图、预埋件详图及配筋表。配筋图又分为立面图、断面图和钢筋详图，主要用来表示构件内部钢筋的级别、尺寸、数量和配置，是钢筋下料以及绑扎钢筋骨架的施工依据。模板图主要用来表示构件外形尺寸以及预埋件、预留孔的大小及位置，是模板制作和安装的依据。

钢筋混凝土构件结构详图主要包括以下主要内容。

（1）构件详图的图名及比例。

（2）详图的定位轴线及编号。

（3）结构详图亦称配筋图。配筋图表明结构内部的配筋情况，一般由立面图和断面图组成。梁、柱的结构详图由立面图和断面图组成，板的结构图一般只画平面图或断面图。

（4）模板图是表示构件的外形或预埋件位置的详图。

（5）构件构造尺寸、钢筋表。

3.3　钢结构施工详图的识读

3.3.1　识读钢结构施工详图的基本知识

（1）掌握投影原理和形体的各种表达方法。钢结构施工详图是根据投影原理绘制的，用图样表明结构构件的设计及构造做法。所以要看懂图样，首先必须掌握投影原理，特别是正投影原理和形体的各种表达方法。

（2）熟悉和掌握建筑结构制图标准及相关规定。钢结构施工详图采用图例符号和必要的文字说明来表达设计内容。因此，要看懂施工详图，必须掌握国家相关制图标准，熟悉施工详图中各种图例、符号表示的意义。此外，还应熟悉常用钢结构构件的代号表示方法，一般构件的代号用各构件名称的汉语拼音第一个字母表示，常用构件代号见表3-1。

表 3-1 常用构件代号

序号	名称	代码	序号	名称	代码	序号	名称	代码
1	板	B	15	吊车梁	DL	29	基础	J
2	屋面板	WB	16	圈梁	QL	30	设备基础	SJ
3	空心板	KB	17	过梁	GL	31	桩	ZH
4	槽形板	CB	18	连系梁	LL	32	柱间支撑	ZC
5	折板	ZB	19	基础梁	JL	33	垂直支撑	CC
6	密肋板	MB	20	楼梯梁	TL	34	水平支撑	SC
7	楼梯板	TB	21	檩条	LT	35	梯	T
8	盖板或沟盖板	GB	22	屋架	WJ	36	雨篷	YP
9	挡雨板或檐口板	YB	23	托架	TJ	37	阳台	YT
10	起重机安全走道板	DB	24	天窗架	CJ	38	梁垫	LD
11	墙板	QB	25	框架	KJ	39	预埋件	M
12	天沟板	TGB	26	刚架	GJ	40	天窗端壁	TD
13	梁	L	27	支架	ZJ	41	钢筋网	W
14	屋面梁	WL	28	柱	Z	42	钢筋骨架	G

注：1. 预制钢筋混凝土构件、现浇钢筋混凝土构件、钢构件和木构件，一般可直接采用本表中的构件代号。在设计中，当需要区别上述构件种类时，应在图纸中加以说明。

2. 预应力钢筋混凝土构件代号，应在构件代号前加注“Y-”，如 Y-KB 表示预应力钢筋混凝土空心板。

（3）基本掌握钢结构的特点、构造组成，了解机械制造相关知识。钢结构具有区别于其他建筑结构的显著特点，其零件加工和装配属于机械制造范围，在学习过程中要善于积累有关钢结构组成和构造上的一些基本知识，随着学习的深入和专业实践，可以学到更详细的专业知识，在此基础上，有助于看懂钢结构施工图。

3.3.2 阅读钢结构施工详图的步骤

阅读钢结构施工详图的步骤一般为：“从上往下看、从左往右看、由外往里看、由大到小看、由粗到细看、图样与说明对照看、布置详图结合看”。有必要时还要把设备图拿来作参照，这样才能得到较好的看图效果。由于图面上的各种线条纵横交错，各种图例、符号繁多，对初学者来说，开始看图时必须要有耐心，认真细致，并要花费较长时间，才能把图看明白。只有掌握了正确的看图方法，读懂每张施工图，做到心中有数，才能明确设计内容，领会设计意图，便于组织施工、指导施工和实施施工计划。

3.3.3 钢结构施工详图制图规定

钢结构施工详图制图应满足《房屋建筑制图统一标准》（GB/T 5001—2010）、《建筑结构制图标准》（GB 50105—2010）、《焊缝符号表示法》（GB/T 324—2008）等制图标准要求。钢结构施工详图中的基本内容如图样幅面规格、图线线型、定位轴线、字体、计量单位、比例、各种符号（剖切符号、索引符号、详图符号、引出线、对称符号、连接符号）、尺寸标注等规定与其他建筑结构施工图相同。此外，由于钢结构自身的特点，在钢结构施工详图中，还包括下列内容。

1. 常用型钢的标注方法

常用的型钢有等边角钢、不等边角钢、工字钢、槽钢、方钢、扁钢、钢板及圆钢等，具体常用型钢的标注方式见表 3-2。

表 3-2　常用型钢的标注方式

序号	名 称	截面	标注	说明
1	等边角钢	∟	∟ $b \times t$	b 为肢宽 t 为肢厚
2	不等边角钢	 B ∟	∟ $B \times b \times t$	B 为长肢宽 b 为短肢宽 t 为肢厚
3	工字钢	 I	I N　Q I N	轻型工字钢加注 Q 字 N 为工字钢的型号
4	槽钢	[	[N　Q [N	轻型槽钢加注 Q 字 N 为槽钢的型号
5	方钢	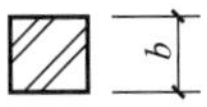 b	□ b	
6	扁钢	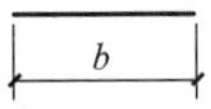 b	— $b \times t$	
7	钢板	 —	$\frac{-b \times t}{l}$	$\frac{宽 \times 厚}{板长}$
8	圆钢	 ○	$\phi\ d$	
9	钢管	○	$DN \times \times$ $d \times t$	内径 外径 × 壁厚
10	薄壁方钢管	□	B □ $b \times t$	薄壁型钢加注 B 字 t 为壁厚
11	薄壁等肢角钢	∟	B ∟ $b \times t$	
12	薄壁等肢卷边角钢	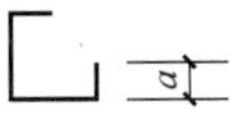 a	B ∟ $b \times a \times t$	
13	薄壁槽钢	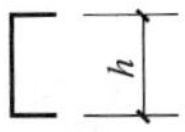 h	B [$h \times b \times t$	
14	薄壁卷边槽钢	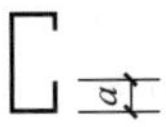 a	B [$h \times b \times a \times t$	
15	薄壁卷 Z 型钢	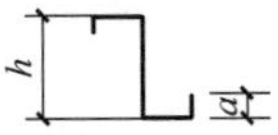 h　a	B $h \times b \times a \times t$	
16	T 型钢	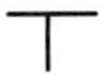 T	TW × × TM × × TN × ×	TW 为宽翼缘 T 型钢 TM 为中翼缘 T 型钢 TN 为窄翼缘 T 型钢

（续）

序号	名 称	截面	标注	说明
17	H 型钢	H	HW × × HM × × HN × ×	HW 为宽翼缘 H 型钢 HM 为中翼缘 H 型钢 HN 为窄翼缘 H 型钢
18	起重机钢轨	⊥	⊥ IQU × ×	详细说明 产品规格型号
19	轻轨及钢轨	⊥	⊥ ××kg/m钢轨	

2. 常用焊缝的表示方法

焊缝符号一般由指引线、基本符号、辅助符号、补充符号和焊缝尺寸等组成。引出线由横线和带箭头的斜线组成，箭头指到图形上的相应焊缝处，横线的上面和下面用来标注焊缝的图形符号和焊缝尺寸。为了方便，必要时也可在焊缝符号中增加用以说明焊缝尺寸和焊接工艺要求的内容。焊接钢构件的焊缝除应符合现行国家标准《焊缝符号表示法》（CB/T 324—2008）的规定外，还应符合下列各项规定。

（1）单面焊缝的标注

1）当箭头指向焊缝所在的一面时，应将图形符号和尺寸标注在横线的上方，如图 3-1a 所示；当箭头指向焊缝所在另一面（相对应的那面）时，应将图形符号和尺寸标注在横线的下方，如图 3-1b 所示。

2）表示环绕工作件周围的焊缝时，其围焊焊缝符号为圆圈，绘在引出线的转折处，并标注焊脚尺寸 K，如图 3-1c 所示。

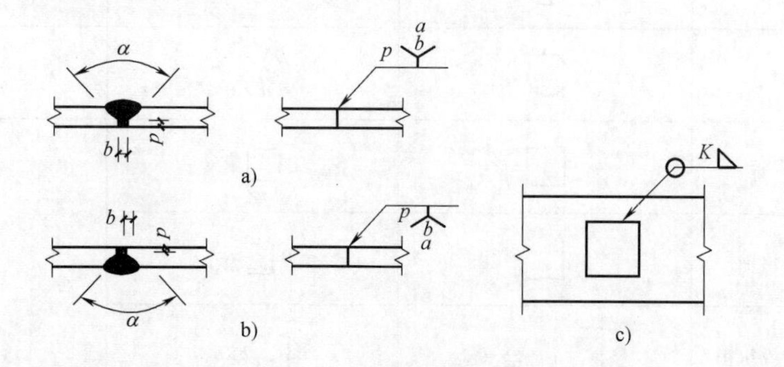

图 3-1 单面焊缝的标注方法

（2）双面焊缝的标注，应在横线的上、下都标注符号和尺寸。上方表示箭头一面的符号和尺寸，下方表示另一面的符号和尺寸，如图 3-2a 所示；当两面的焊缝尺寸相同时，只需在横线上方标注焊缝的符号和尺寸，如图 3-2b、c、d 所示。

（3）3 个和 3 个以上的焊件相互焊接的焊缝，不得作为双面焊缝标注。其焊缝符号和尺寸应分别标注，如图 3-3 所示。

（4）相互焊接的 2 个焊件中，当只有 1 个焊件带坡口时（如单面 V 形），引线出线箭头必须指向带坡口的焊件，如图 3-4 所示。

（5）相互焊接的 2 个焊件，当为单面带双边不对称坡口焊接时，引出线箭头必须指向较大坡口的焊件，如图 3-5 所示。

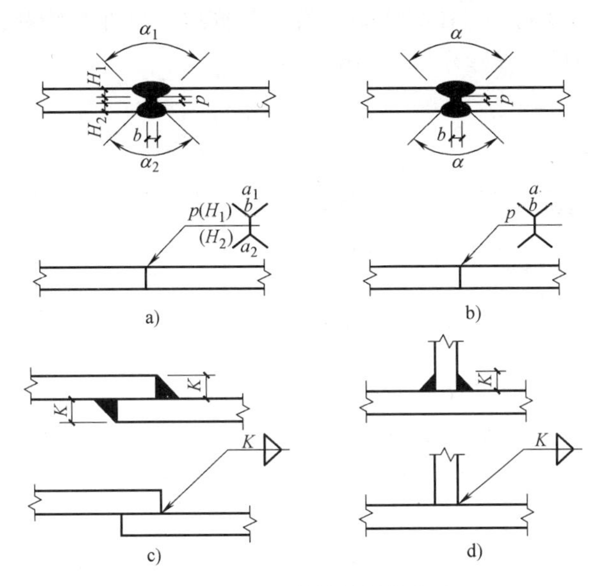

图 3-2　双面焊缝的标注方法

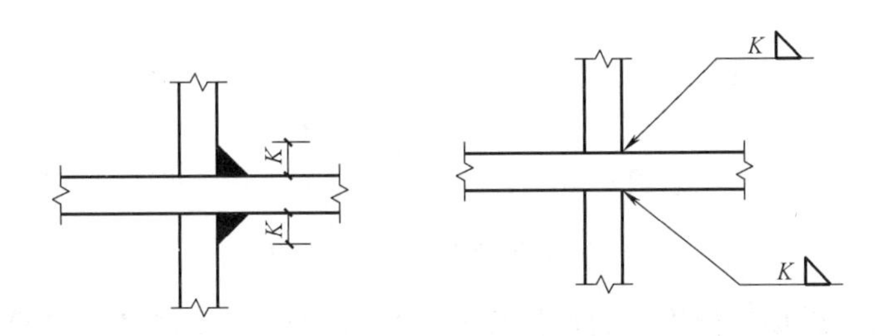

图 3-3　3 个以上焊件的焊缝标注方法

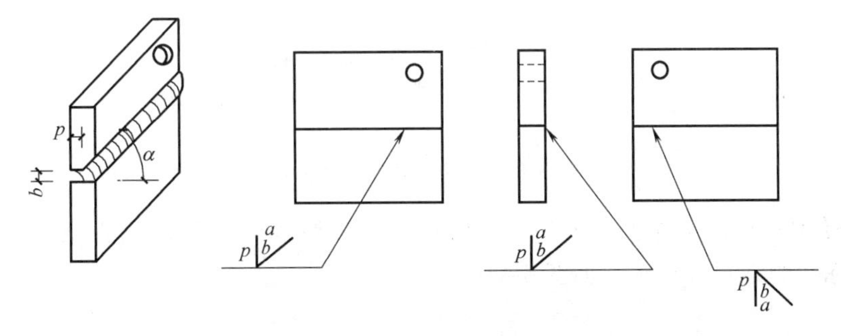

图 3-4　1 个焊件带坡口的焊缝标注方法

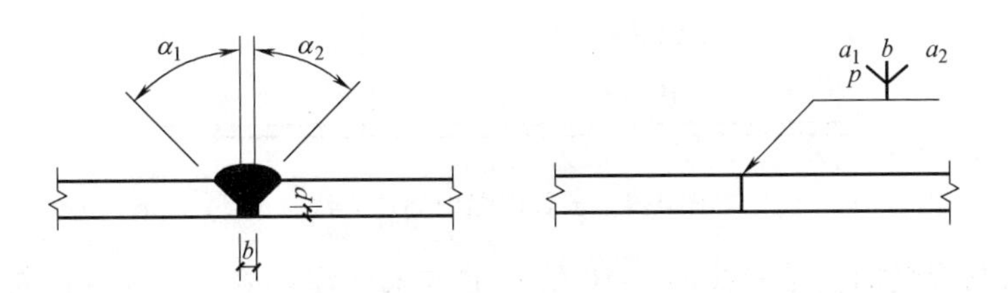

图 3-5　不对称坡口焊缝的标注方法

（6）当焊缝分布不规则时，在标注焊缝符号的同时，宜在焊缝处加中实线表示可见焊缝，或加细栅线表示不可见焊缝，如图 3-6 所示。

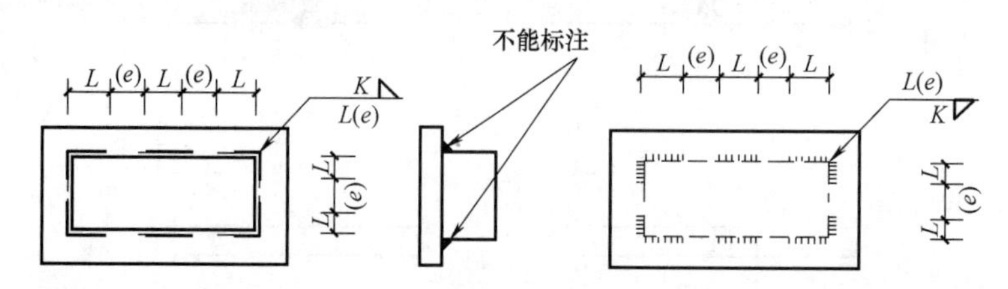

图 3-6　不规则焊缝的标注方法

（7）相同焊缝符号应按下列方法表示：

1）在同一图形上，当焊缝型式、断面尺寸和辅助要求均相同时，可只选择一处标注焊缝的符号和尺寸，并加注“相同焊缝符号”，相同焊缝符号为 3/4 圆弧，绘在引出线的转折处，如图 3-7a 所示。

2）在同一图形上，当有数种相同的焊缝时，可将焊缝分类编号标注。在同一类焊缝中可选择一处标注焊缝符号和尺寸。分类编号采用大写字母的拉丁字母 *A*、*B*、*C*……，如图 3-7b 所示。

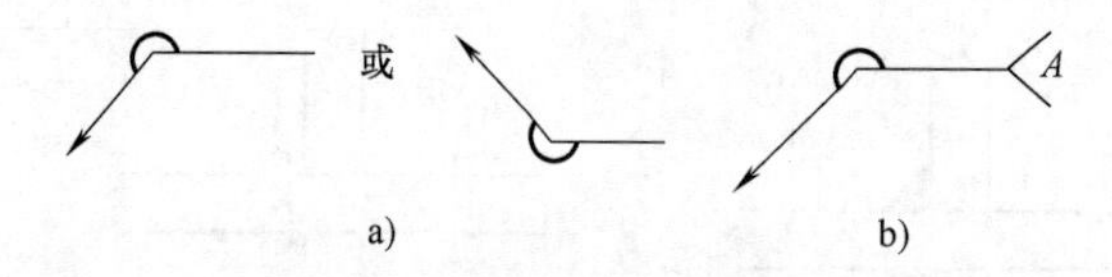

图 3-7　相同焊缝的标注方法

（8）需要在施工现场进行焊接的焊件焊缝，应标注“现场焊缝”符号。现场焊缝符号为涂黑的三角形旗号，绘在引出线的转折处，如图 3-8 所示。

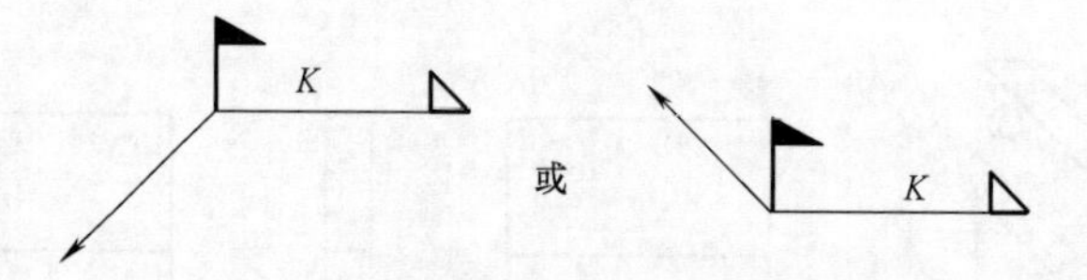

图 3-8　现场焊缝的标注方法

（9）图样中较长的角焊缝（如焊接实腹钢梁的翼缘焊缝）可不用引出线标注，而直接在角焊缝旁标注焊缝尺寸值 *K*，如图 3-9 所示。

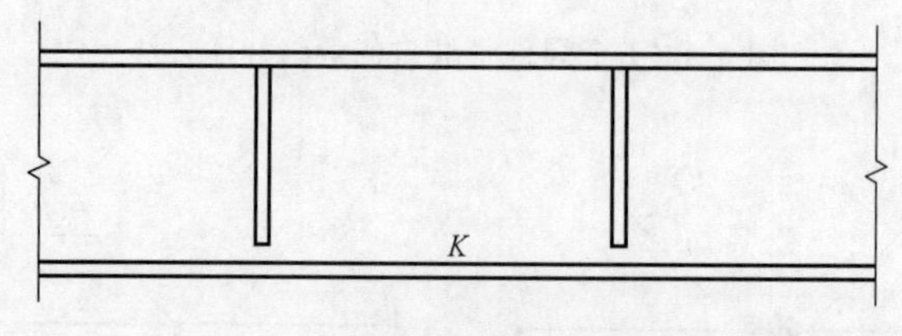

图 3-9　较长焊缝的标注方法

（10）熔透角焊缝的符号应按图 3-10 所示的方式标注。熔透角焊缝的符号为涂黑的圆圈，绘在引出线的转折处。

(11) 局部焊缝应按图 3-11 所示的方式标注。

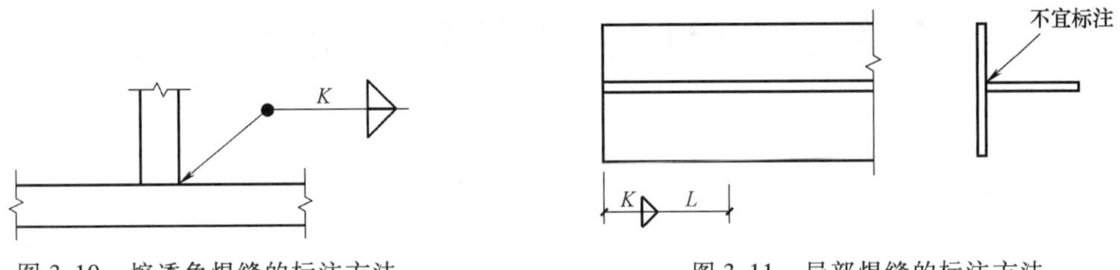

图 3-10　熔透角焊缝的标注方法　　　　图 3-11　局部焊缝的标注方法

3. 螺栓、孔、电焊铆钉的表示方法

螺栓、孔、电焊铆钉的表示方法见表 3-3 所示。

表 3-3　螺栓、孔、电焊铆钉的表示方法

序号	名称	图例	说　明
1	永久螺栓		1. 细“＋”线表示定位线 2. M 表示螺栓型号 3. ϕ 表示螺栓孔直径 4. d 表示膨胀螺栓，电焊铆钉直径 5. 采用引出线标注螺栓时，横线上标注螺栓规格，横线下标注螺栓孔直径
2	高强螺栓		
3	安装螺栓		
4	胀锚螺栓		
5	圆形螺栓孔		
6	长圆形螺栓孔		
7	电焊铆钉		

第4章　单层门式钢结构厂房的识读

钢结构建筑以其强度高、抗震性能好、施工周期短、边角料可回收等优点在大中型工程中广泛应用，目前懂得和掌握钢结构技术的技术人员和工人严重匮乏。因此，学会识读钢结构施工图是非常必要的。

4.1　钢结构设计图的基本内容

钢结构设计图是提供编制钢结构施工详图（也称钢结构加工制作详图）的单位作为深化设计的依据，所以钢结构设计图在内容和深度方面应满足编制钢结构施工详图的要求。必须对设计依据、荷载资料、建筑抗震设防类别和设防标准，工程概况，材料选用和材料质量要求，结构布置，支撑设置，构件选型，构件截面和内力，以及结构的主要节点构造和控制尺寸等均应表示清楚，以便供有关主管部门审查并使编制钢结构施工详图的人员能正确体会设计意图。

钢结构设计图的编制应充分利用图形表达设计者的要求，当图形不能完全表示清楚时，可用文字加以补充说明。设计图所表示的标高、方位与建筑专业的图纸相一致。

4.1.1　钢结构设计图的内容

1. 图纸目录（略）

2. 设计总说明

设计总说明的内容包括：

（1）设计依据。包括工程设计合同书中有关设计文件、岩土工程报告、设计基础资料及有关设计规范、规程等。

（2）设计荷载资料。包括各种荷载的取值、抗震设防烈度和抗震设防类别。

（3）设计简介。简述工程概况、设计假定、特点和设计要求以及使用程序等。

（4）材料的选用。对各部分构件选用的钢材应按主次分别提出钢材质量等级和牌号以及性能的要求；相应的钢材等级性能选用配套的焊条和焊丝的牌号及性能要求；选用高强螺栓和普通螺栓的性能级别等。

（5）制作安装。包括制作技术要求及允许偏差；螺栓连接精度和施拧要求；焊缝质量要求和焊缝检验等级要求；防腐和防火措施；运输和安装要求；需要制作试验的特殊说明。

3. 地脚螺栓布置图

该图上应标注出各个柱脚锚栓的位置，即相对于纵横轴线的位置尺寸，并在基础剖面上标出螺栓空间位置标高，标明螺栓规格数量及埋设深度。

4. 结构布置图

结构布置图主要表达了各个构件在平面中所处的位置并对各种构件选用的截面进行编号。主要包括以下几项。

（1）屋盖平面布置图。包括屋架布置图（或钢架布置图）、屋面檩条布置图和屋面支撑布置图。屋面檩条布置图主要表明了檩条间距和编号以及檩条之间设置的直拉条、斜拉条布置和编号；屋面支撑布置图主要表示屋面水平支撑、纵向刚性支撑、屋面梁的隅撑等的布置及编号。

（2）柱子平面布置图。主要表示钢柱（或门式钢架）和山墙柱的布置及编号，纵剖面表示柱间支撑、墙面支撑、墙面檩条及墙梁布置与编号，包括墙梁的直拉条和斜拉条布置与编号，柱隅撑布置与编号。横剖面重点表示了山墙柱间支撑、墙面支撑、墙梁及拉条面布置与编号。

（3）吊车梁平面布置图表示了吊车梁、车挡及其支撑布置与编号。

（4）高层钢结构的结构布置图

1）高层钢结构的各层平面分别绘制出了结构平面布置图，有标准层的一般应合并绘制，对于有些平面布置较为复杂的楼层，还应增加剖面表示清楚各构件关系。

2）除主要构件外，楼梯结构系统构件上开洞、局部加强、维护结构等应分别编制专门的布置图及相关节点图，与主要平面、立面布置图配合使用。

3）布置图应注明柱网的定位轴线编号、跨度和柱距，在剖面图中主要构件在有特殊连接或特殊变化处（如柱子上的牛腿或支托处，安装接头、柱梁接头或柱子变截面处）应标注标高。

4）构件编号。首先按《建筑结构制图标准》规定的常用构件代号作为构件代号，但在实际工程中，对同样名称而不同材料的构件，为便于区分，应在构件代号前加注材料代号，并在图纸中加以说明。一些特殊构件代号中未作出规定的，一般应用汉语拼音字头编代号，代号后面用阿拉伯数字按构件主次顺序进行编号。一个构件如截面和外形相同，长度虽不同，应编为同一个号；但组合梁截面相同而外形不同，应分别编号。

5）每张构件布置图均列出构件表。构件截面的连接方法和细部尺寸在节点详图上表述。

5. 钢架图

在此图中应给出组成钢架的各个构件的编号，结合构件表表示出各个组成部分的细部尺寸。

6. 节点详图

节点主要是相同构件的拼接处、不同构件的连接处、不同结构材料连接处及需要特殊交代清楚的部位。

节点详图表示了各构件间的相互连接关系及其构造特点，节点上注明了整个结构的相关位置，标出了轴线编号、相关尺寸、主要控制标高、构件编号或截面规格、节点板厚度及加劲肋做法。当构件与节点板采用焊接连接时，应注明焊角尺寸和焊缝符号。构件采用螺栓连接时，应标明螺栓等级、直径、数量。

7. 构件图

格构式构件包括平面桁架和立体桁架以及截面较为复杂的组合构件，应绘制出构件图，门式钢架由于采用变截面，也应绘制构件图，通过构件图表达构件外形、几何尺寸及构件中杆件（或板件）的截面尺寸。

平面或立体桁架构件图，一般用单线绘制，弦杆注明重心距，几何尺寸以中心线为准。

当桁架构件图为轴对称时，左侧标注了构件截面的大小，右侧标注了杆件内力。当桁架构件图为不对称时，构件上方标注构件截面大小，下方标注构件内力。柱子构件图按其外形分拼装单元竖放绘制，在支撑吊车梁肢和支撑屋架肢上用双实线，腹杆用单实线绘制，绘制各截面变化处的各个剖面，注明相应的规格尺寸、柱段控制标高和轴线编号的相关尺寸。

4.2 门式钢结构厂房简介和识图要点

单层门式钢结构是指以轻型焊接H型钢（等截面或变截面）、热轧H型钢（等截面）或冷弯薄壁型钢等构成的实腹式门式刚架或格构式门式刚架作为主要承重骨架，用冷弯薄壁型钢（C型、Z型）作为檩条、墙梁，以压型金属板（压型钢板、压型铝板）作为屋面、墙面，采用聚苯乙烯泡沫塑料、硬质聚氨酯泡沫塑料、岩棉、矿棉、玻璃棉等作为保温隔热材料并适当设置支撑的一种轻型房屋结构体系。单层轻型钢结构房屋的组成如图4-1所示。

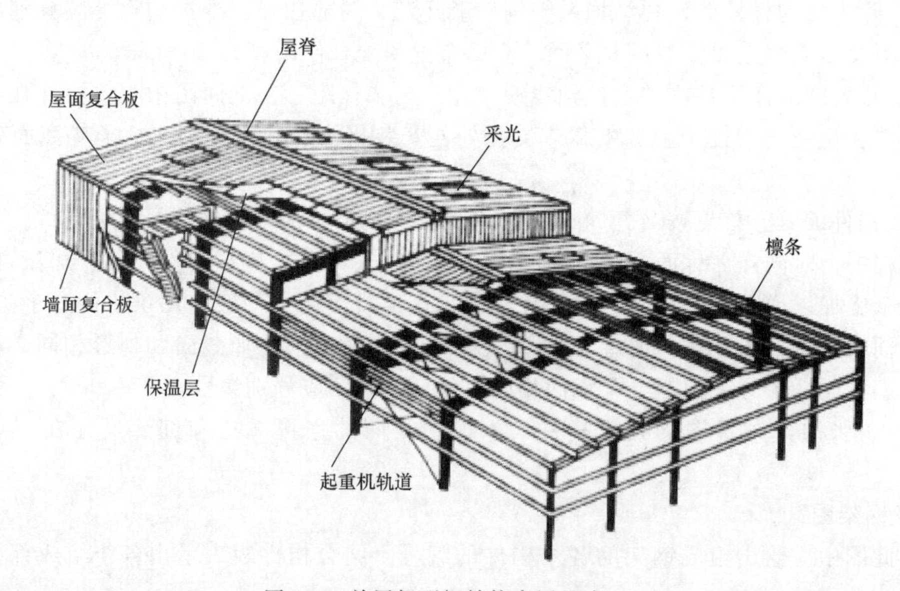

图4-1　单层轻型钢结构房屋组成

在目前的工程实践中，门式刚架的梁、柱构件多采用焊接变截面的H型钢截面，单跨钢结构的梁柱节点采用刚接，多跨大多刚接和铰接并用。柱脚可以与基础刚接和铰接。维护结构大多采用压型钢板，玻璃棉则由于具有自重轻、保温隔热性能好及安装方便等特点，普遍用作保温材料。

保温轻型钢建筑示意如图4-2所示。不保温轻型钢建筑示意如图4-3所示。

4.2.1 轻钢结构体系

1. 轻钢结构体系包括：

（1）外纵墙钢结构。

（2）端墙钢结构。

（3）屋面钢结构。

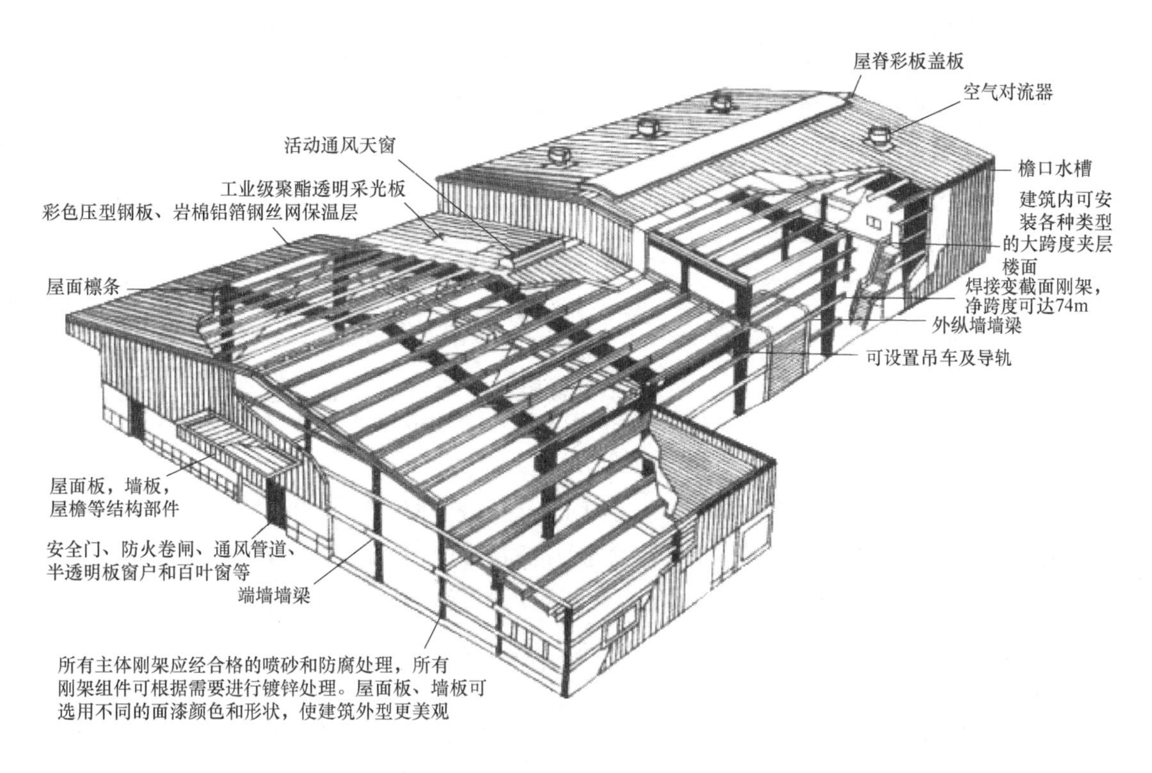

图 4-2　保温轻型钢建筑示意图

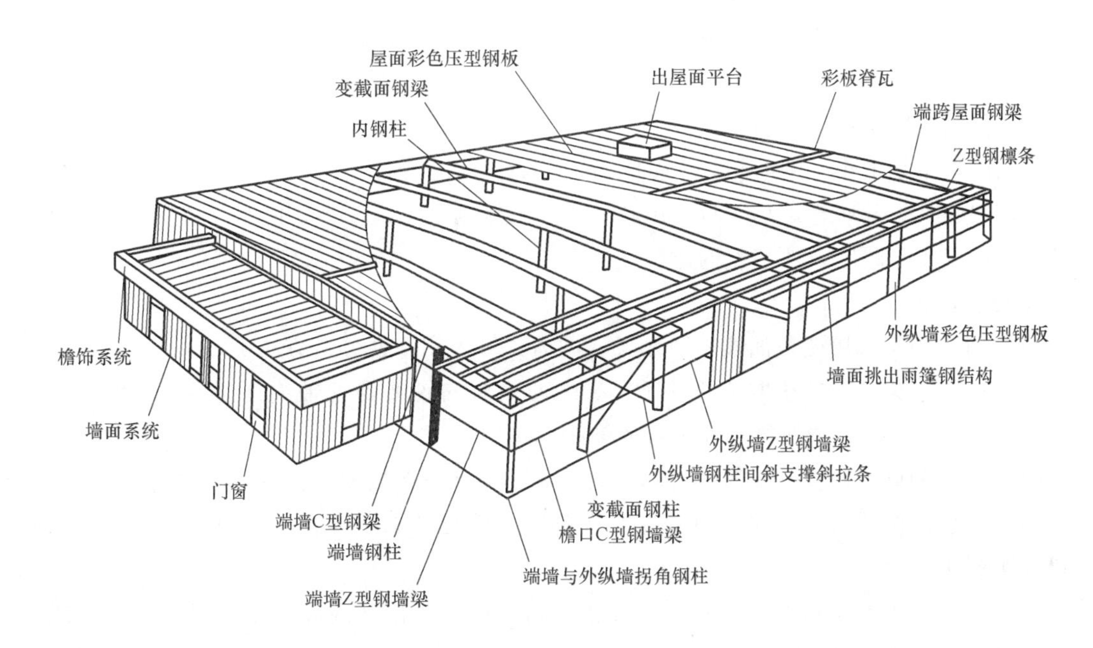

图 4-3　不保温轻型钢建筑示意图

（4）屋面支撑及柱间支撑钢结构。

（5）内外托架梁。

（6）钢吊车梁。

（7）屋面钢檩条及雨篷。

（8）钢结构楼板。

（9）钢楼梯及检修梯。

（10）内外墙及端墙压型钢板。

（11）屋面檐沟、天沟、落水管。

（12）屋面通风天窗及采光透明瓦。

2. 钢门式刚架的特点

钢门式刚架是由直线杆件（梁和柱）组成的具有刚性节点的结构。与排架相比，可节约钢材 10% 左右。

钢门式刚架的截面尺寸可参考连续梁的规定确定。杆件的截面高度最好随弯矩而变化，同时加大梁柱相交处的截面，减少铰结点附近的截面，以节约材料。

钢门式刚架的跨度一般不超过 40m，常用于跨度不超过 18m、檐高不超过 10m、无起重机或起重机起重量在 10t 以下的仓库或工业建筑。用于食堂、礼堂、体育馆及其练习馆等公共建筑时，跨度可以大一些。

实际工程中，多采用预制装配式钢门式刚架，其拼装单元一般根据内力分布决定。单跨三铰刚架可分成两个“r”形拼装单元，铰结点设在基础和顶部脊点处；两铰刚架的拼装点一般设在横梁零弯点截面附近，柱与基础的连接为刚接，也可以把拼装点放在柱与基础连接处铰接；多跨刚架常用“Y”形和“r”形拼装单元。

钢门式刚架由实腹式型钢组成，也可由型钢或钢管组成的格构式构件组成。一般的重型单层厂房就是由钢屋架（梁）与钢柱（实腹式或格构式）组成的无铰钢刚架。

常见的门式刚架型式如图 4-4 所示。

无铰刚架弯矩最小，刚度较好，基础较大，对温度和变位反应较为敏感。两铰刚架弯矩较无铰刚架的大，基底弯矩小，故而用料较省。三铰刚架弯矩较小，但刚度较差，脊节点不易处理，适用于小跨度及地基差的建筑。

3. 结构设计要点

（1）门式刚架采用变截面实腹式刚架，内力计算采用弹性分析方法确定。

（2）门式刚架定位轴线取通过柱子小头中心的竖向轴线为柱轴线，斜梁的轴线取通过变截面梁段最小端中心与斜梁表面平行的轴线。

（3）檩条和墙梁设计计算时除计算垂直荷载作用外还要按规定验算风吸力作用。

（4）在房屋两端第一柱间的斜梁上翼缘布置一道交叉水平支撑，在两个交叉支撑之间设置刚性系杆。

（5）在对应于斜梁水平支撑的柱间设置柱间支撑，根据柱高和柱距情况可设一层或两层交叉支撑，以保证交叉支撑与地面的夹角不大于 60°为宜。

（6）门式刚架的斜梁下翼缘可能受压，应在受压下翼缘或紧靠下翼缘的腹板处设置隅

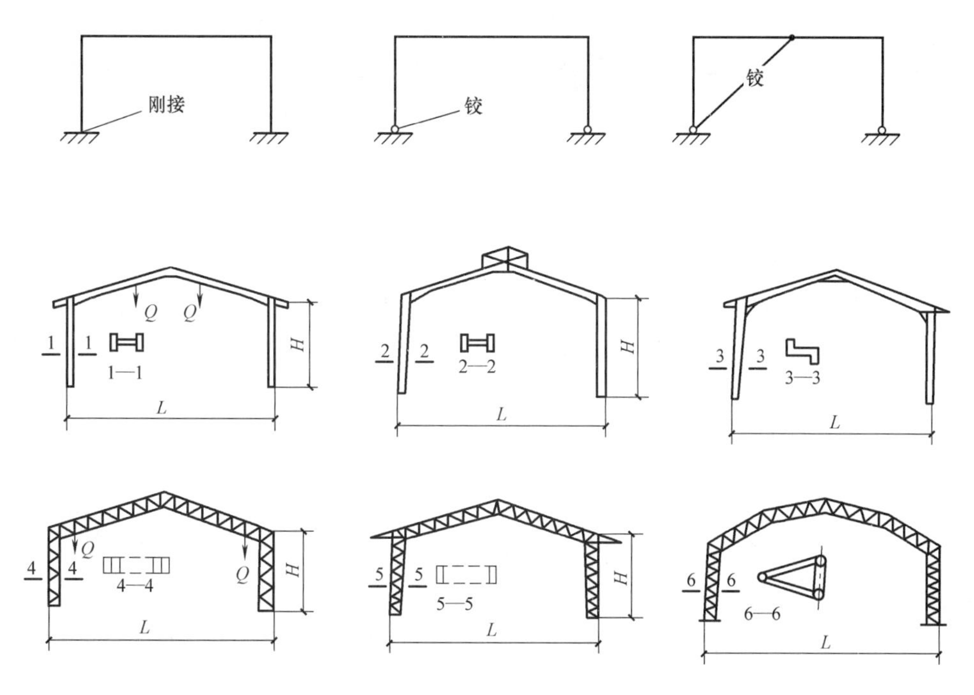

图 4-4　常见的门式刚架型式

撑，每隔两个檩条设一道。

（7）檩条跨度三分点处设一道拉条，在屋脊处和檐口处增加一些拉条。

4. 制作和安装要点

（1）门式刚架梁、柱的翼缘和腹板的对接焊缝，以及梁柱翼缘板与端板的连接焊缝应采用全熔透焊缝，其焊缝质量检验等级为二级。

（2）门式刚架柱和梁的安装接头和斜梁的拼接接头采用 10.9 级高强度承压型螺栓连接，应在构件出厂前进行预拼装。

（3）钢构件吊装时应选择好吊点，大跨度构件的吊点应经计算确定。

（4）门式刚架在安装过程中应及时安装支撑，必要时增设缆风绳临时固定，以防倾斜。

（5）钢结构构件安装完成时应对所有张紧装置的支撑进行张紧，支撑的拧紧程度以不将构件拉弯为原则。

（6）屋面板宜采用长尺寸板型的浮动式镀铝锌压型钢板。安装屋面板时应采取有效措施保证屋面不渗水，不漏水。

4.2.2　看图的方法

对于一套完整的施工图，在详细看图前，可先将全套图样翻一翻，大致了解这套图样包括多少构件系统，每个系统有几张图，每张图有些什么内容。然后再按设计总说明、构件布置图、构件详图、节点详图的顺序进行读图。从布置图中可了解到构件的类型及定位等情况。构件的类型由构件代号、编号表示，定位主要由轴线及标高确定。节点详图主要表示了构件与构件各个连接节点的情况，如墙梁与柱连接节点、系杆与柱的连接、支撑的连接等，用这些详图反映节点连接的方式及细部尺寸等。

4.3　单层厂房建筑施工图的识读

4.3.1　图示内容

图 4-5（见书后插页）为单层门式刚架厂房的一层平面图，实体元素主要有墙体、门窗、房间等，基本上都是反映建筑物组成部分的投影关系；符号元素有定位轴线、尺寸标注、标高符号、索引符号、指北针等，主要是为了说明建筑物承重构件的定位、各部分的关系、标高、建筑的朝向或是图样之间的联系。前面几章已经详细地讲述了施工图的识图方法，下面通过例题主要介绍一下图示内容。

1. 建筑平面图的图示内容

（1）建筑物的外包尺寸（墙外皮到墙外皮）。长度为 46890mm，宽度为 20300mm。

（2）柱和墙的定位关系。边墙柱的外翼缘紧贴边墙的内皮，山墙柱（抗风柱）的外翼缘紧贴山墙的内皮。①轴和⑩轴的边柱与山墙内皮距离为 600mm。边墙柱距为 6000mm，山墙柱距为 6000mm。

（3）门窗的定位和尺寸：C4230 为窗，宽度为 4200mm，高度为 3000mm，窗都是居中布置，边墙处的窗两边距柱中心线均为 900mm。山墙处的窗距柱中心线均为 1400mm；M4242 为门，宽度为 4200mm，高度为 4200mm。门居中布置，两边距柱中心线为 900mm。门的位置有坡道，尺寸为 4800mm × 1500mm，具体做法见图集 L03J004。

（4）¬ 为剖切号，从此处剖开向左看，1—1 剖面见后面的剖面图。±0.000 为室内地坪的标高。

2. 屋顶平面图的图示内容

（1）图 4-6（见书后插页）所示屋顶为双坡屋面，屋面坡度为 1/10。

（2）屋顶未设天沟，采用无组织排水。

（3）⑤—⑥轴、⑧—⑨轴之间有宽为 4200mm 的雨篷。

（4）9.015m 为屋顶标高。

3. 建筑立面图的图示内容

（1）图 4-8 ~ 图 4-11 为厂房的建筑立面。

（2）室内外地坪高差为 150mm，室外砖墙高度为 1200mm。

（3）立面共有 15 个窗户，高度为 3000mm，宽度在平面图中标识。

（4）檐口标高为 7.8m，屋脊标高为 8.8m。

（5）从图 4-8 可以看出，厂房有两个大门，门高度为 4200mm。门上有雨篷。

4. 建筑剖面图的图示内容

（1）图 4-7 为 1—1 剖面图。

（2）标高同立面图。

（3）B、C 轴的柱子为抗风柱，A、D 轴的柱子为门架柱。

4.3.2　建筑施工图

钢结构建筑施工图比较简单，前面几章对建筑施工图的介绍也比较全面，仅以上面一个厂房的建筑图为例作了一下简略介绍，后面主要阐述钢结构施工图方面的知识。

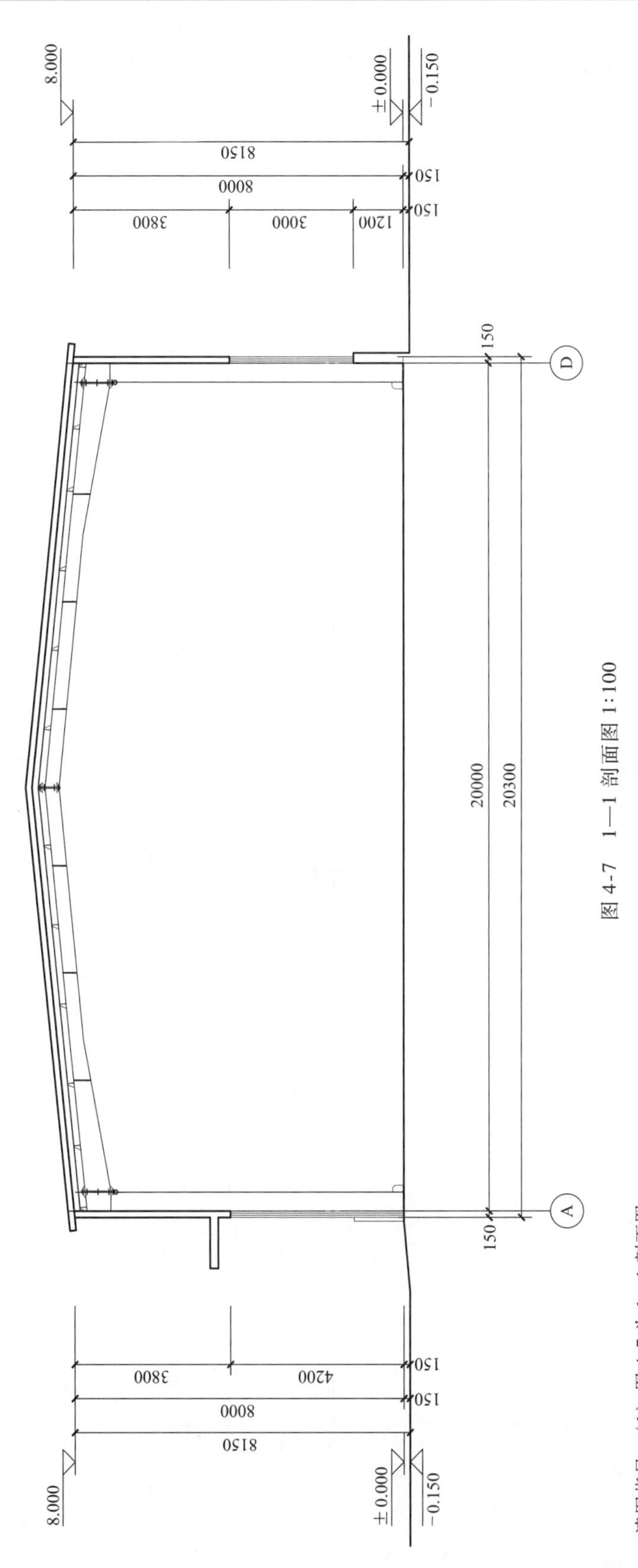

图 4-7　1—1 剖面图 1:100

读图指导：（1）图 4-7 为 1—1 剖面图。

（2）标高同立面图。

（3）Ⓑ、Ⓒ轴的柱子为抗风柱，Ⓐ、Ⓓ轴的柱子为门架柱。

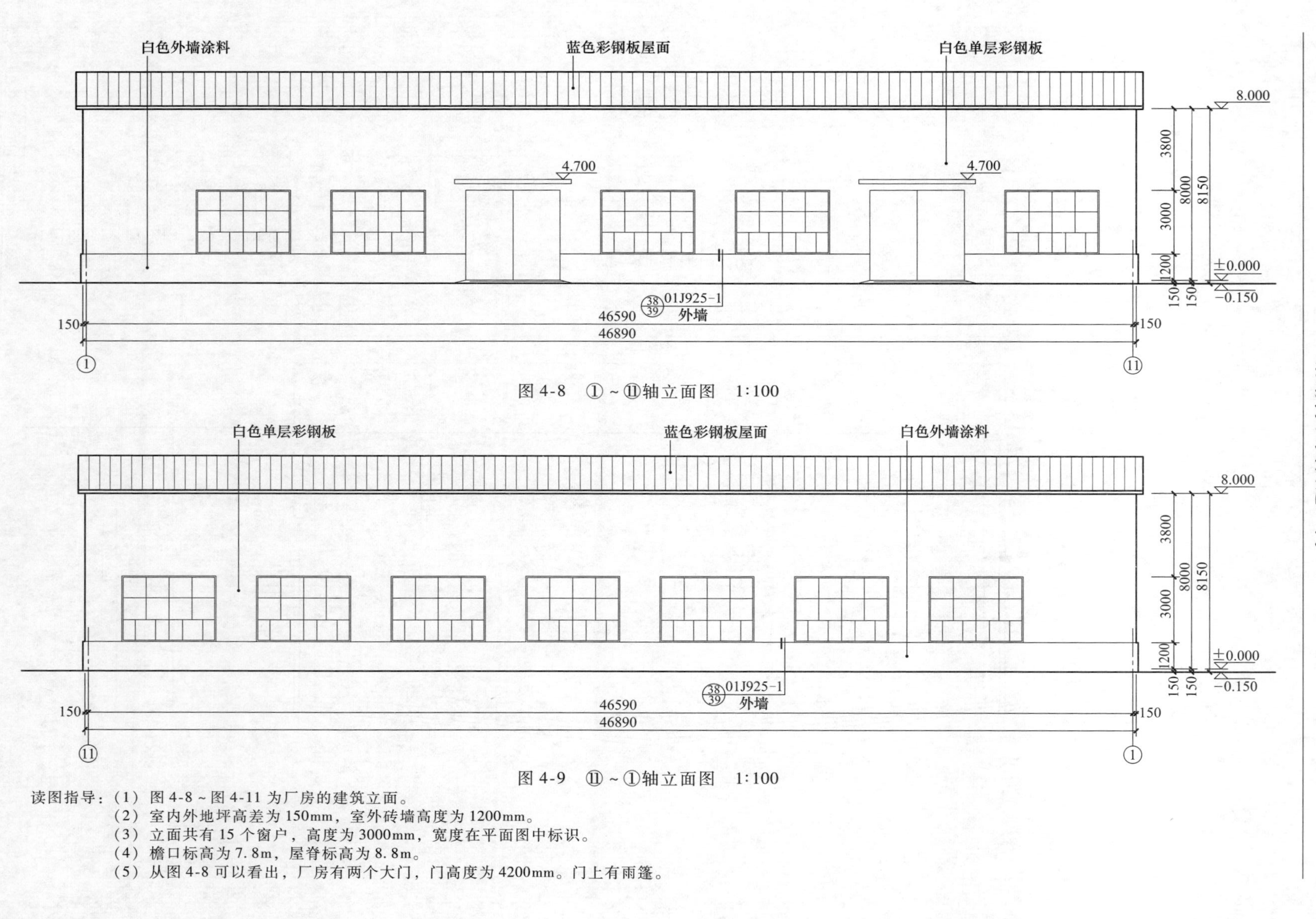

图 4-8　①～⑪轴立面图　1∶100

图 4-9　⑪～①轴立面图　1∶100

读图指导：（1）图 4-8～图 4-11 为厂房的建筑立面。
（2）室内外地坪高差为 150mm，室外砖墙高度为 1200mm。
（3）立面共有 15 个窗户，高度为 3000mm，宽度在平面图中标识。
（4）檐口标高为 7.8m，屋脊标高为 8.8m。
（5）从图 4-8 可以看出，厂房有两个大门，门高度为 4200mm。门上有雨篷。

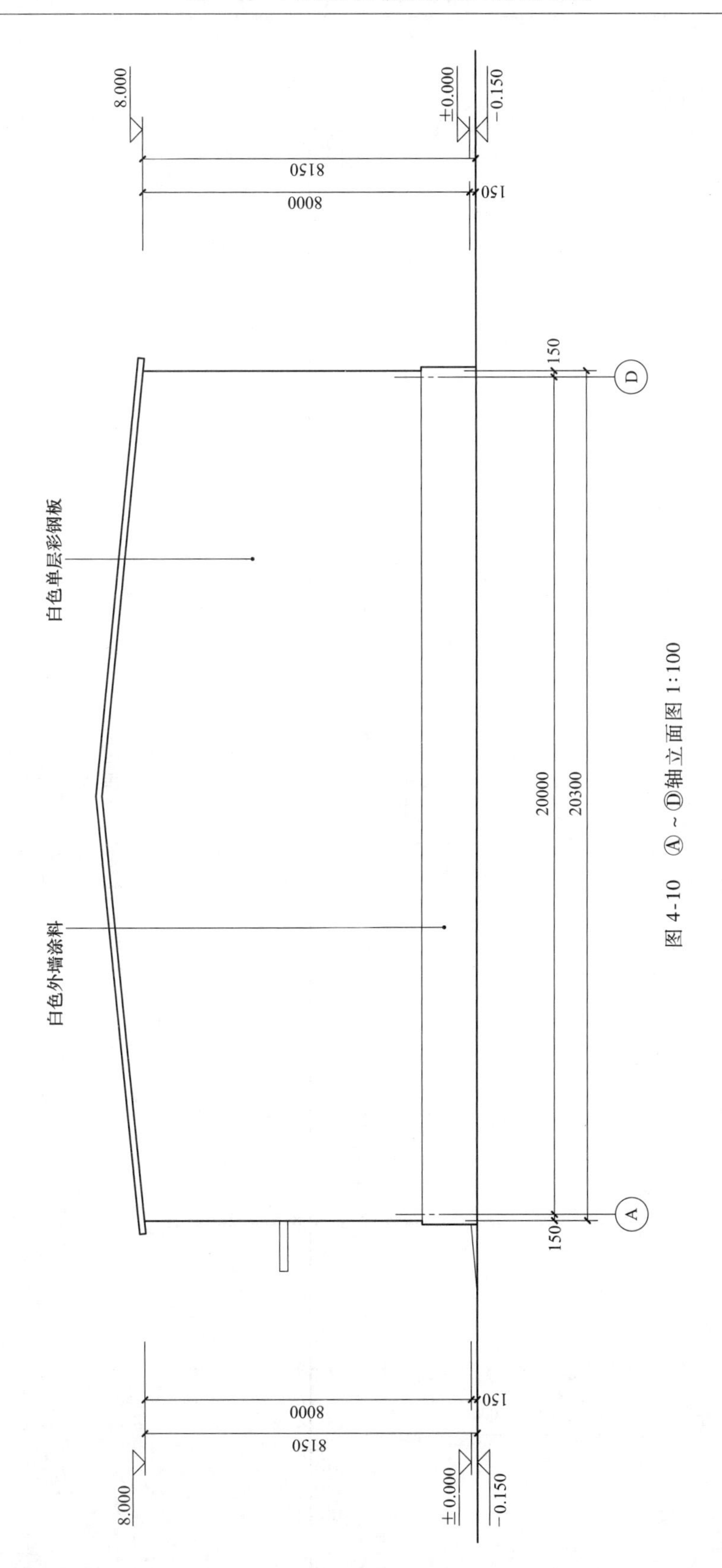

图 4-10　Ⓐ～Ⓓ轴立面图 1:100

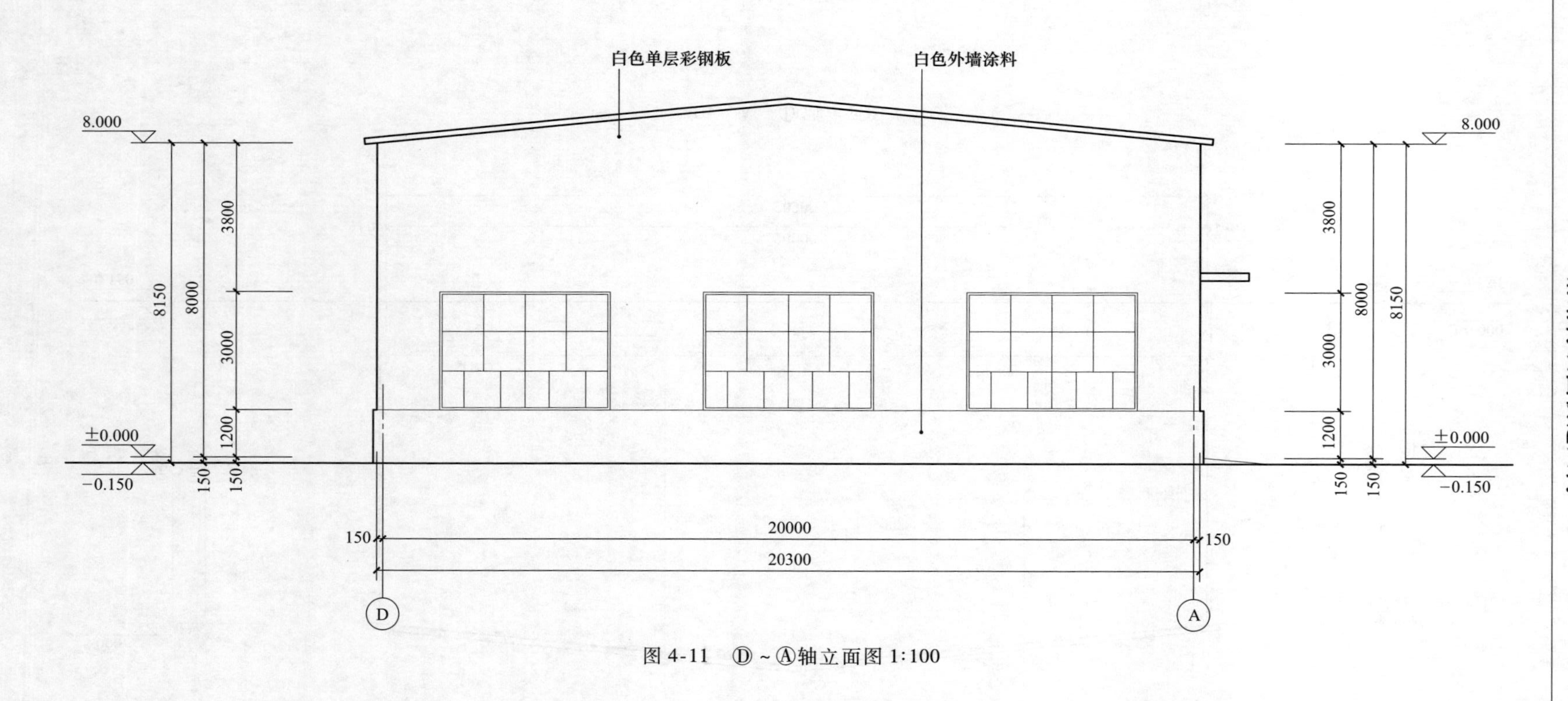

图 4-11　Ⓓ ~ Ⓐ轴立面图 1:100

4.4　单层厂房结构施工图的识读

4.4.1　图示内容

1. 地脚螺栓布置图的图示内容

图4-12（见书后插页）所示地脚螺栓布置图表达每根柱子地脚螺栓的定位，此图需要与基础图结合，每个尺寸必须准确无误，方能保证钢结构的顺利安装，所以在预埋螺栓时施工人员应特别注意。

（1）图中共26个柱脚。

（2）刚架柱共四个地脚螺栓，螺栓的间距均为160mm×140mm。

（3）角柱地脚螺栓的距离均为140mm。

（4）1轴和11轴到角柱地脚螺栓的距离为100mm，到山墙抗风柱地脚螺栓的距离为95mm。

（5）图中柱底标高为0.300，柱底焊接抗剪键，在基础顶面预留开槽，抗剪键的作用主要是承受柱脚底部的水平剪力，因为柱脚锚栓不宜用于承受柱脚底部的水平剪力，所以柱脚底部应设抗剪键。

（6）柱底预留150mm的空间，刚架和支撑等配件安装就位，并经检测和校正几何尺寸确认无误后，采用C30混凝土灌浆料填实。

（7）M24地脚螺栓详图锚固长度为750mm，弯钩长度为160mm，套螺纹长度为130mm，配三个螺母和两块垫板，材质为Q235B。柱脚锚栓应采用Q235钢或Q345钢制作，锚栓的锚固长度应符合现行国家标准《建筑地基基础设计规范》（GB 50007—2002）的规定，锚栓端部应按规定设置弯钩或锚板。锚栓的直径不宜小于24mm，且采用双螺母。

2. 刚架平面布置图的图示内容

门式刚架轻型房屋钢结构的温度区段长度（伸缩缝间距），应符合下列规定。

（1）纵向温度区段不大于300m。

（2）横向温度区段不大于150m。

（3）当有计算依据时，温度区段长度可适当加大。

（4）当需要设置伸缩缝时，可采用两种做法：在搭接檩条的螺栓连接处采用长圆孔，并使该处屋面板在构造上允许胀缩或设置双柱。

图4-13为结构平面布置图，共有9榀刚架名称都为GJ-1，1轴和11轴山墙上分别有两根抗风柱。

3. GJ-1的图示内容

（1）门式刚架的跨度是指横向刚架柱轴线间的距离。

（2）门式刚架的高度是指地坪至柱轴线与斜梁轴线交点的高度。

（3）柱轴线取通过柱下端中心的竖向轴线。工业建筑边柱的定位轴线取柱外皮，斜梁的轴线取通过变截面梁段最小端中心与斜梁上表面平行的轴线。

（4）门式刚架房屋檐口高度为地坪到房屋外侧檩条上缘的高度。

（5）门式刚架房屋的最大高度取地坪至屋盖顶部檩条上翼缘的高度。

（6）门式刚架房屋的宽度取房屋侧墙墙梁外皮之间的距离。

关于门式刚架的节点设计应注意以下几点：

（1）门式刚架斜梁与柱的连接，可采用端板竖放、端板横放和端板斜放三种形式。斜梁拼接时宜使端板与构件外边缘垂直。

（2）端板连接应按所受最大内力设计，当内力较小时，端板连接应按能够承受不小于较小被连接截面承载力的一半设计。

（3）主刚架构件的连接采用高强度螺栓，可采用承压型和摩擦型连接，当为端板连接且只受轴向力和弯矩，或剪力小于其抗滑移承载力时，端板表面可不作专门处理。吊车梁与制动梁的连接可采用高强度摩擦型螺栓连接或焊接。吊车梁与刚架连接处宜设长圆孔。高强螺栓直径可根据需要选定，通常采用 M16 ~ M24 螺栓。檩条和墙梁、刚架斜梁和柱的连接通常采用 M12 普通螺栓。

（4）端板连接的螺栓应成对对称布置。在斜梁的拼接处，应采用将端板两端伸出截面高度范围以外的外伸式连接。在斜梁与刚架柱连接处的受拉区，宜采用端板外伸式连接。当采用端板外伸式连接时，宜使翼缘内外的螺栓群中心与翼缘的中心重合或接近。

（5）螺栓中心至翼缘板表面的距离，应满足拧紧螺栓时的施工要求，且不宜小于35mm。螺栓端距不应小于 2 倍螺栓孔径。

（6）在门式刚架中，受压翼缘的螺栓不宜小于两排。当受拉翼缘两侧各设一排螺栓尚不能满足承载力要求时，可在翼缘内侧增设螺栓，其间距可取 75mm，且不小于 3 倍螺栓孔径。

（7）与斜梁端板连接的柱翼缘部分应与端板等厚度。当端板上两对螺栓间的最大距离大于 400mm 时，应在端板中部增设一对螺栓。

（8）端板的厚度应根据支撑条件计算，但不应小于 16mm。

（9）刚架构件的翼缘与端板连接应采用全融透对接焊缝，腹板与端板的连接应采用角对接组合焊缝或与腹板等强度的角焊缝，坡口形式应符合现行国家标准《气焊、手工电弧焊及气体保护焊焊缝坡口的基本形式与尺寸》的规定。

图 4-21 的图示内容如下。

（1）图 4-21 为 GJ-1 详图，门式刚架是由变截面实腹钢柱和变截面实腹钢梁组成。

（2）跨度为 20m，檐口高度为 7. 8m。

（3）房屋的坡度为 1:10。

（4）此刚架由两根柱子和两根梁组成为对称结构，梁与柱之间的连接为钢板拼接，柱子下段与基础为铰接。

（5）钢柱的截面为（300 ~ 488）mm × 180mm × 8mm × 10mm，梁的截面为（301 ~ 464）mm × 180mm × 8mm × 10mm。

（6）5—5 为边柱柱底脚剖面图，柱底板为—340mm × 248mm × 20mm，长度 340mm，宽度 248mm，厚度 20mm。M24 指地脚螺栓为 $\phi24$，$d = 29$ 指开孔的直径为 29mm，—80mm ×

80mm×20mm 指垫板的尺寸，—120mm×250mm×8mm 指加筋肋的尺寸。

（7）1—1 为梁柱连接剖面，连接板的尺寸为—670mm×200mm×20mm，厚度为 20mm，共 10 个 M20 螺栓，孔径为 22mm，加筋肋的厚度为 10mm。

（8）4—4 为屋脊处梁与梁的连接板，板的厚度为 20mm，共有 8 个螺栓。

（9）2—2 和 3—3 为屋面梁连接处的剖面，有 8 个 M20 螺栓，孔径为 22mm，连接板的尺寸为—485mm×180mm×20mm。

4. 支撑布置图的图示内容

门式刚架轻型房屋钢结构的支撑设置应符合下列要求。

（1）在每个温度区段或分期建设的区段中，应分别设置能独立构成空间稳定结构的支撑体系。

（2）在设置柱间支撑的开间，宜同时设置屋盖横向支撑，以组成几何不变体系。

（3）屋盖横向支撑宜设在温度区间端部的第一个或第二个开间。当端部支撑设在第二个开间时，在第一个开间的相应位置应设刚性系杆。

（4）柱间支撑的间距应根据房屋纵向柱距、受力情况和安装条件确定。当无起重机时宜取 30～45m；当有起重机时宜设在温度区段中部，或当温度区段较长时宜设在三分点处，且间距不大于 60m。

（5）当建筑物宽度大于 60m 时，在内柱那一列宜适当增加柱间支撑。

（6）当房屋高度相对于柱距较大时，柱间支撑宜分层设置。

（7）在刚架转折处（单跨房屋边柱柱顶和屋脊，以及多跨房屋某些中间柱柱顶和屋脊）应沿房屋全长设置刚性系杆。

（8）由支撑斜杆等组成的水平桁架，其直腹杆宜按刚性系杆考虑。

（9）在设有带驾驶室且起重量大于 15t 桥式起重机的跨间，应在屋盖边缘设置纵向支撑桁架。当桥式起重机起重量较大时，尚应采取措施增加吊车梁的侧向刚度。

（10）刚性系杆可由檩条兼作，此时檩条应满足对压弯构件的刚度和承载力要求。当不满足时，可在刚架斜梁间设置钢管、H 型钢或其他截面的构件。

（11）门式刚架轻型房屋钢结构的支撑，可采用带张紧装置的十字交叉圆钢支撑。圆钢与构件的夹角应在 30°～60°范围内，宜接近 45°。

（12）当设有起重量不小于 5t 的桥式起重机时，柱间宜采用型钢支撑。在温度区段端部吊车梁以下不宜设置柱间刚性支撑。

（13）当不允许设置交叉柱间支撑时，可设置其他形式的支撑；当不允许设置任何支撑时，可设置纵向刚架。

图 4-14 和图 4-15 为系杆布置图，厂房总长 46.89m，仅在端部柱间布置支撑。

（1）XG 是系杆的简称，共布置两道通长的系杆，边柱顶部两道。其次在有水平支撑和柱间支撑的地方布置。从构件表中得知系杆的尺寸为 ϕ152×4.0 的无缝钢管，材质为 Q235B。

（2）SC 是斜拉撑的简称，即水平支撑，在布置柱间支撑的位置沿柱顶水平布设，SC 的尺寸为 ϕ24 圆钢，材质为 Q235B。圆钢支撑应采用特制的连接件与梁柱腹板连接，经校正定位后张紧固定。圆钢支撑与刚架构件的连接，可直接在刚架构件腹板上靠外侧设孔连接。

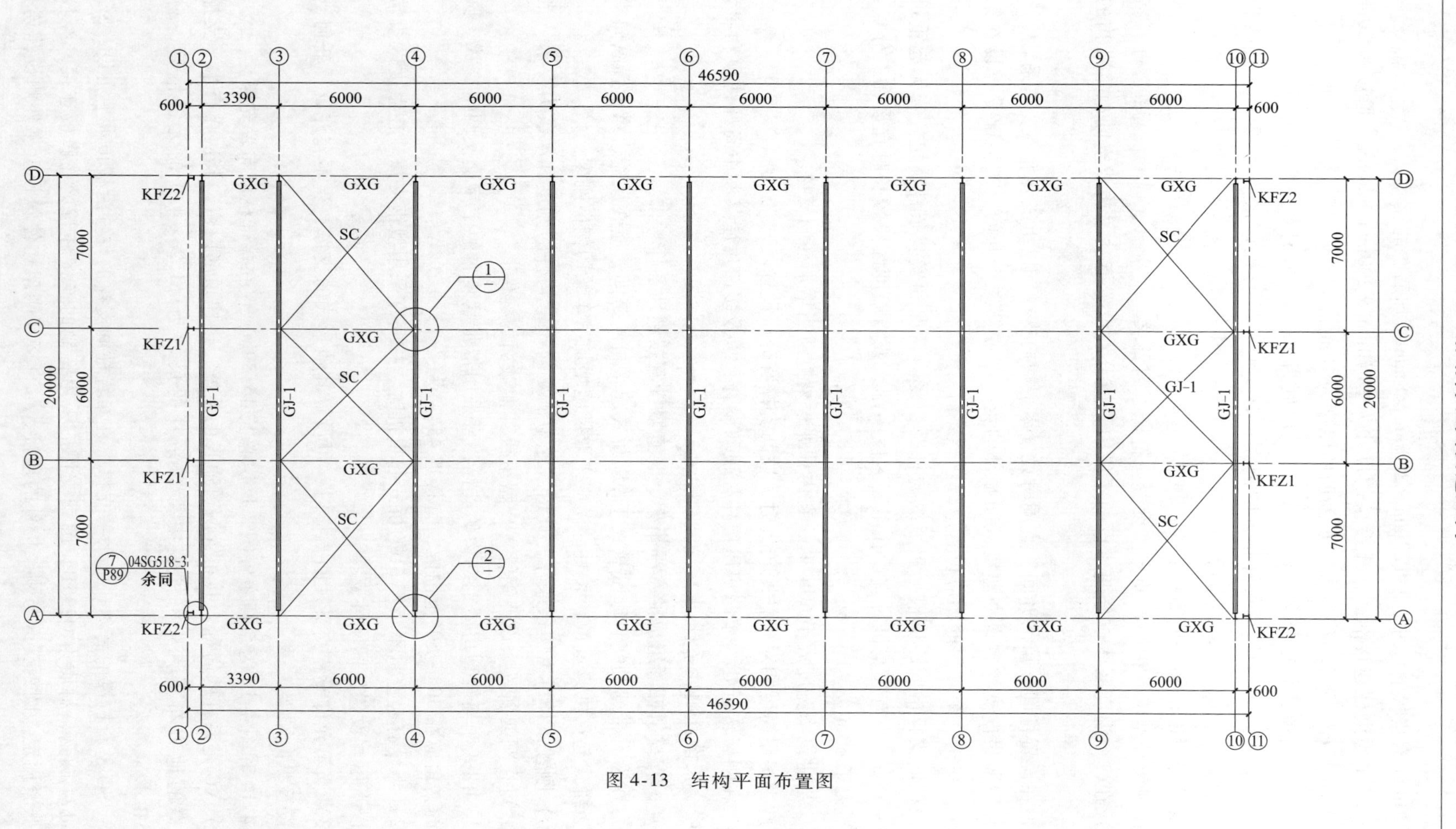

图 4-13 结构平面布置图

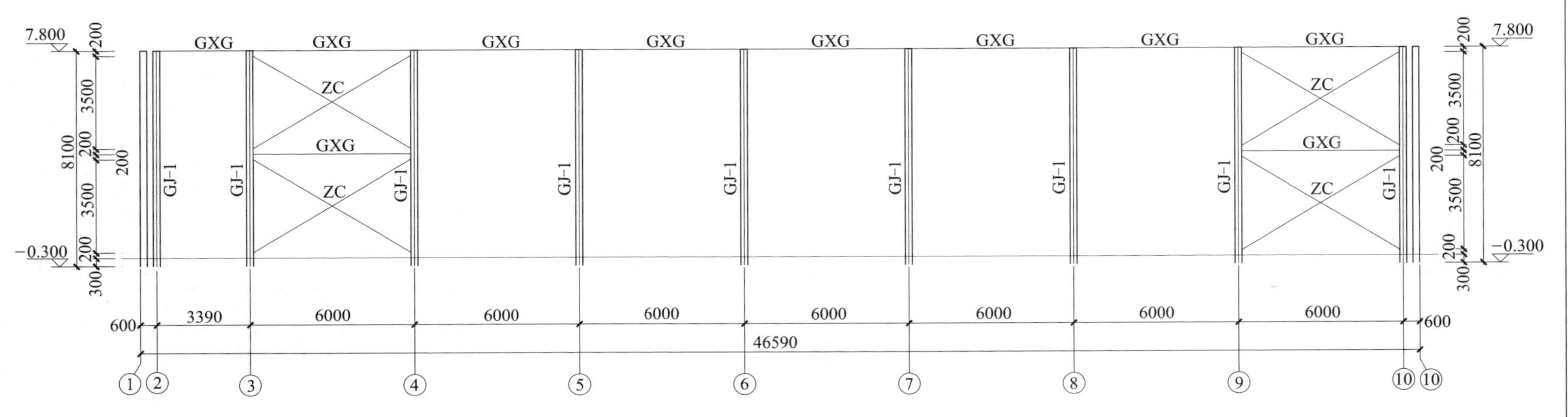

图4-14　Ⓐ轴和Ⓓ轴系杆与柱间支撑立面布置图 1:100

读图指导：

厂房总长46.89m，仅在端部设柱间支撑。

（1）XG是系杆的简称，共布置两处通长的系杆，边柱顶部布置两道，在有水平支撑和柱间支撑的地方布置道。从构件表中得知系杆为$\phi152\times4.0$的无缝钢管，材质为Q235B。

（2）SC是斜拉撑的简称，即水平支撑，在布置柱间支撑的位置沿柱顶水平布设。SC的尺寸为$\phi24$圆钢，材质为Q235B。圆钢支撑应采用特制的连接件与梁柱腹板连接，经校正定位后张紧固定。圆钢支撑与刚架构件的连接，可直接在刚架构件腹板上靠外侧设孔连接。当圆钢直径大于25mm或腹板厚度不大于5mm时，应对支撑孔周围进行加强。圆钢支撑与刚架的连接宜采用带槽的专用楔形垫块，或在孔两侧焊接弧形支承板。圆钢端部应设螺纹，并宜采用花篮螺栓张紧。

（3）YC是隅撑的简称，在屋面梁上间隔3m布置一道，隅撑的尺寸为L50×5。隅撑宜采用单角钢制作，隅撑可连接在刚架构件下（内）翼缘附近的腹板上，距翼缘不大于100mm处，也可连接在下（内）翼缘上。隅撑与刚架、檩条或墙梁应采用螺栓连接，每端通常采用单个螺栓。隅撑与刚架构件腹板的夹角不宜小于45°。

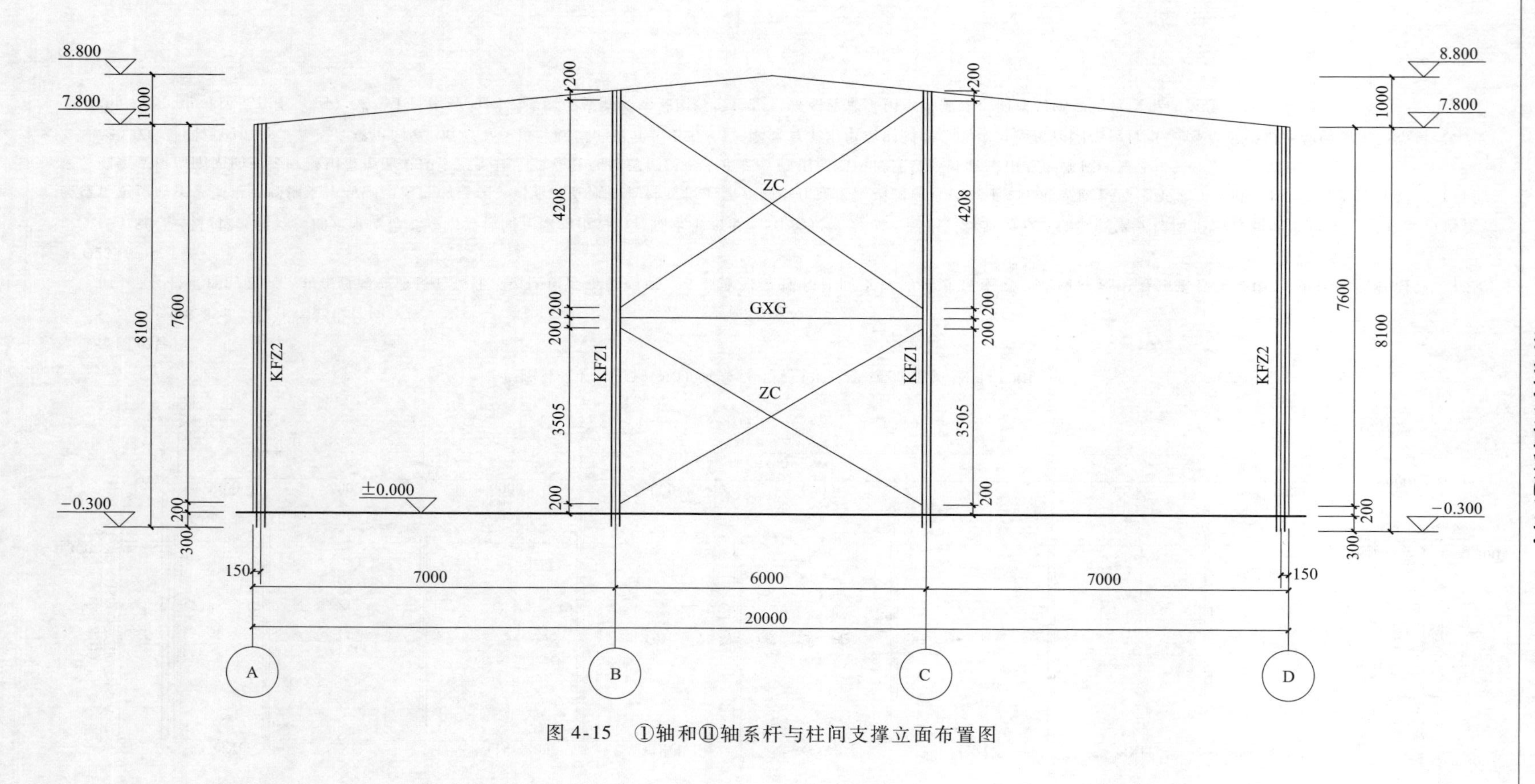

图4-15　①轴和⑪轴系杆与柱间支撑立面布置图

当圆钢直径大于 25mm 或腹板厚度不大于 5mm 时，应对支撑孔周围进行加强。圆钢支撑与刚架的连接宜采用带槽的专用楔形垫块，或在孔两侧焊接弧形支撑板。圆钢端部应设螺纹，并宜采用花篮螺栓张紧。

（3）YC 是隅撑的简称，在屋面梁上间隔 3m 布置一道，隅撑的尺寸为 L50×5。隅撑宜采用单角钢制作，隅撑可连接在刚架构件下（内）翼缘附近的腹板上距翼缘不大于 100mm 处，也可连接在下（内）翼缘上。隅撑与刚架、檩条或墙梁应采用螺栓连接，每端通常采用单个螺栓。隅撑与刚架构件腹板的夹角不宜小于 45°。

5. 屋面檩条布置图的图示内容

位于屋盖坡面顶部的屋脊檩条，可采用槽钢、角钢或圆钢相连。檩条与刚架斜梁上翼缘的连接处应设置檩托；当支承处 Z 型檩条叠置搭接时，可不设檩托。檩条与檩托采用螺栓连接，檩条每端应设两个螺栓。檩条与刚架连接处可采用简支连接或连续搭接。当采用连续搭接时，檩条的搭接长度及其连接螺栓的直径，应按连续檩条支座处承受的弯矩确定。屋面板之间的连接及面板与檩条的连接，宜采用带橡胶垫圈的自攻螺钉。图 4-16 为屋面檩条布置图，其内容如下：

（1）WLT 是屋面檩条的简称，规格均为 C200×70×20×2.5，材质为 Q235B。

（2）共有 14 道檩条，檩条之间的间距为 1500mm。

6. 屋面拉条布置图的图示内容

当檩条跨度大于 4m 时，宜在檩条间跨中位置设置拉条或撑杆。当檩条跨度大于 6m 时，应在檩条跨度三分点处各设一道拉条或撑杆。斜拉条应与刚性檩条连接。当采用圆钢作为拉条时，圆钢直径不宜小于 10mm。圆钢拉条可设在距檩条上翼缘 1/3 腹板高度的范围内。当在风吸力作用下檩条下翼缘受压时，拉条宜在檩条上下翼缘附近布置。当采用扣合式屋面板时，拉条的设置应根据檩条的稳定计算确定。

图 4-16（见书后插页）为屋面拉条布置图，图示内容如下。

（1）LLT 是直拉条的简称，在檩条跨中布置一道，规格为 ϕ12 圆钢，材质为 Q235B。

（2）WXT 是斜拉条的简称，在屋脊和檐口处布置，规格为 ϕ12 圆钢，材质为 Q235B。

（3）CG 是撑杆的简称，在有斜拉条的地方布置，规格为 ϕ12 圆钢 + ϕ32 圆管，材质为 Q235B。

7. 柱间支撑布置图的图示内容

在有屋面支撑的相应柱间布置柱间支撑。

图 4-14 和图 4-15 为Ⓐ、Ⓓ轴和①、⑪轴柱间支撑布置图，图示内容如下：

（1）XG（系杆）的标高为 3.900 和 7.800，规格为 ϕ152×4.0 的无缝钢管，材质为 Q235B。每个柱间均设。

（2）ZC 是柱间支撑的简称，规格为 ϕ25 圆钢，材质为 Q235B。

4.5　单层厂房节点图的识读

图 4-22～图 4-32 列出了本例单层厂房中各个关键部位节点详图，从图中可以看出详细的构造做法，不再一一赘述。

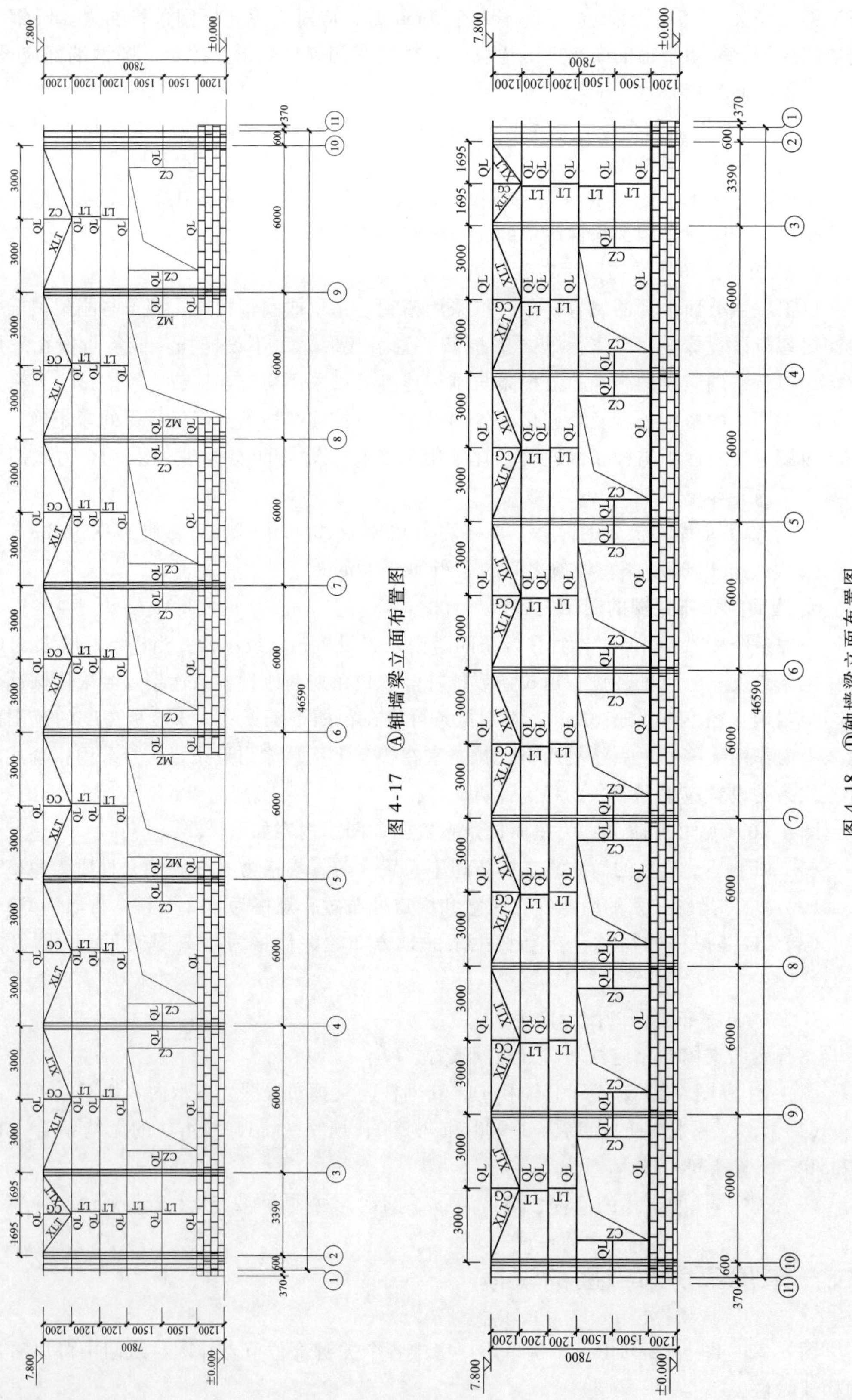

图 4-17　Ⓐ轴墙梁立面布置图

图 4-18　Ⓓ轴墙梁立面布置图

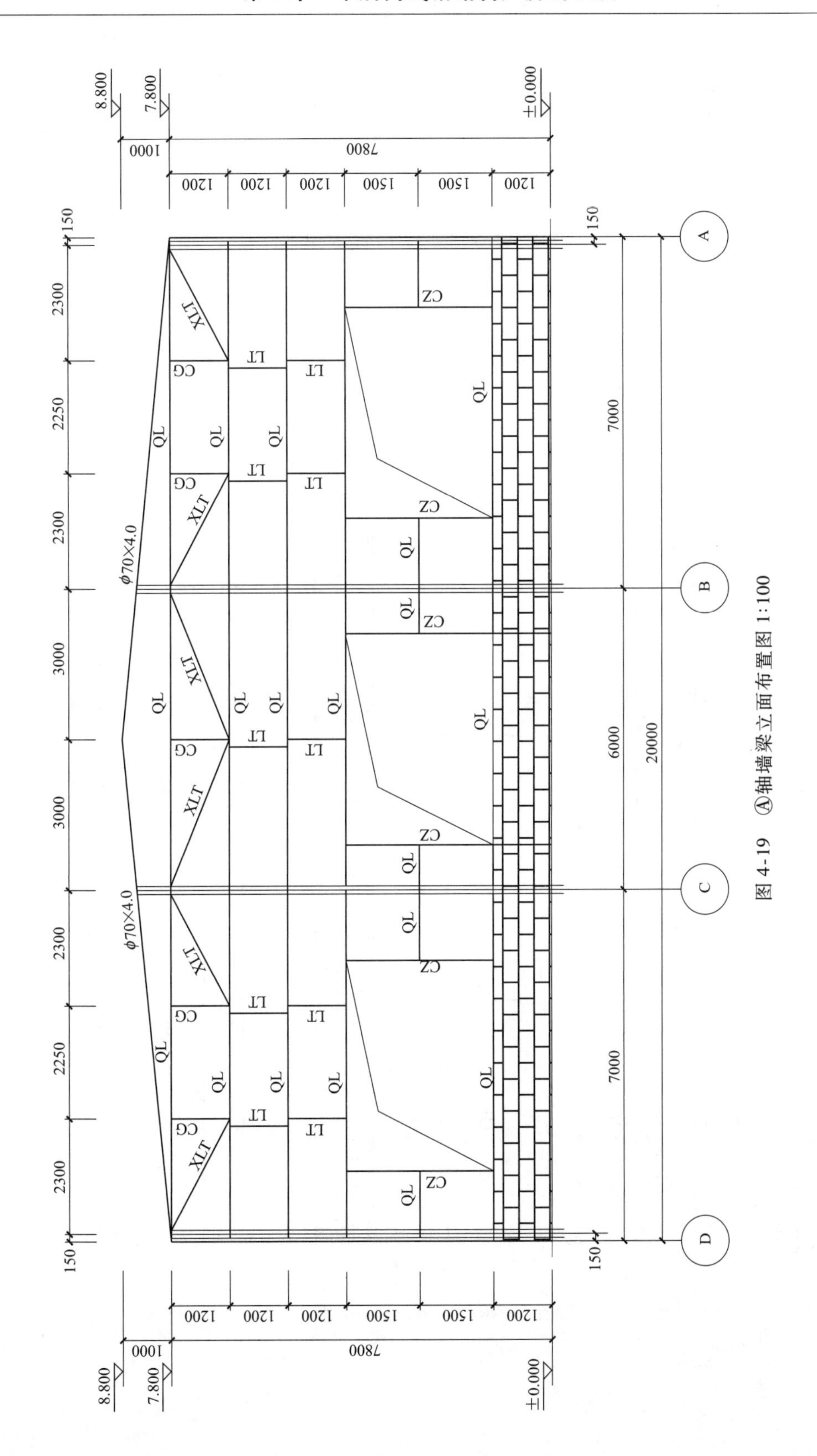

图 4-19　Ⓐ轴墙梁立面布置图 1:100

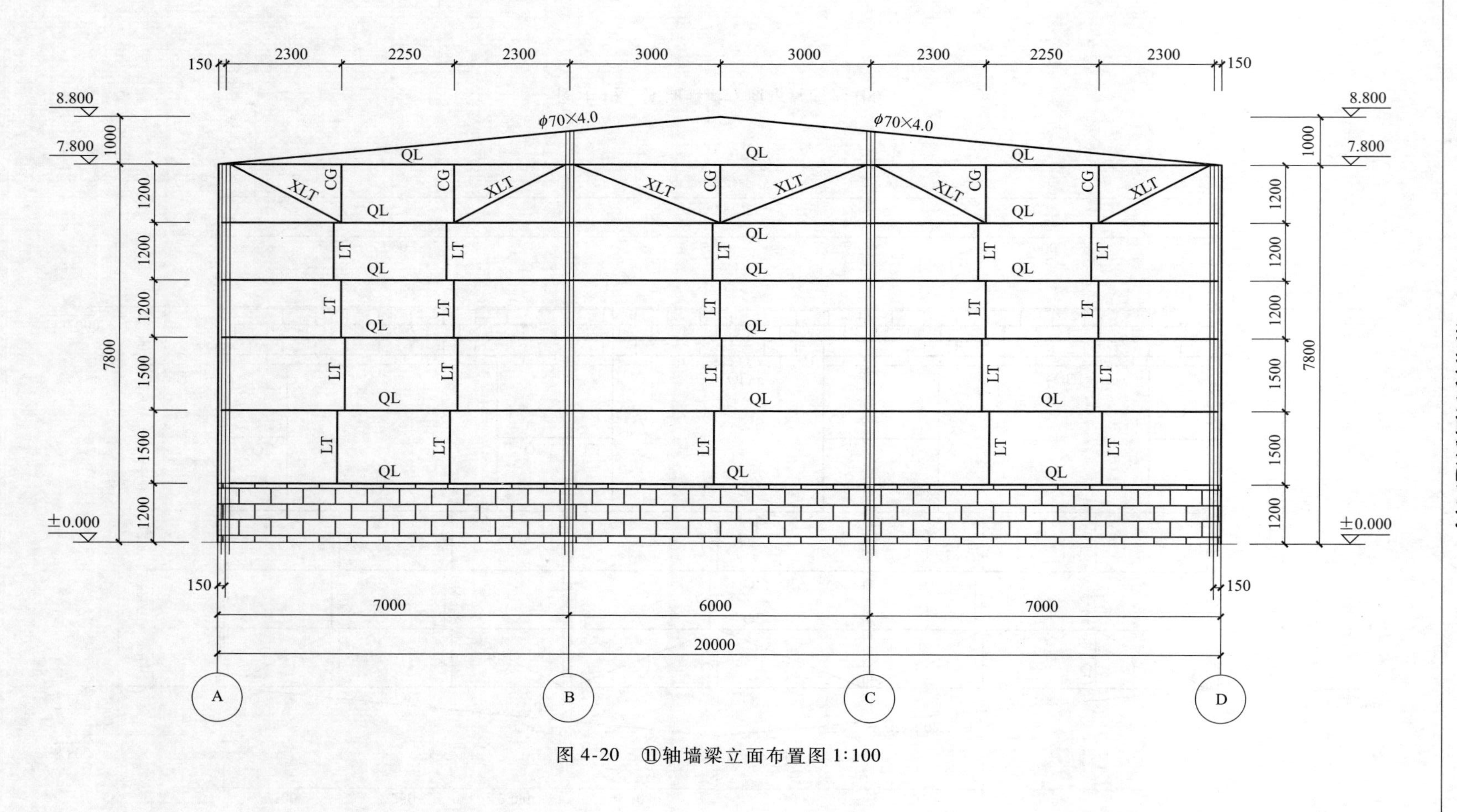

图 4-20　⑪轴墙梁立面布置图 1:100

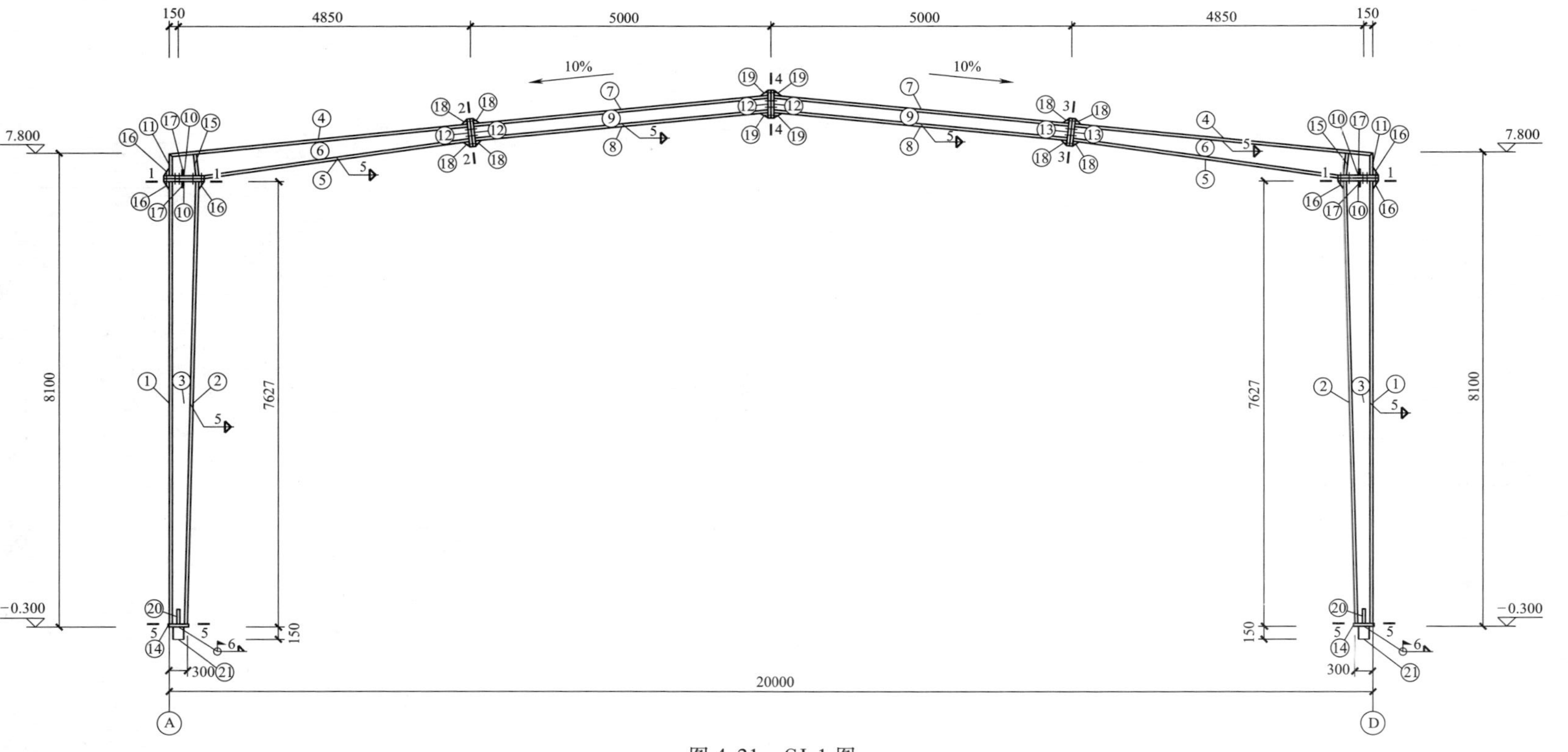

图 4-21　GJ-1 图

读图指导：

（1）图 4-21 为 GJ-1 详图，门式刚架是由变截面实腹钢柱和变截面实腹钢梁组成的。

（2）跨度为 20m，檐口高度为 7.8m。

（3）房屋的坡度为 1:10。

（4）此刚架有两根柱子和两根梁组成为对称结构，梁与柱之间的连接为钢板拼接，柱子下段与基础为铰接。

（5）钢柱的截面为（300～488）×180×8×10，梁的截面为（301～464）×180×8×10。

（6）5—5 为边柱柱底脚剖面图，柱底板为—340×248×20，长度 340，宽度 248，厚度 20。M24 指地脚螺栓为 ϕ24，d=29 指开孔的直径为 29mm，—80×80×20 指垫板的尺寸，—120×250×8 指加筋肋的尺寸。

（7）1—1 为梁柱连接剖面，连接板的尺寸为—670×200×20，厚度为 20mm，共 10 个 M20 螺栓。孔径为 22mm，加筋肋的厚度为 10mm。

（8）4—4 为屋脊处梁与梁的连接板，板的厚度为 20mm。共有 8 个螺栓。

（9）2—2 和 3—3 为屋面梁连接处的剖面，有 8 个 M20 螺栓，孔径为 22mm，连接板的尺寸为—485×180×20。

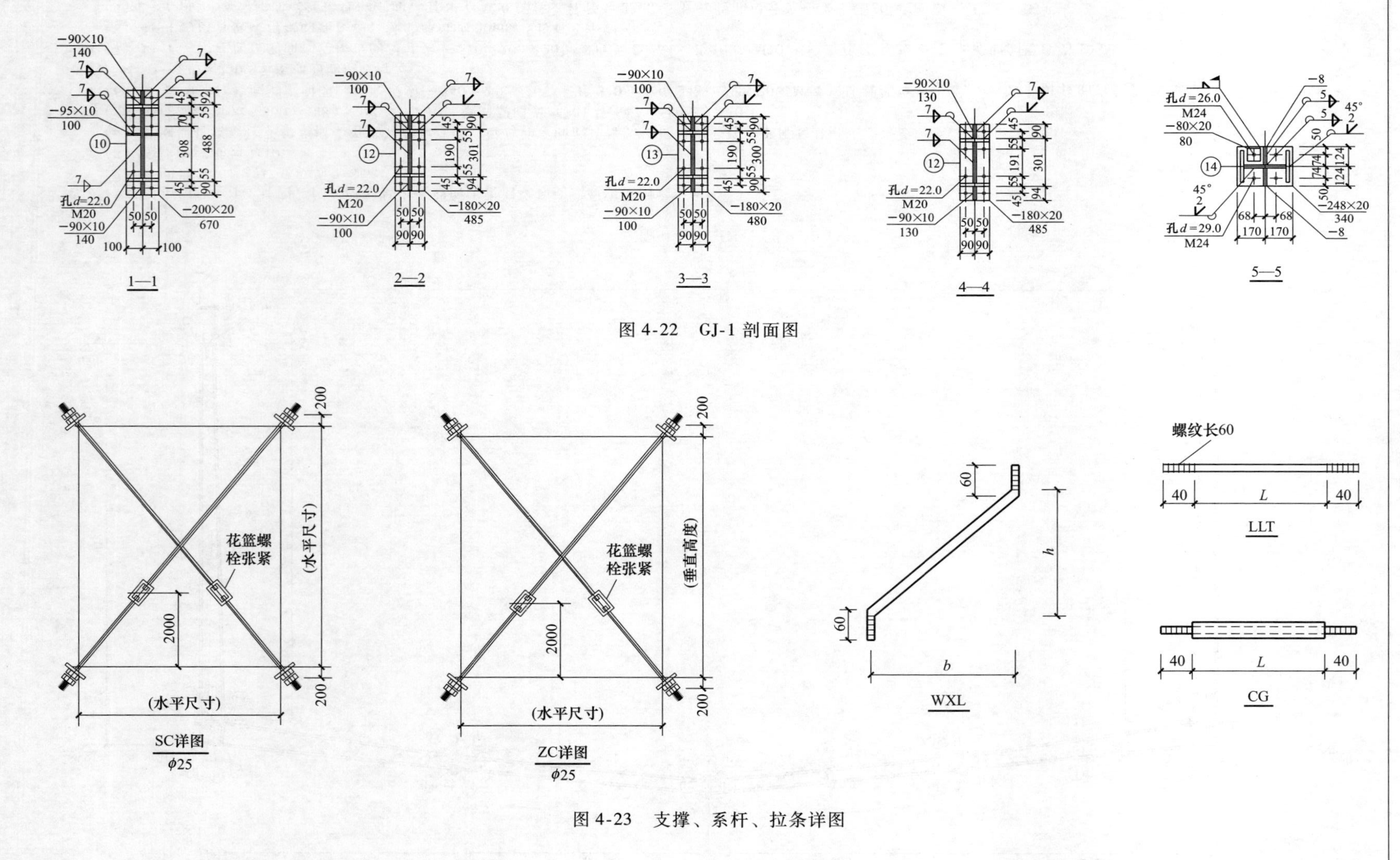

图 4-22　GJ-1 剖面图

图 4-23　支撑、系杆、拉条详图

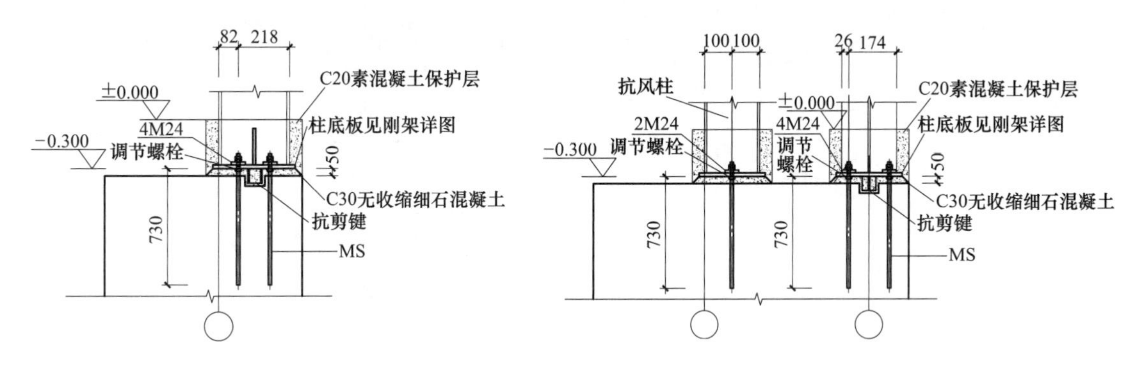

图 4-24 刚架柱柱脚连接节点

图 4-25 刚架角柱柱脚连接节点

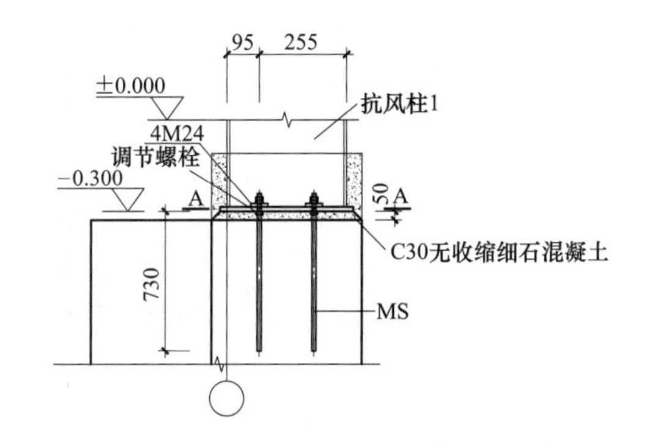

图 4-26 抗风柱柱脚连接节点

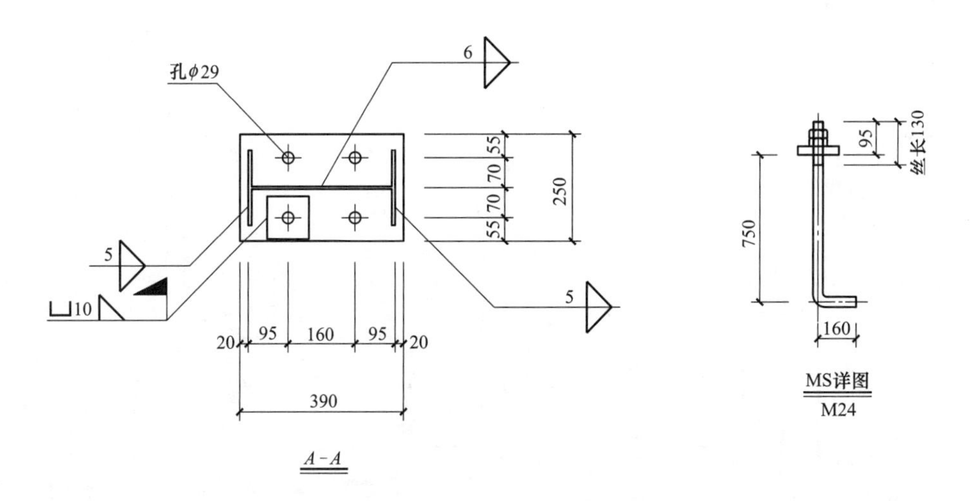

图 4-27 柱脚剖面与柱脚螺栓图

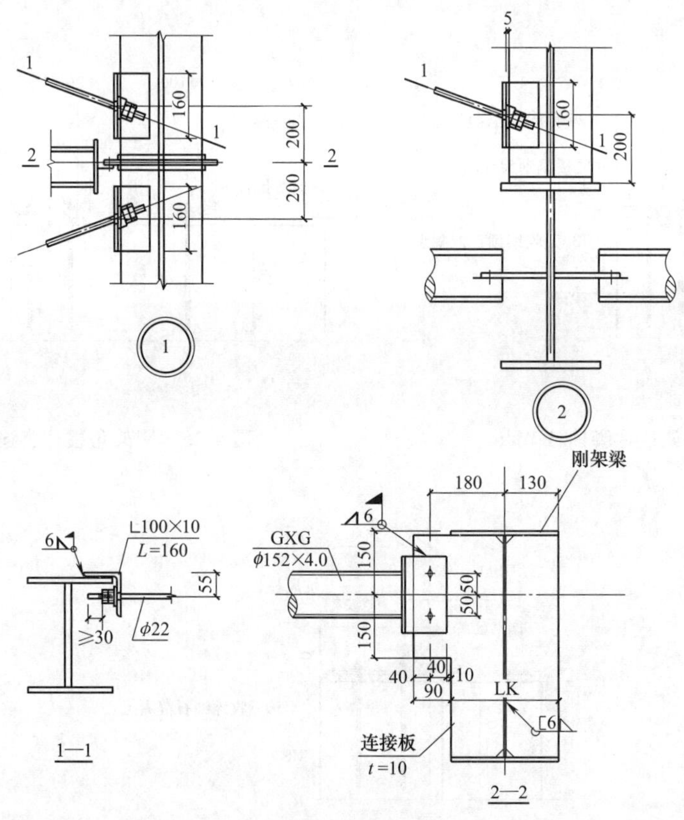

图 4-28　水平撑、系杆与刚架连接节点

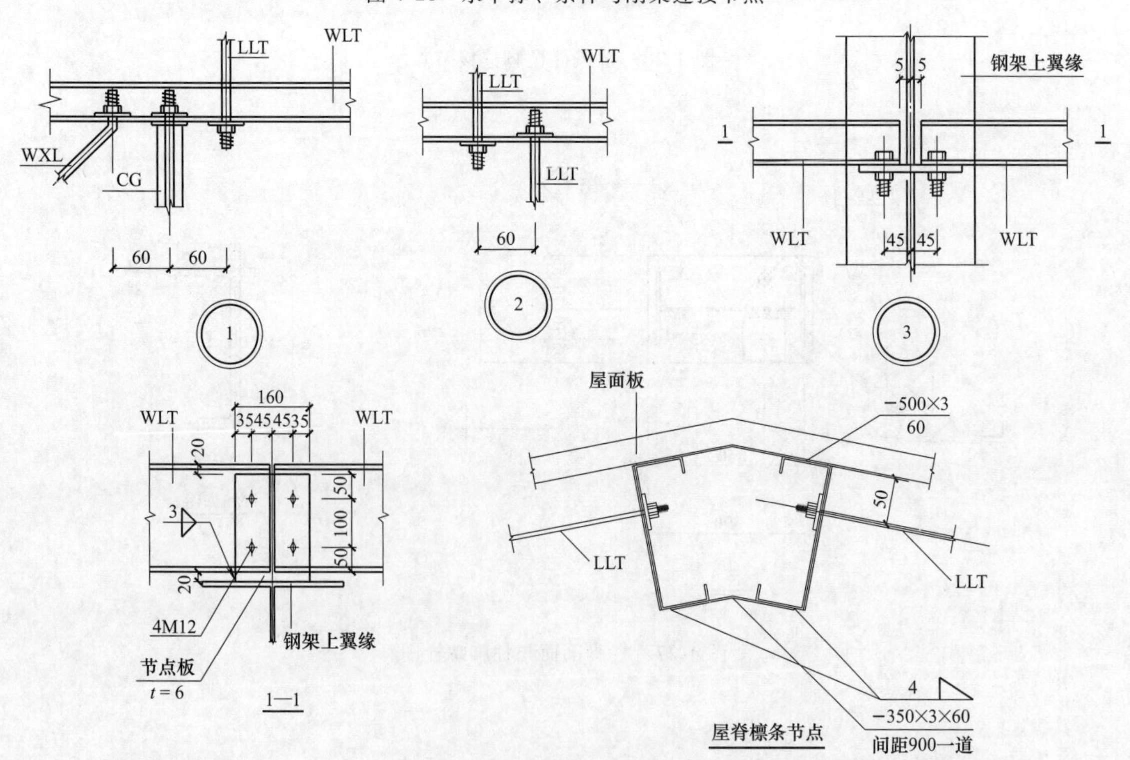

图 4-29　屋面连接节点详图

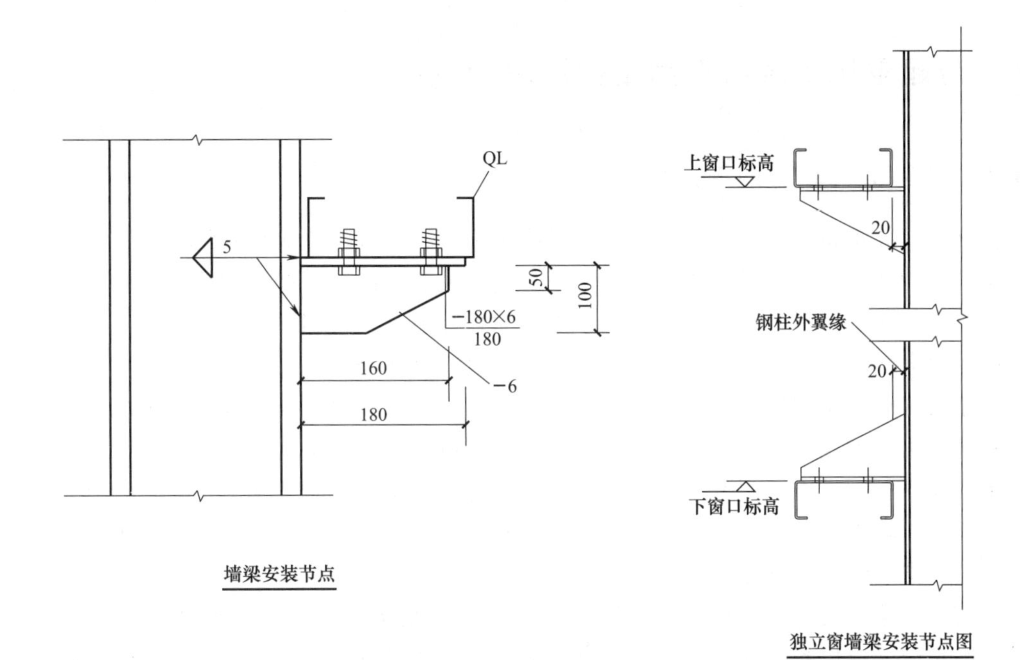

图 4-30　墙梁节点

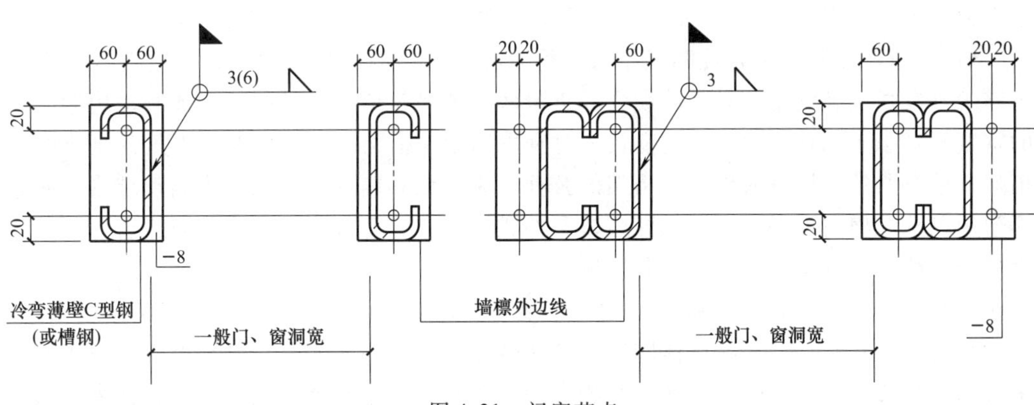

图 4-31　门窗节点

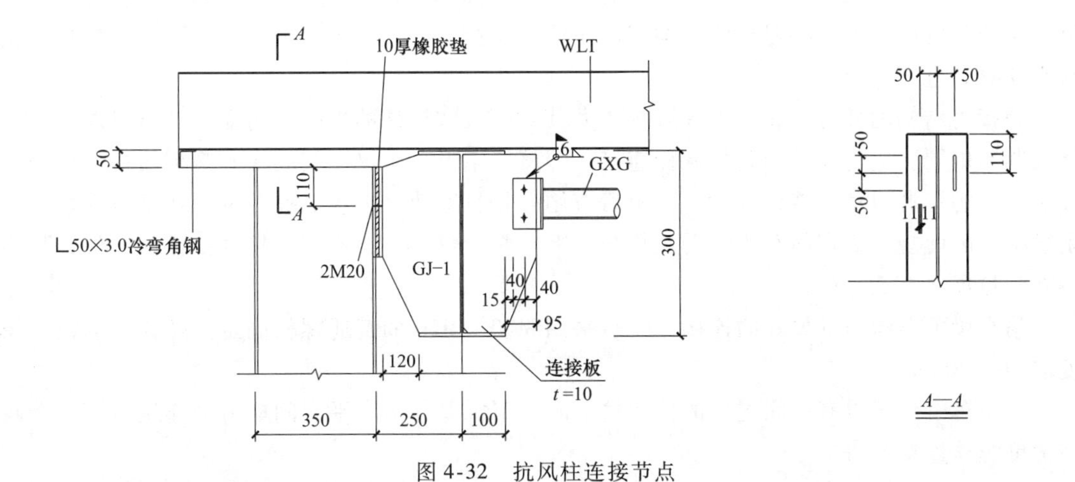

图 4-32　抗风柱连接节点

4.6 带起重机单层门式钢结构厂房的识读

4.6.1 带起重机单层钢结构厂房的特点

直接支撑起重机的受弯构件有吊车梁和吊车桁架，一般设计成简支结构。因为简支结构传力明确、构造简单、施工方便，且对支座沉陷不敏感。吊车梁有型钢梁、组合工字形梁等形式，其中焊接工字形梁最为常用。吊车梁的动力性能好，特别适用于重级工作制吊车的厂房，应用最为广泛。吊车桁架对动力作用敏感，故只有在跨度较大而起重量较小时才采用。

吊车梁与一般梁相比，特殊性就在于，其上作用的荷载除永久荷载外，更主要的是由起重机移动所引起的连续反复作用的动力荷载，这些荷载既有竖向荷载、横向水平荷载，也有纵向水平荷载。因此对材料要求高，对于重级工作制和起重机起重量≥500kg 的中级工作制焊接吊车梁，除具有抗拉强度、伸长率、屈服点、冷弯性能及碳、硫、磷含量的合格证外，还应具有冲击韧性的合格证。

由于吊车梁承受动力荷载的反复作用，按照《钢结构设计规范》的要求，对重级工作制吊车梁除应采取恰当的构造措施防止疲劳破坏外，还要对疲劳敏感区进行疲劳验算。

根据吊车梁所承受的荷载，必须将吊车梁上翼缘加强或设置制动系统以承担起重机的横向水平力。当跨度及荷载很小时，可采用型钢梁（工字钢或 H 型钢加焊钢板、角钢或槽钢）。当起重机起重量不大且柱距又小时，可以将吊车梁的上翼缘加强，使它在水平面内具有足够的抗弯强度和刚度。对于跨度和起重量较大的吊车梁，应设制动梁或制动桁架。制动梁的宽度不宜小于1.0～1.5m，宽度较大时宜采用制动桁架。制动桁架是用角钢组成的平行弦桁架。吊车梁的上翼缘兼作制动桁架的弦杆。制动梁和制动桁架统称为制动结构。制动结构不但用以承受横向水平荷载，保证吊车梁的整体稳定，而且可以作为检修通道。制动梁腹板宜采用花纹钢板以防行走滑倒，其厚度一般为 6～10mm。

对于跨度不小于 12m 的重级工作制吊车梁，或跨度不小于 18m 的轻中级工作制吊车梁，为了增加吊车梁和制动结构的整体刚度和抗扭性能，对边列柱的吊车梁宜设置与吊车梁平行的垂直辅助桁架，并在辅助桁架和吊车梁之间设置水平支撑和垂直支撑。垂直支撑虽然对增加整体刚度有利，但在吊车梁竖向变位的影响下，容易受力过大而破坏，因此应避免设置在靠近梁的跨度中央处。在对柱两侧均有吊车梁的中列柱，则应在两吊车梁间设置制动结构、水平支撑和垂直支撑。

焊接对结构的疲劳性能有很大影响，尤其对桁架式构件的影响更为显著，所以对吊车桁架或制动桁架，应优先采用高强螺栓连接。焊接工字形吊车梁，其翼缘和腹板的拼接应采用加引弧板的焊透对接焊缝，割除引弧板后应用砂轮打磨使之平整。疲劳现象在结构受拉区特别敏感，因此规范规定吊车梁的受拉翼缘，除与腹板焊接外，不得焊接其他任何零件，且不得在受拉翼缘打火。

吊车梁下翼缘与框架柱的连接，一般采用 M20～M26 的普通螺栓固定。螺栓上的垫板厚度取 16～20mm。

当吊车梁位于设有柱间支撑的框架柱上时，下翼缘与吊车平台间应另加连接板用焊缝或高强度螺栓连接。

吊车梁上翼缘与柱的连接应能传递全部支座处的水平反力。同时对重级工作制吊车梁应注意采取适宜的构造措施，减少对吊车梁的约束，以保证吊车梁在简支状态下工作。上翼缘与柱宜通过连接板用大直径销钉连接。

吊车梁之间的纵向连接通常在梁端高度下部加设调整垫板，并用普通螺栓连接。

吊车轨道的选用应根据起重机轮宽选择，一般由起重机规格中可查到轮宽尺寸或建议选用的轨道型号。

1. 吊车轨道的种类

常用的轨道种类有下列五种：

（1）小截面方钢轨道，常用尺寸为 50mm×50mm、60mm×60mm。

（2）铁路轻轨，常用 24kg/m。

（3）铁路重轨，常用 38kg/m、43kg/m、50kg/m。

（4）吊车钢轨，常用 QU70、QU80、QU100 或 QU120。

（5）大截面方钢轨，常用尺寸为 140mm×140mm。

2. 轨道与吊车梁的固定方法

各种轨道与吊车梁的固定方法，可参照下列要求选用。

（1）小截面方钢钢轨宜用于梁式起重机和壁行起重机，方钢可用间断焊缝直接焊于吊车梁上翼缘上，也可将方钢与角钢焊后再用螺栓固定在吊车梁上翼缘上，后者做法较利于更换钢轨。

（2）铁路钢轨一般用于起重量小于 32t 的轻中级工作制的起重机。轨道与吊车梁的固定，通常采用弯钩螺栓连接，弯钩螺栓的直径为 22～25mm，螺栓的一端弯成钩状，一边扣住吊车梁上翼缘，由螺纹的一端深入钢轨腹板的孔中；相距 70～80mm 的一对螺栓在其两侧拧上螺母，每对螺栓间的距离约为 600～700mm。

（3）吊车钢轨为桥式起重机的专用钢轨，其优点是高度小、轨面宽、腹板厚，因此其刚度和稳定性比铁路钢轨好，较适合 32t 级以上的中级、重级工作制起重机。设计者可以根据起重机起重量大小选用所需的型号，吊车钢轨与吊车梁的固定通常采用压板的打孔型或轨道固定件的焊接型固定于吊车梁上翼缘上。焊接型连接法的主要优点是在吊车梁上翼缘不需打孔，不消弱截面，梁的强度大，施工方便，上翼缘的构造宽度要求小，小吨位吊车梁可以节约钢材。

（4）大截面方钢钢轨用于特重型桥式吊车，其最大轮压超过 785kN 时，可采用压板打孔或焊接型。

3. 常用轨道拼接接头做法

（1）小截面方钢钢轨的接头借助于角钢拼接。

（2）铁路钢轨的拼接接头在不采用焊接长轨时，可采用平缝鱼尾板拼接，在伸缩缝处钢轨接头宜为斜缝拼接，也可用平板鱼尾板在轨道上开椭圆孔处理。钢轨的接头宜设在梁的端部或其附近处，伸缩缝处的拼接接头应与梁的伸缩缝错开约 500mm。

（3）起重机钢轨一般均采用自行加工的夹板进行拼接，拼接接头与铁路钢轨的方法相同，同样可分平缝、斜缝和伸缩缝处的拼接。

（4）大截面方钢钢轨的拼接一般采用人字形缝形式，对伸缩缝处的拼接采用企形切口拼接。

（5）钢轨接头的构造应保证轮子平滑地通过轨道的对接部分。对于特重型厂房内钢轨的中间接头宜采用焊接。

4. 轨道的安装偏差要求

轨道的安装偏差对吊车梁的受力有一定影响，其要求如下：

（1）轨道中心线对吊车梁腹板轴线位置的允许偏差值为 $t/2$（t 为腹板的厚度，其值不大于 5mm）。

（2）轨道端部两相邻连接的高差和平面的偏差不大于 1mm。

（3）轨道中心线不平直度为 3mm，轨道不允许有弯折曲线。

（4）两根轨道中心线间的距离偏差不大于 ±5mm。

（5）厂房横向同一跨间、同一位置上两根轨道顶面的标高差为：在吊车梁支座处不大于 10mm，在吊车梁其他位置不大于 15mm。

5. 起重机车挡的特点

起重机的车挡设置是为了阻止起重机越出轨道而破坏厂房，一般设置在厂房尽端吊车梁端部。车挡一般采用焊接工字形截面，起重量小于 3t 的吊车的车挡也可用轧制工字钢，当吊车梁为铆接时，车挡可采用铆接也可采用焊接。为减轻起重机对车挡的冲击，车挡上应设置橡胶垫板或软木块的缓冲吸振装置。当起重机起重量大于 100t 的重级工作制起重机或硬钩起重机时，宜采用较厚的橡胶垫或缓冲器。

4.6.2 带吊车梁的单层厂房建筑图

下面以一个带吊车梁的单层厂房为例，说明建筑施工图的图示方法，如图 4-33 ~ 图 4-39所示。

4.6.3 带吊车梁的单层厂房结构施工图

带吊车梁的单层厂房结构施工图如图 4-40 ~ 图 4-55 所示。

4.6.4 安装节点详图

安装节点详图如图 4-56 ~ 图 4-68 所示。

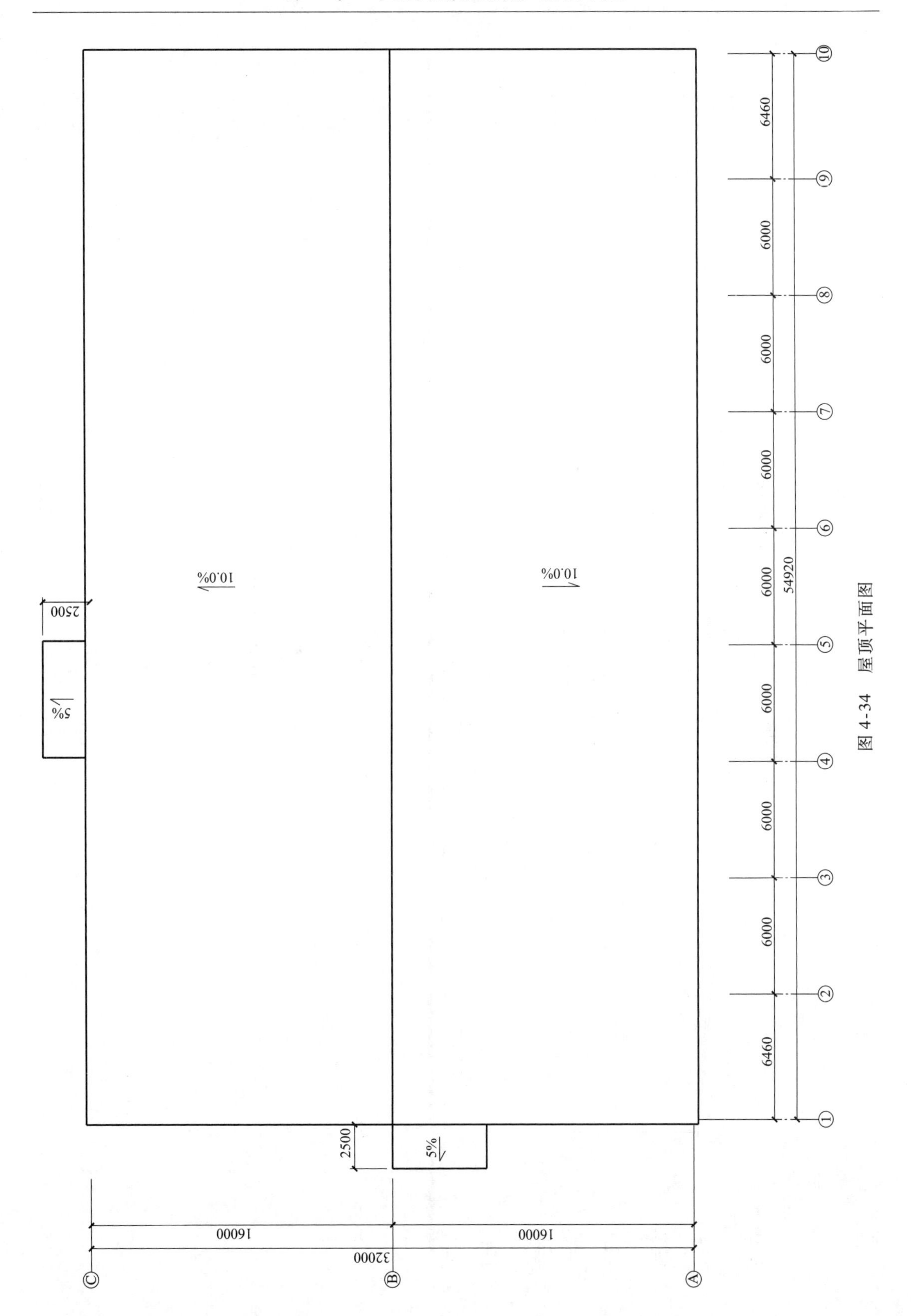

6460
6000
6000
6000
6000
6000
6000
6000
6460
54920
①
②
③
④
⑤
⑥
⑦
⑧
⑨
⑩
10.0%
10.0%
5%
5%
2500
2500
16000
16000
32000
Ⓐ
Ⓑ
Ⓒ

图 4-34　屋顶平面图

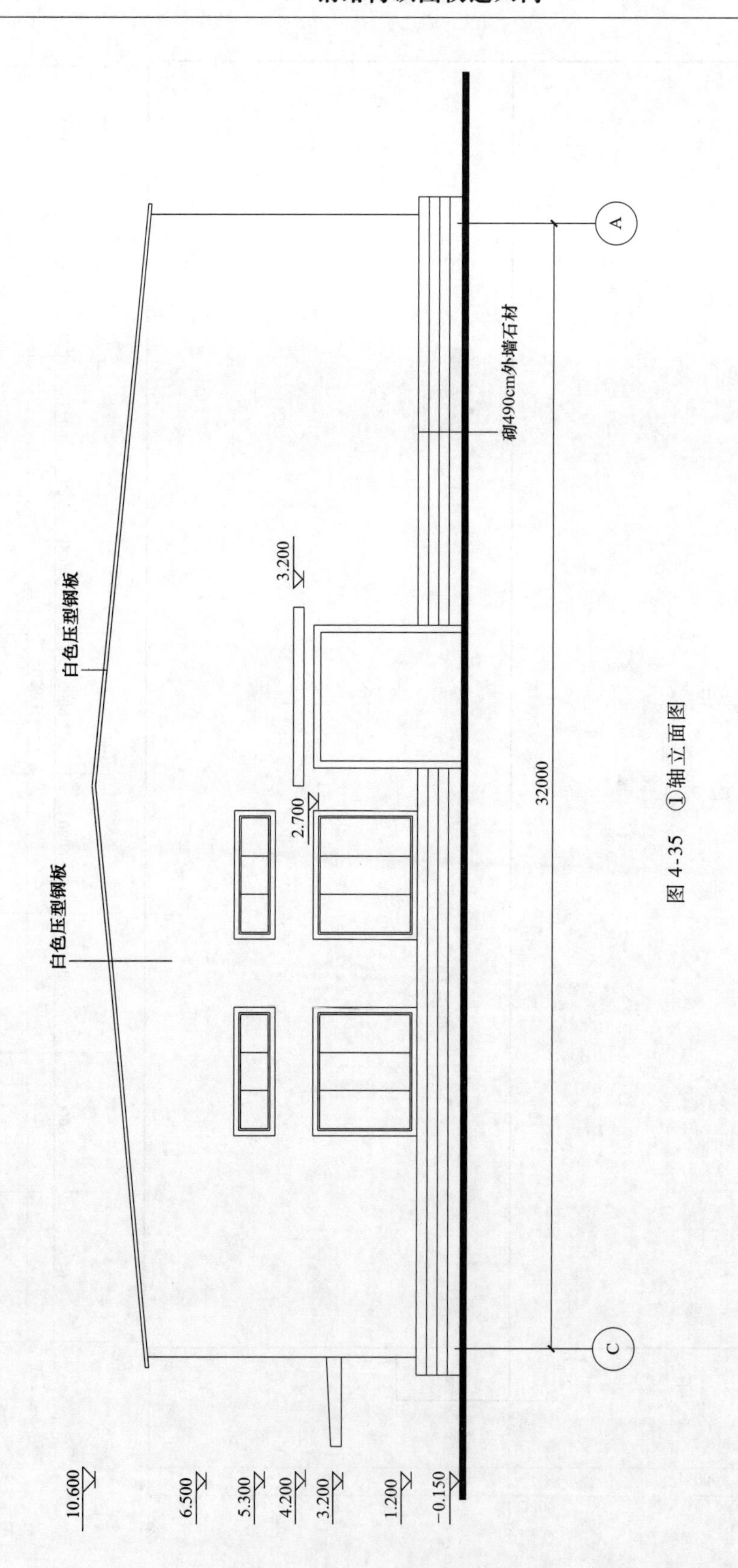
白色压型钢板
白色压型钢板
3.200
2.700
砌490cm外墙石材
32000
A
C
10.600
6.500
5.300
4.200
3.200
1.200
-0.150

图 4-35　①轴立面图

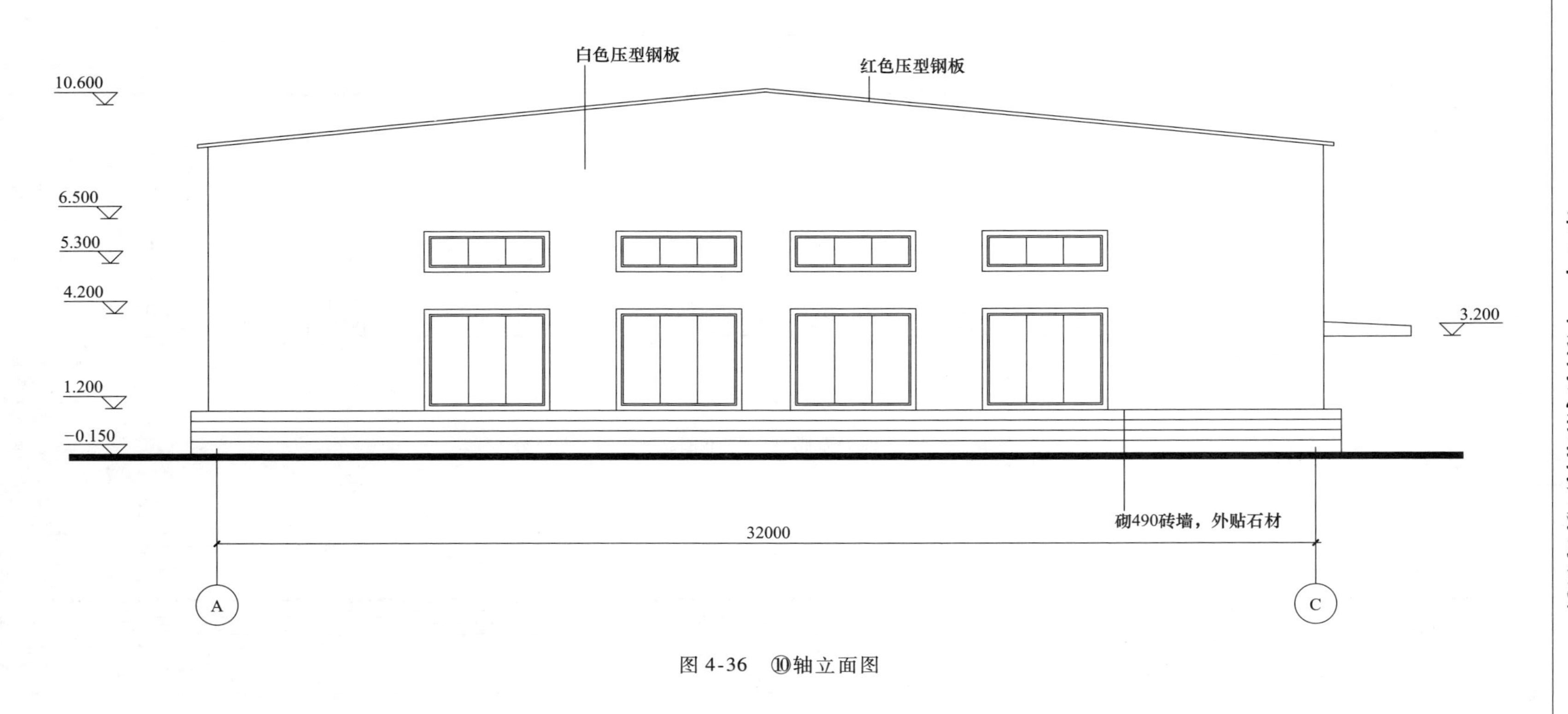
白色压型钢板
红色压型钢板
10.600
6.500
5.300
4.200
3.200
1.200
-0.150
砌490砖墙，外贴石材
32000
A
C

图 4-36　⑩轴立面图

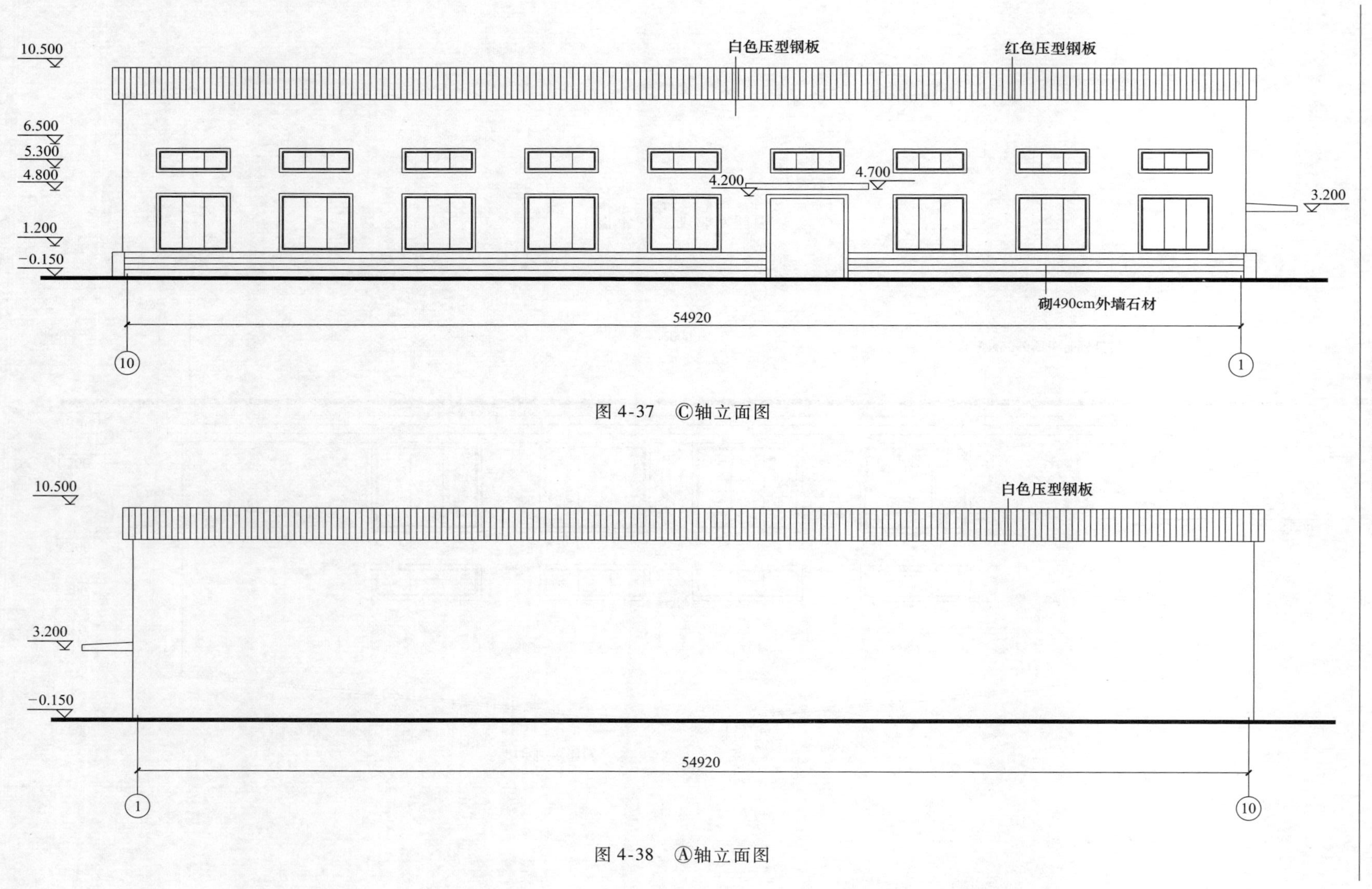

图 4-37　Ⓒ轴立面图

图 4-38　Ⓐ轴立面图

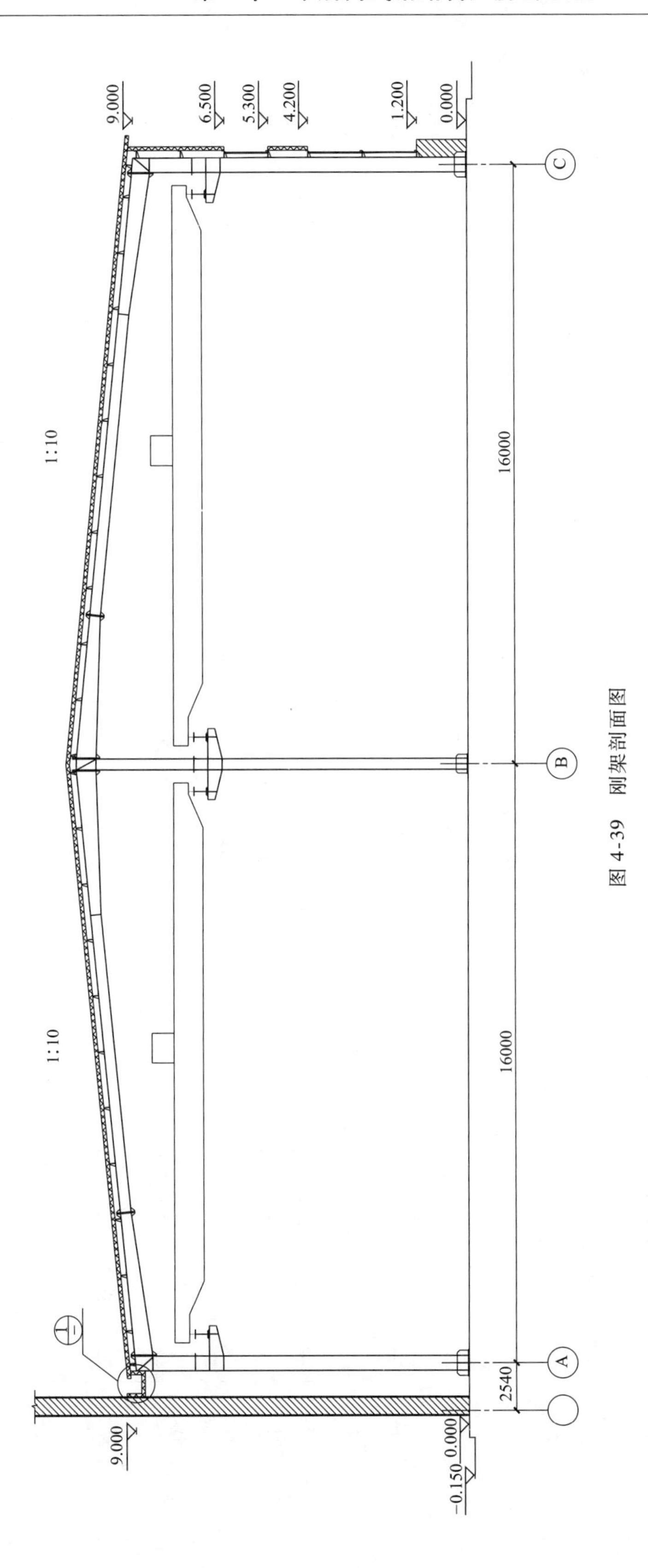
9.000
6.500
5.300
4.200
1.200
0.000
1:10
1:10
16000
16000
2540
C
B
A
9.000
0.000
-0.150

图 4-39　刚架剖面图

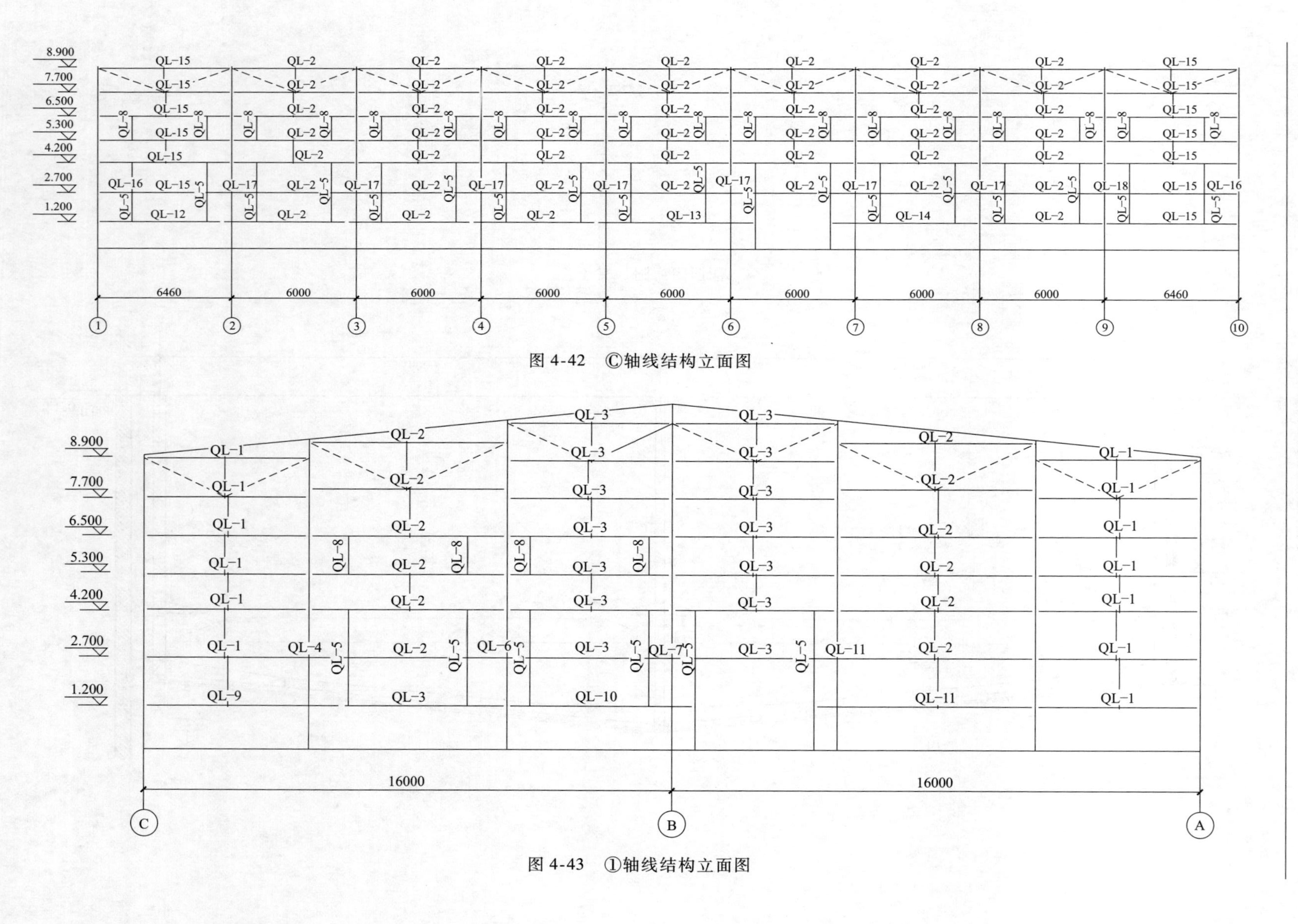

图 4-42 Ⓒ轴线结构立面图

图 4-43 ①轴线结构立面图

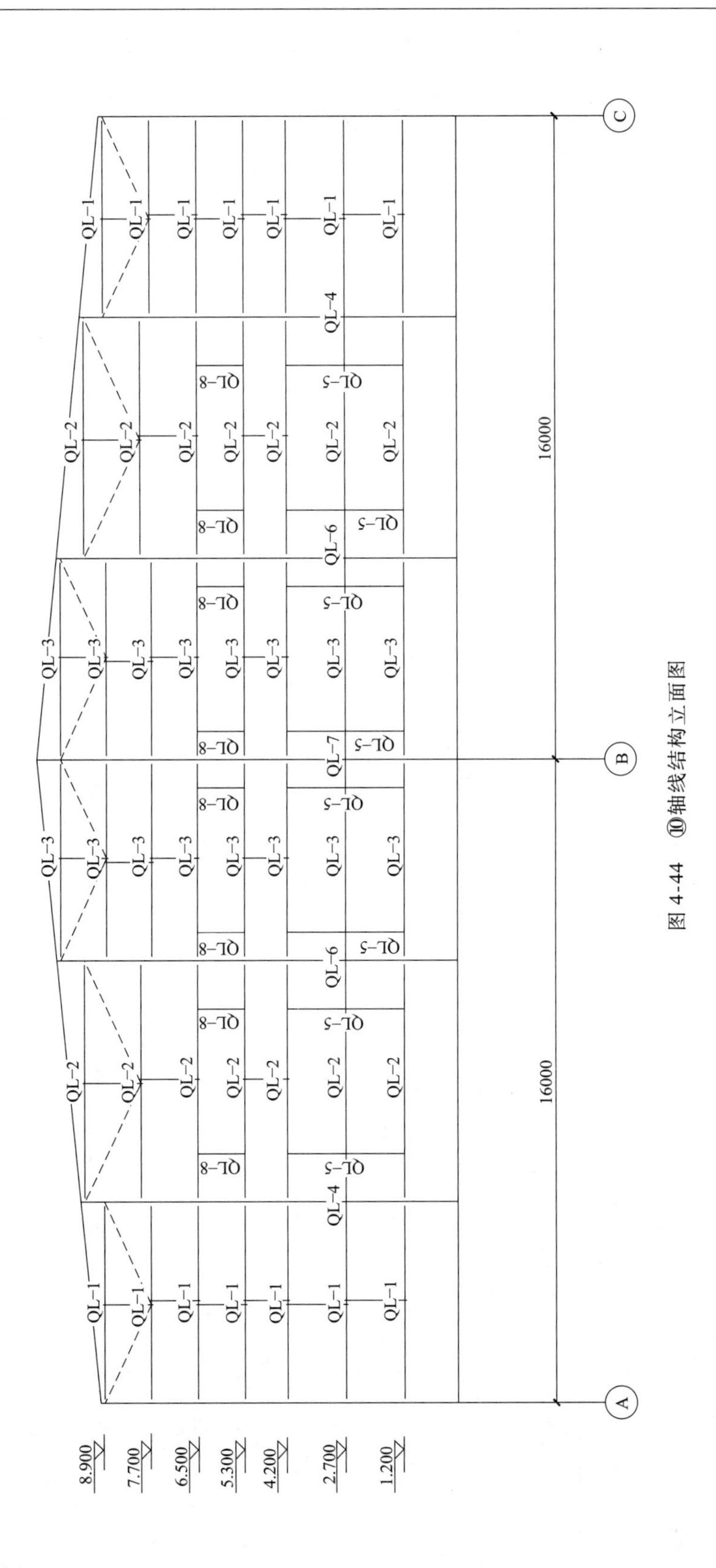

图 4-44　⑩轴线结构立面图

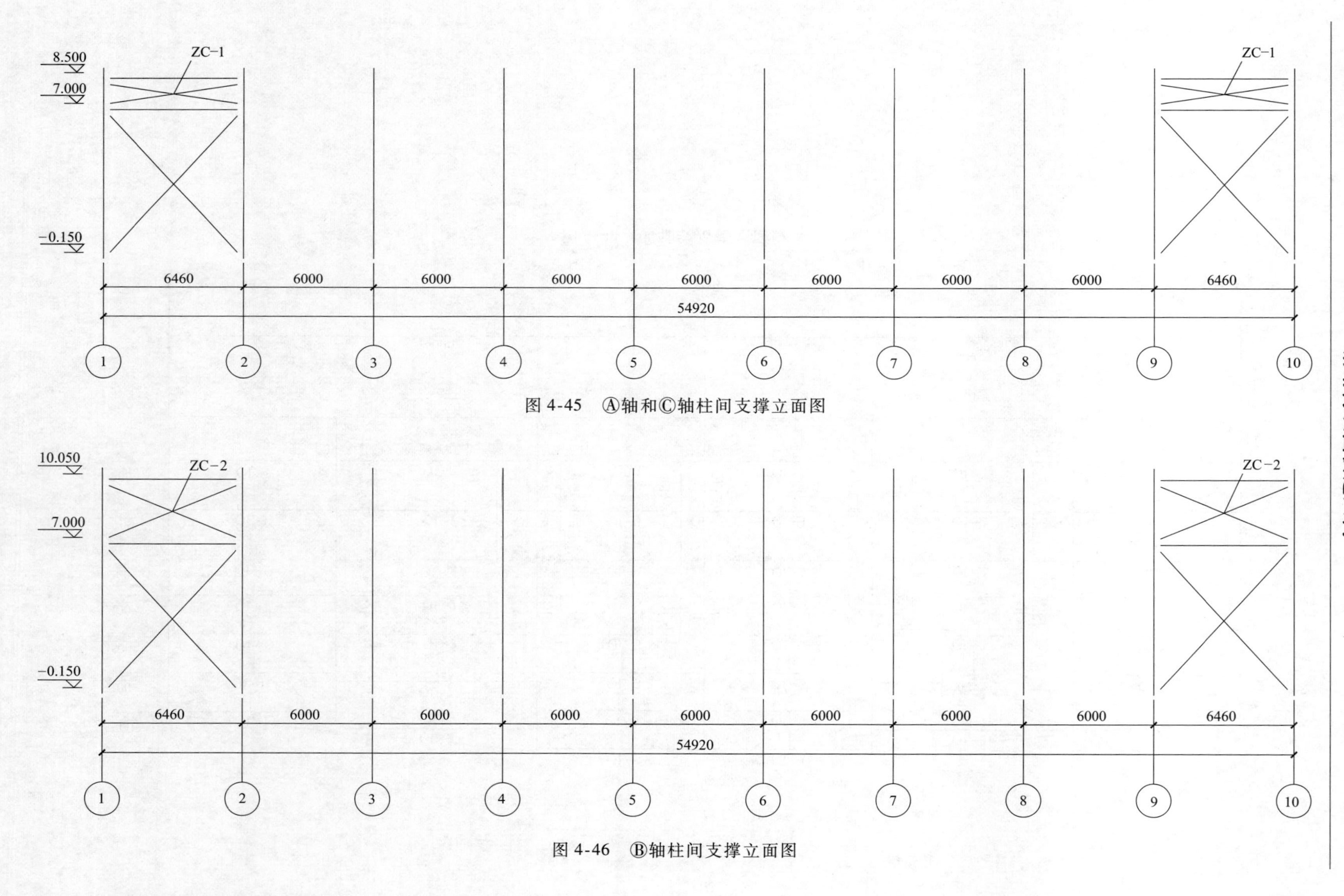

图 4-45 Ⓐ轴和Ⓒ轴柱间支撑立面图

图 4-46 Ⓑ轴柱间支撑立面图

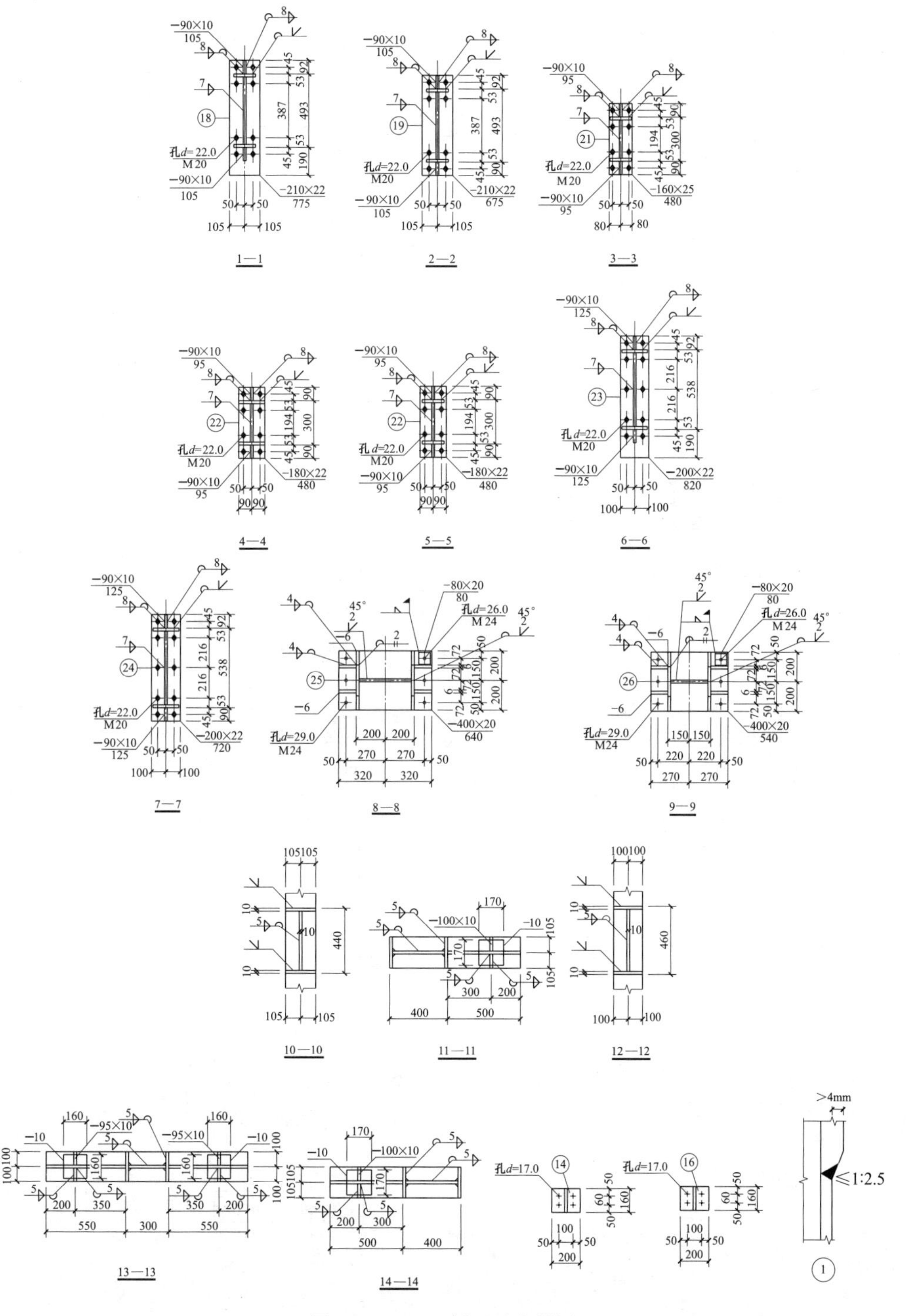

图 4-48　GJ-1 剖面及大样图

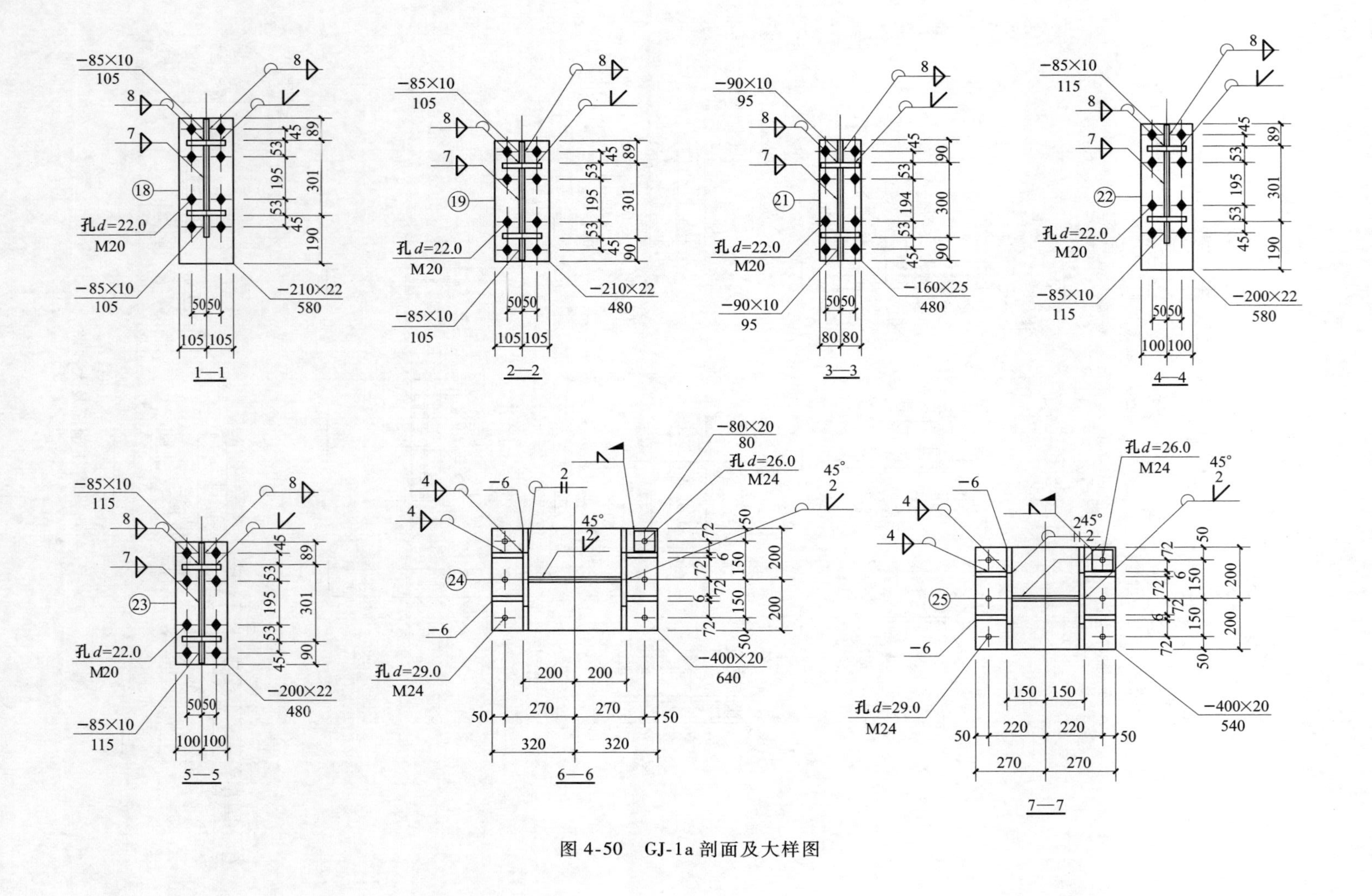

图 4-50　GJ-1a 剖面及大样图

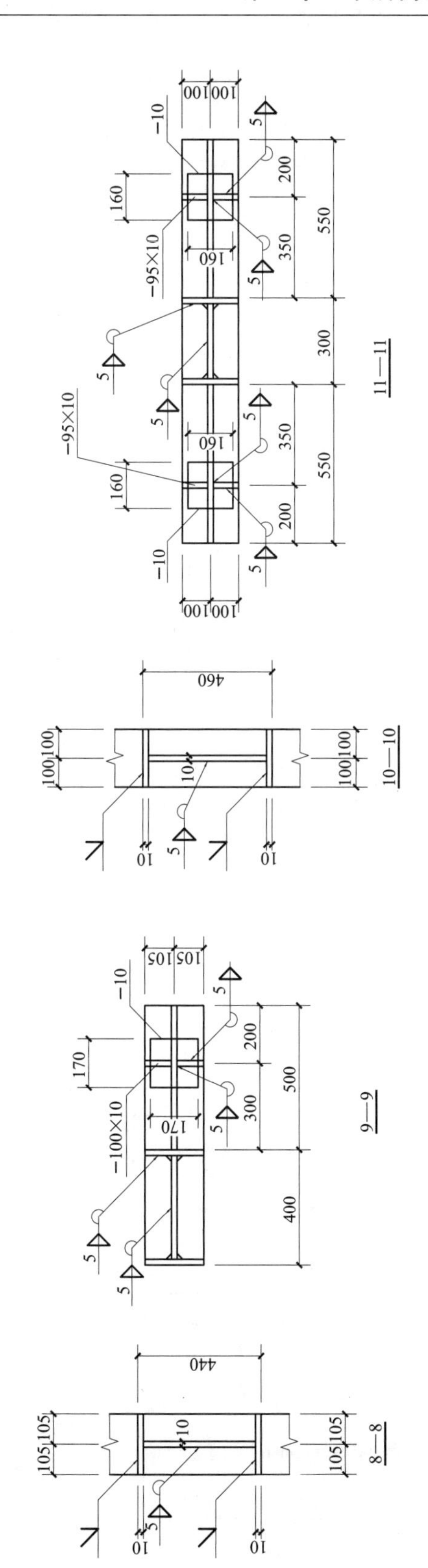

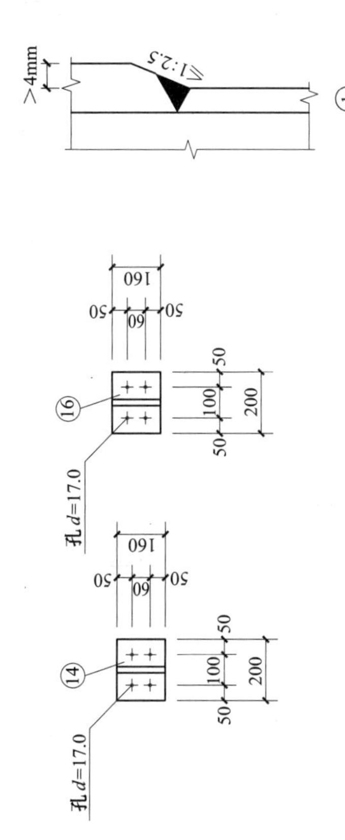

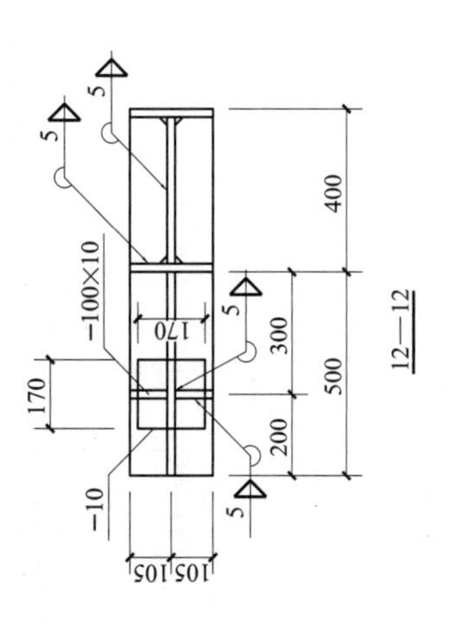

图 4-50　GJ-1a 剖面及大样图（续）

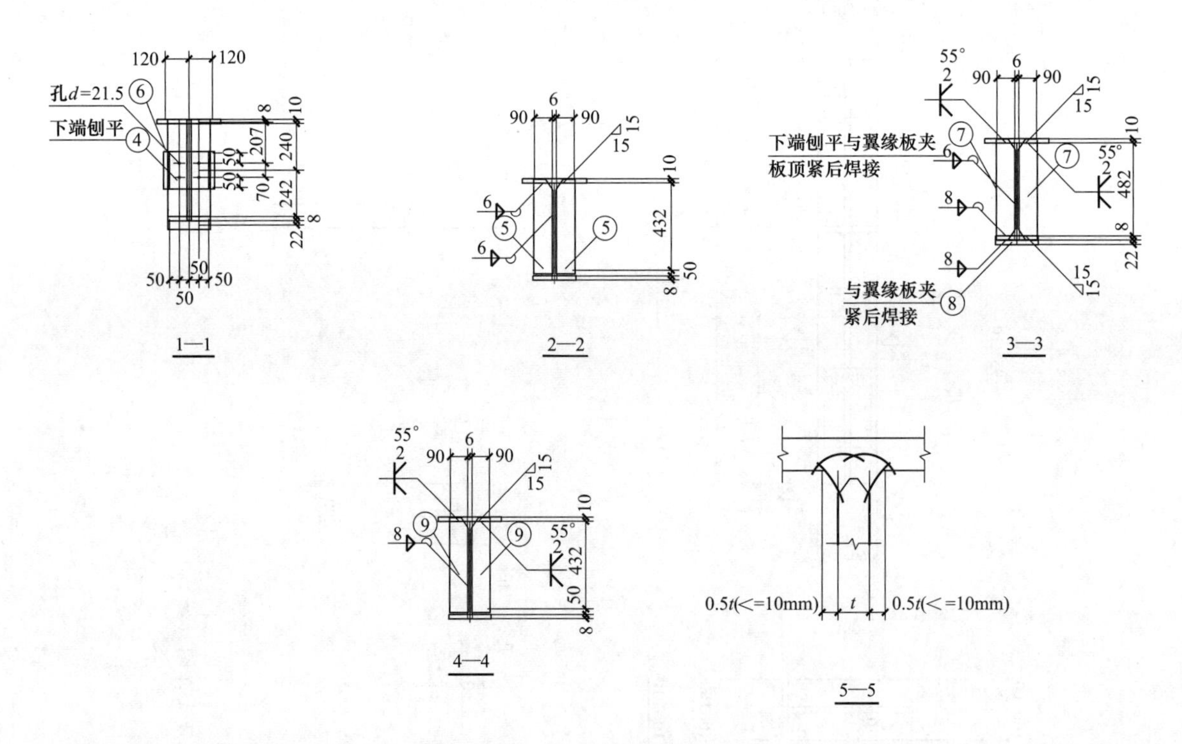

图 4-52 DCL-1 剖面图

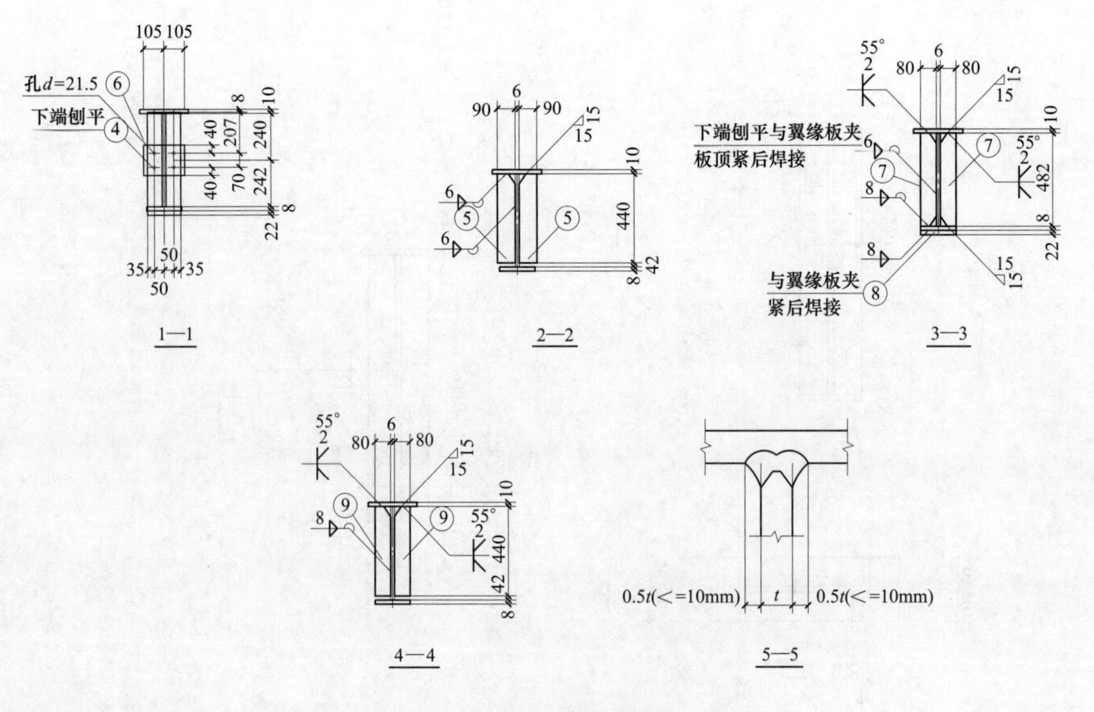

图 4-53 DCL-2 剖面图

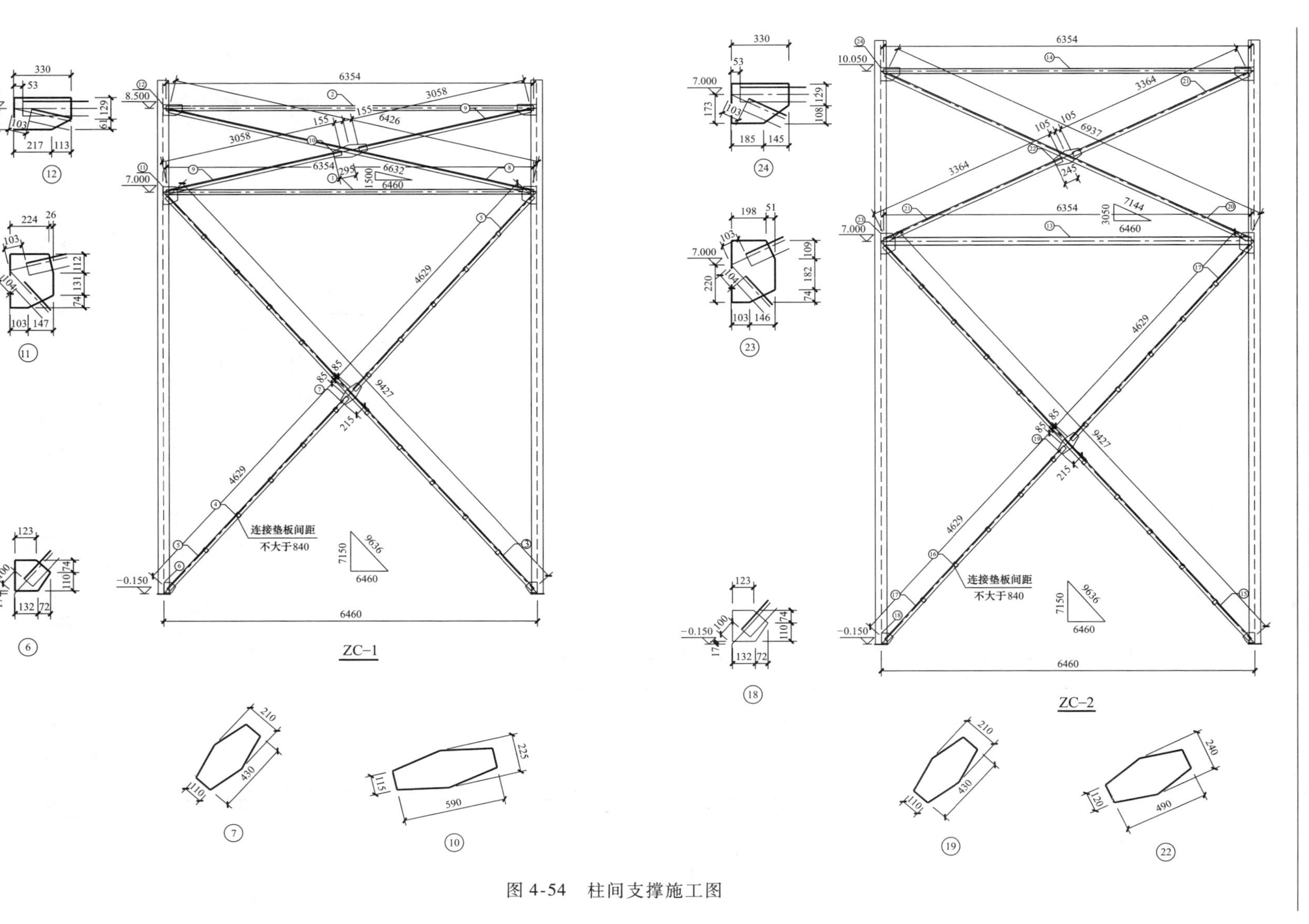

图 4-54　柱间支撑施工图

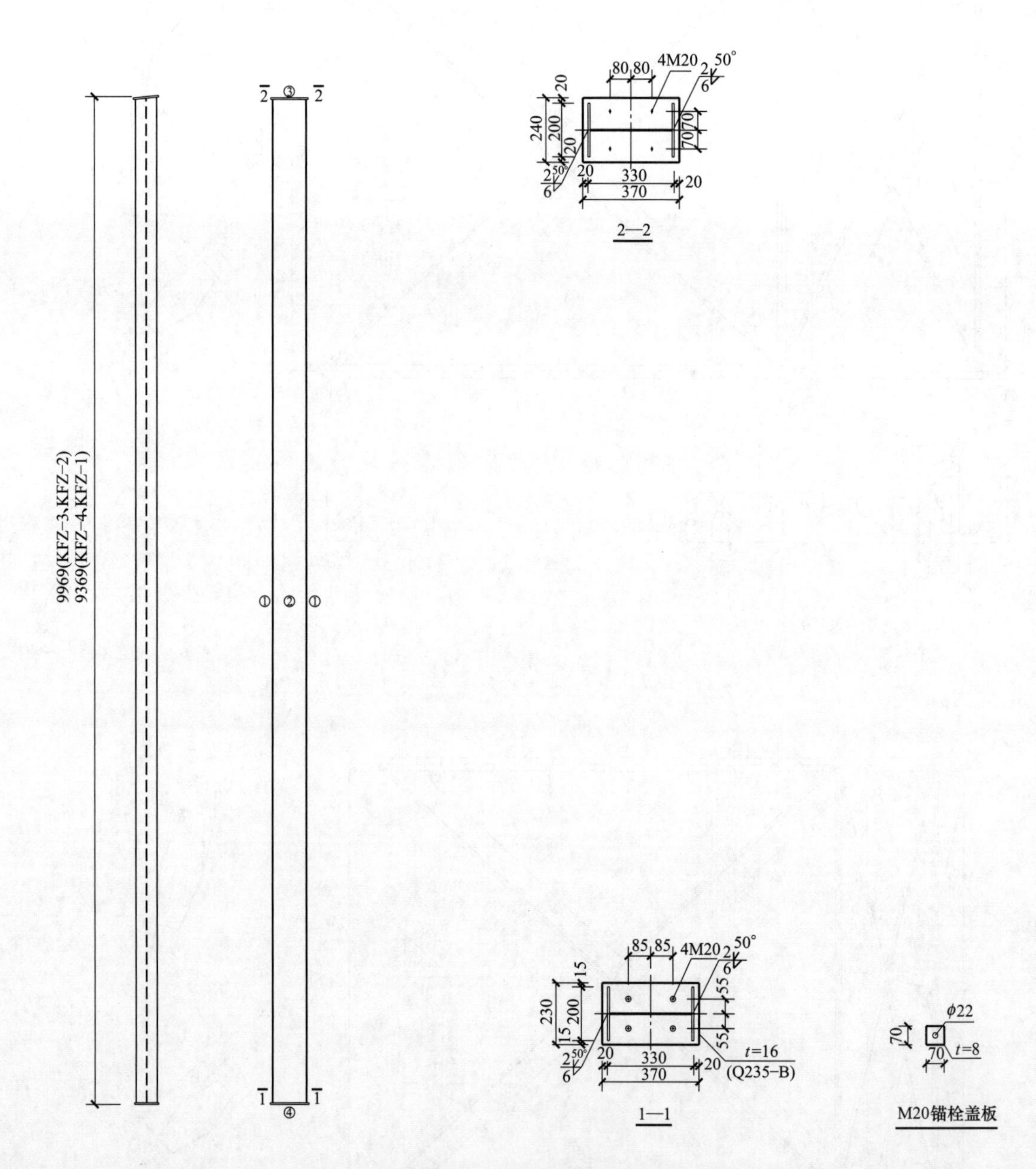
9969(KFZ-3,KFZ-2)
9369(KFZ-4,KFZ-1)
2—2
4M20
50°
80 80
240
200
20
330
370
1—1
85 85
230
t=16
(Q235-B)
ϕ22
70
t=8
M20锚栓盖板

图 4-55　抗风柱施工图

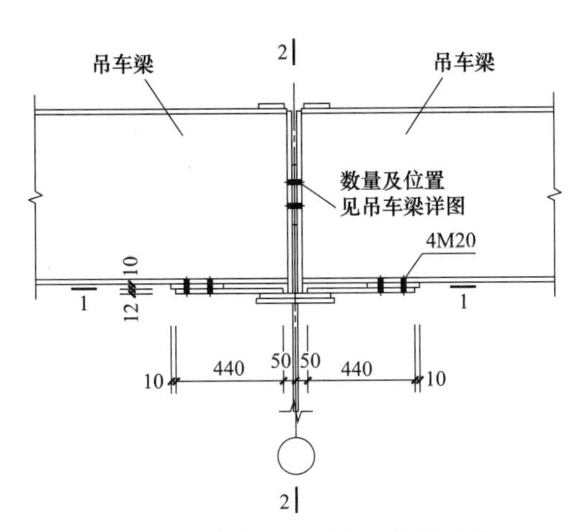

图 4-56　跨中吊车梁与牛腿的连接

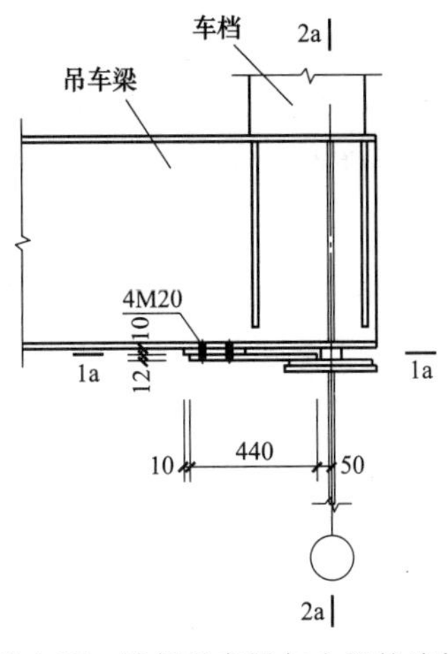

图 4-57　端部吊车梁与牛腿的连接

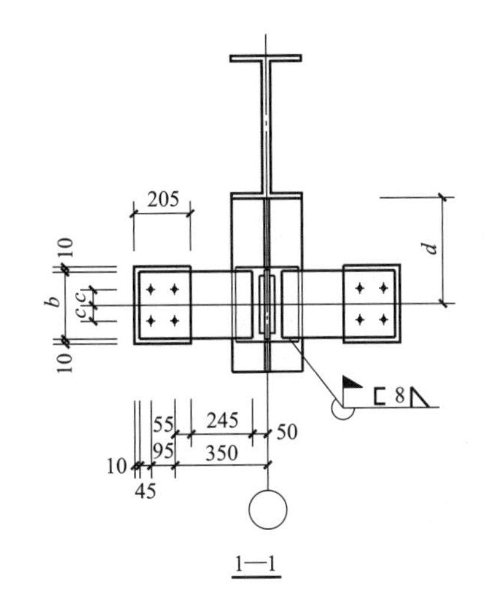

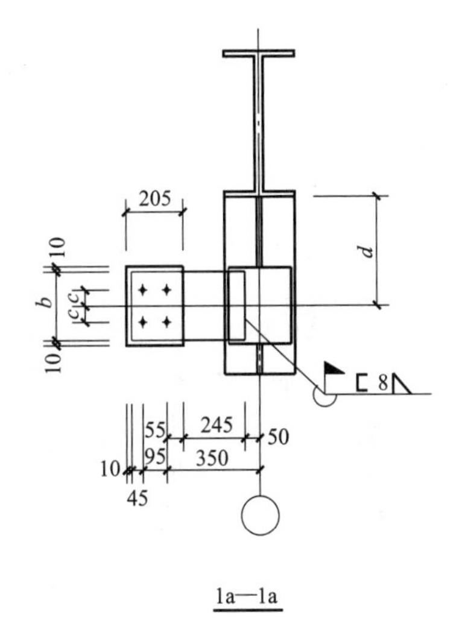

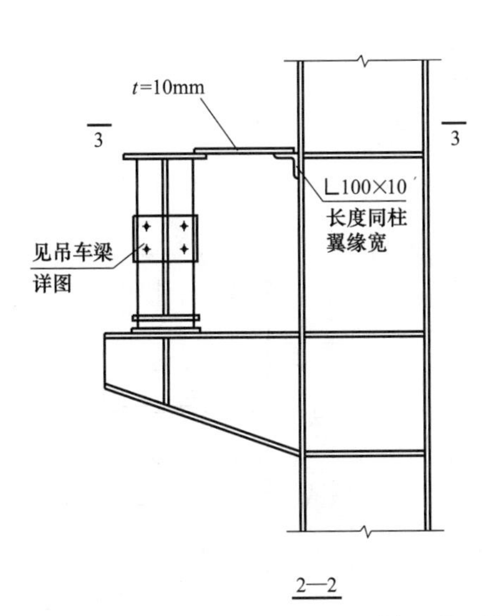

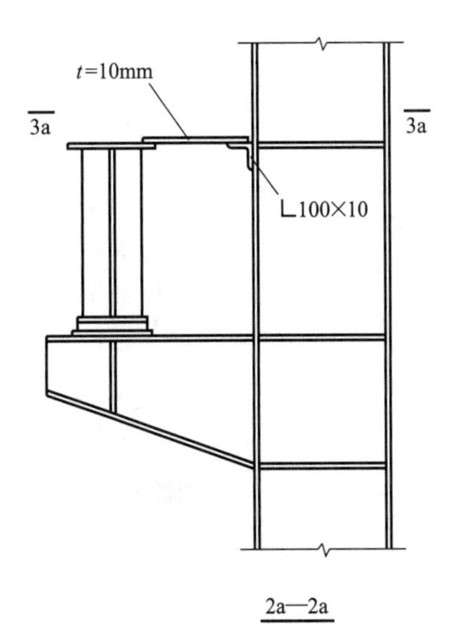

图 4-58　吊车梁与牛腿连接剖面图

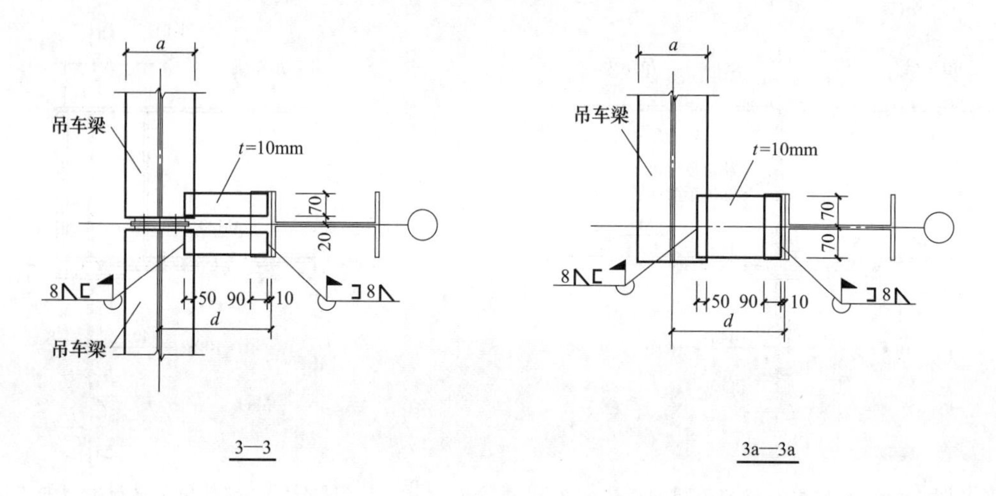

图 4-58 吊车梁与牛腿连接剖面图（续）

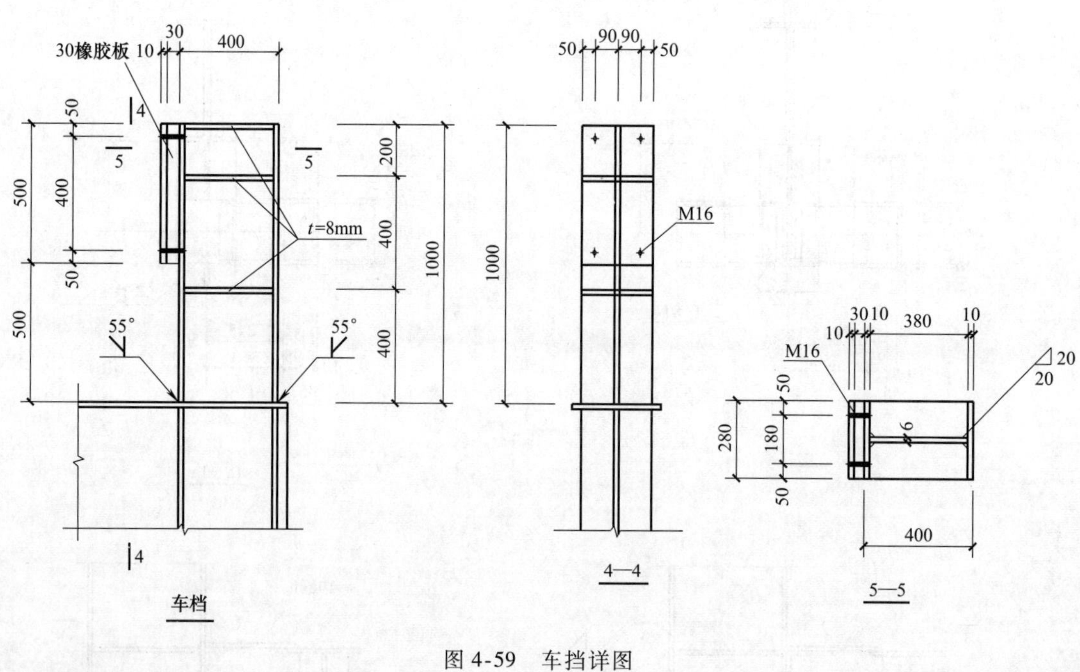

图 4-59 车挡详图

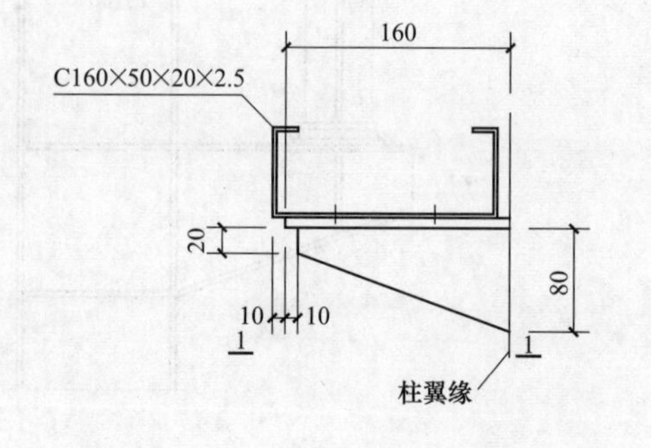

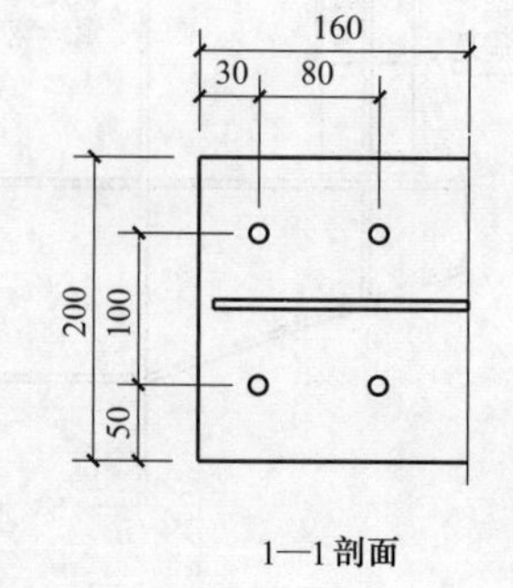

图 4-60 墙梁与檩托的连接

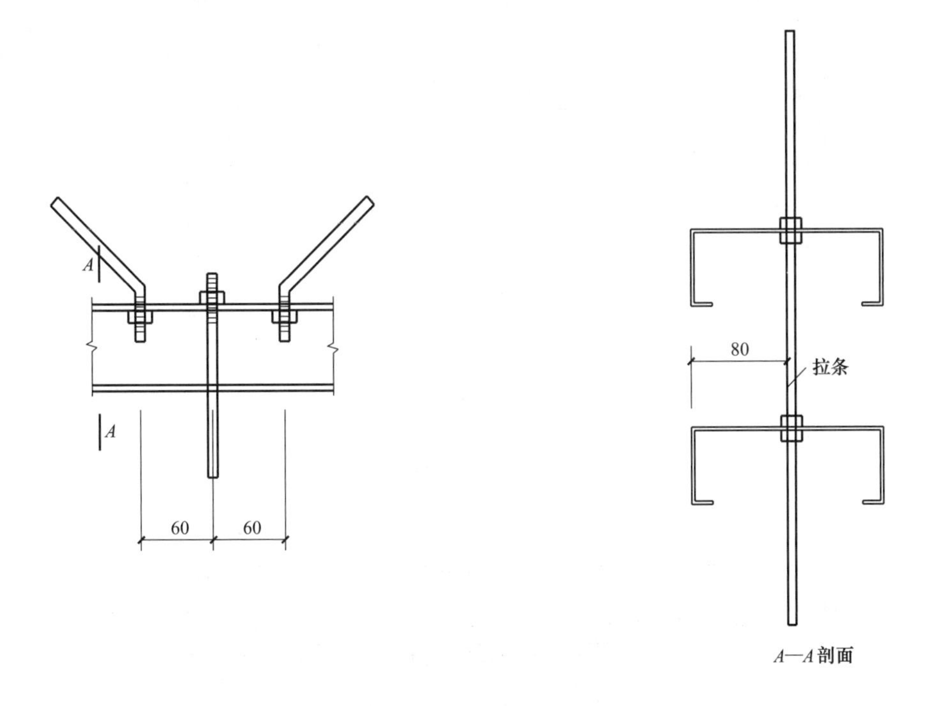

图 4-61　拉条与檩条的连接

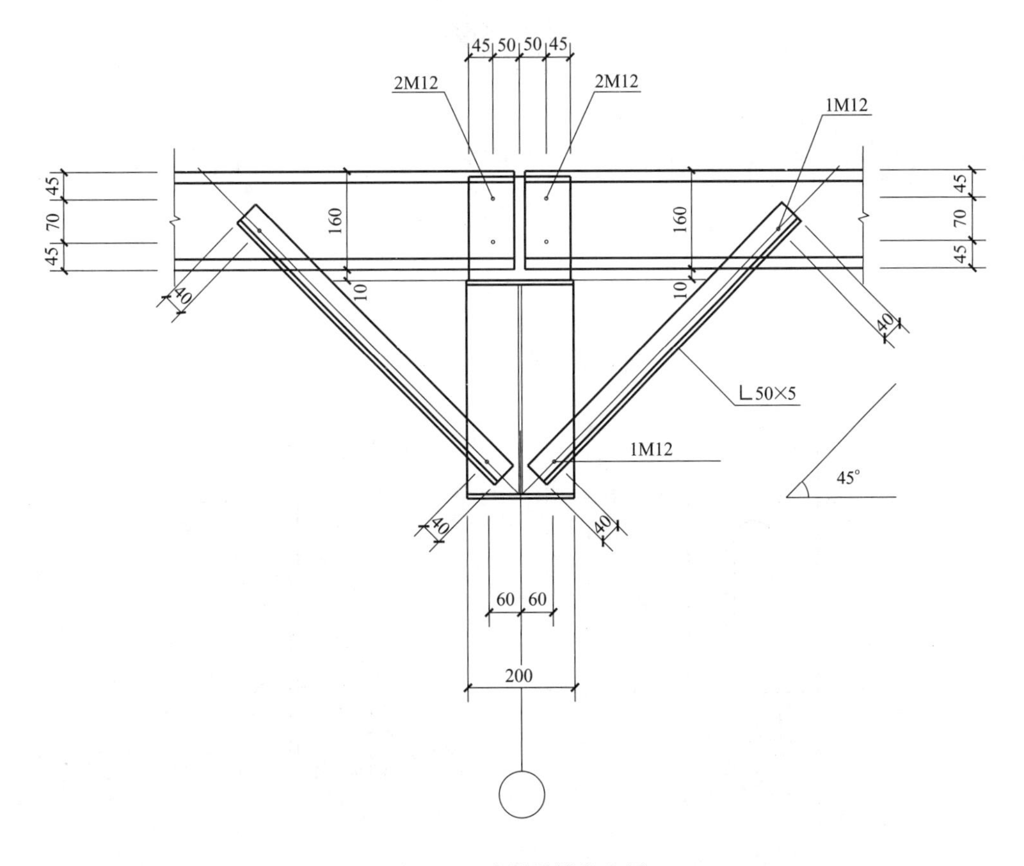

图 4-62　墙梁隅撑节点图

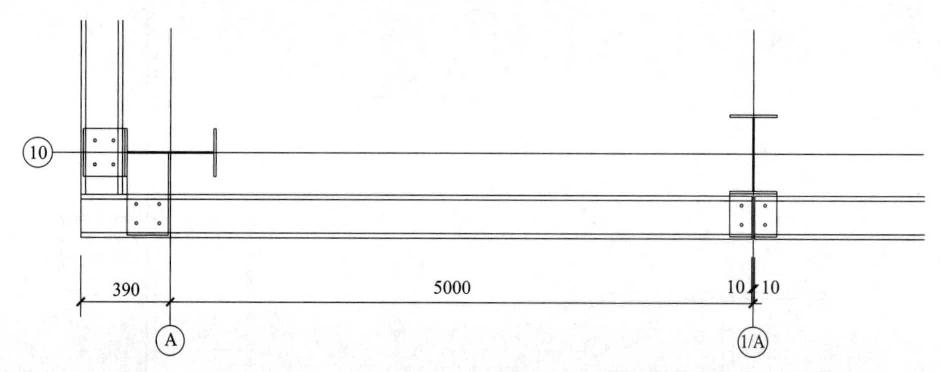

图 4-63　墙梁转角作法

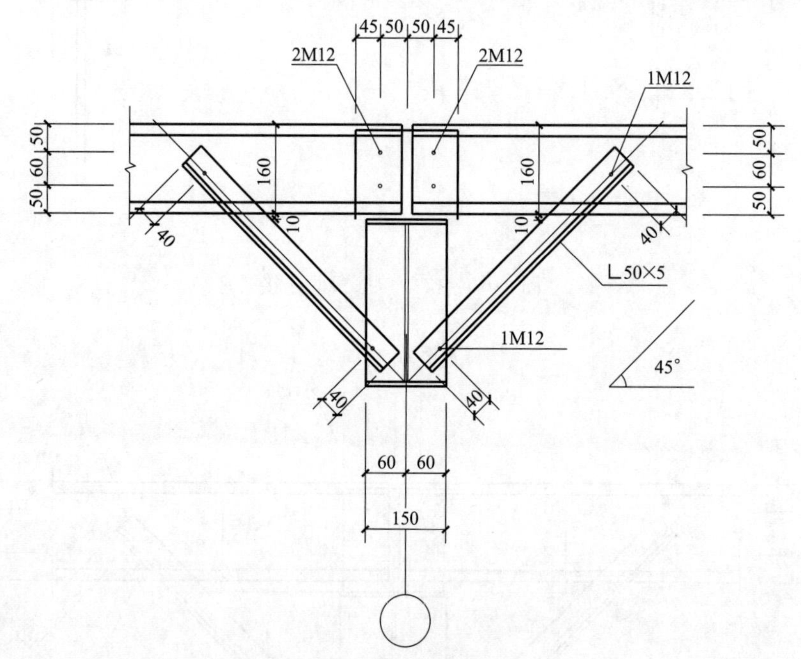

图 4-64　檩条隅撑节点图

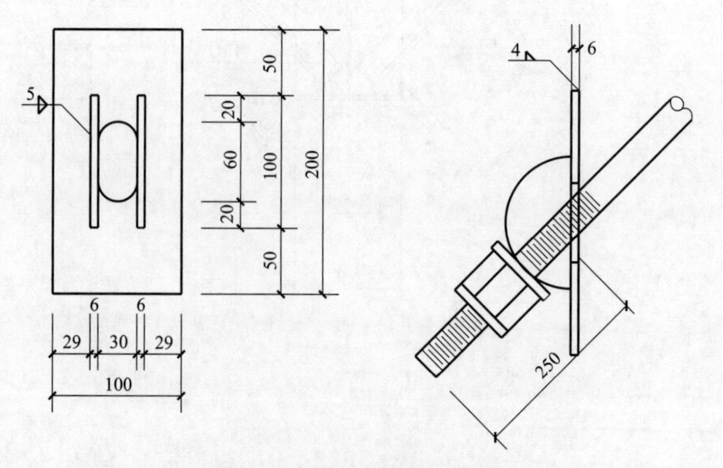

图 4-65　屋面支撑节点连接

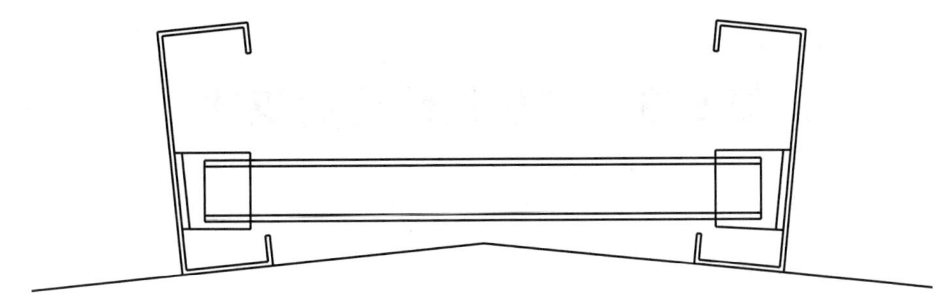

图 4-66　屋脊檩条间的连接

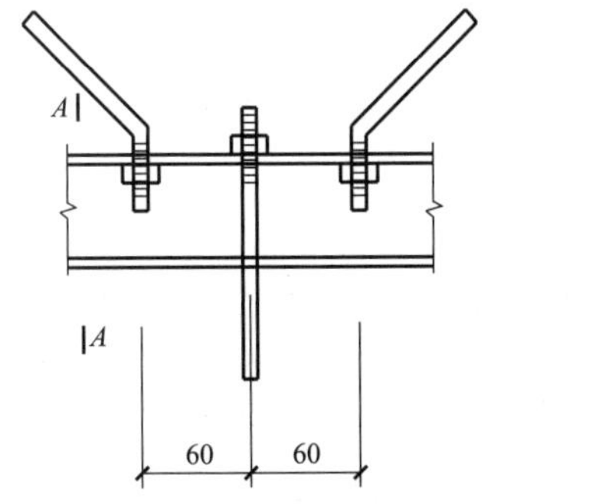

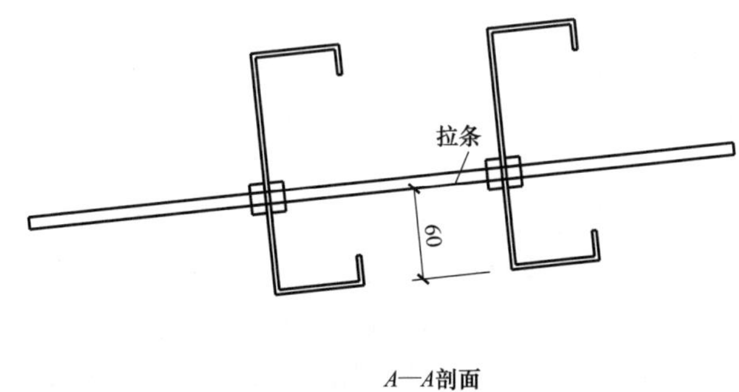

图 4-67　拉条与檩条的连接

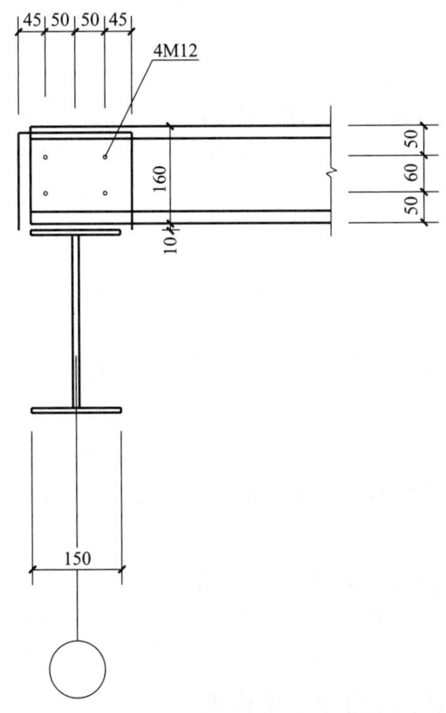

图 4-68　檩条与刚架梁的连接

第5章　多层钢结构的识读

5.1　多层钢结构简介

5.1.1　钢结构房屋的优点

钢结构房屋的结构体系主要由钢板、热轧型钢或冷加工成型的薄壁型钢通过连接、制造组装而成，和其他材料的房屋结构相比，具有以下几方面的优点。

1. 强度高、重量轻

钢材与其他建筑材料如混凝土、砖石和木材相比，强度要高得多，弹性模量也高，因此结构构件重量轻且截面小，特别适用于跨度大、荷载大的构件和结构。即使采用强度较低的钢材，其强度和密度的比值也比混凝土和木材大得多，从而在同样受力条件下钢结构自重轻。研究数据表明，多、高层钢结构的自重一般为混凝土结构自重的1/2～3/5。同样荷载和跨度条件下，钢屋架的重量是混凝土屋架的1/4～1/3，冷弯薄壁型钢屋架甚至接近1/10。结构自重降低，可以减小地震作用，进而减小结构内力，还可以使基础的造价降低，构件轻巧也便于运输和安装。

2. 构件截面小，有效空间大

由于钢材的强度高，构件截面小，所占空间也就小。以相同受力条件的简支梁为例，混凝土梁的高度通常是跨度的1/10～1/8，而钢梁约是1/16～1/12，如果钢梁有足够的侧向支撑，甚至可以达到1/20，有效增加了房屋的层间净高。在梁高相同的条件下，钢结构的开间可以比混凝土结构的开间大50%，能更好地满足建筑上大开间、灵活分割的要求。另外，多层民用建筑的管道很多，如果采用钢结构，可在梁腹板上开洞以穿越管道，如果采用混凝土结构，则不宜开洞，管道一般从梁下通过，从而占用一定的空间。因此在楼层净高相同的条件下，钢结构的楼层高度要比混凝土的小，可以减小墙体的厚度，并节约室内空间所需的能源，减小房屋维护和使用费用。

柱的截面也类似，在多、高层建筑中，钢柱截面面积占建筑面积的3%～5%，而混凝土柱的截面面积占建筑面积的6%～9%。两者相比，钢结构可以增加室内有效使用面积2%～6%。由于梁柱截面小，避免了“粗柱笨梁”的现象，室内视觉开阔，美观方便。

3. 材料均匀，塑性、韧性好，抗震性能优越

由于钢材组织均匀，接近各向同性，钢结构的实际工作性能比较符合目前采用的理论计算模型，因此可靠性高。同时，因钢材塑性、韧性好，一般不会因超载而发生突然断裂，适于承受动力荷载和冲击荷载，抗震性能非常优越。

4. 制造简单，施工周期短

钢结构所用的材料单纯，且多是成品或半成品材料，加工比较简单，并能够使用机械操作，易于定型化、标准化，工业化生产程度高。因此，钢构件一般在专业化的金属结构加工厂制作而成，精度高，质量稳定，劳动强度低。

构件在工地拼装时，多采用简单方便的焊接或螺栓连接，钢构件与其他材料构件的连接也比较方便。有时钢构件还可以在地面拼装成较大的单元后再进行吊装，以降低高空作业量，缩短施工工期。一般情况下，多、高层钢结构平均 4 天一层，而混凝土结构平均 6 天一层，即钢结构的施工速度是混凝土结构的 1.5 倍。

5. 节能、环保

与传统的砌体结构和混凝土结构相比，钢结构属于绿色建筑结构体系。钢结构房屋的墙体多采用新型轻质复合墙板或轻质砌块，如高性能的 NALC 板；楼面多采用复合楼板，如压型钢板—混凝土组合板、轻钢龙骨楼盖等，符合建筑节能和环保的要求，可达到节能 50% 的目标，极大地节约了能源。

钢结构的施工方式为干式施工，可避免混凝土湿式施工所造成的环境污染。钢结构材料还可利用夜间交通流畅期间运送，不影响城市闹市区建筑物周围的日间交通，噪声也小。另外，对于已建成的钢结构也比较容易进行改建和加固，用螺栓连接的钢结构还可以根据需要进行拆迁，有利于环境保护。

5.1.2　轻型钢结构住宅的特点

采用轻型钢结构建造住宅，是一种成熟的结构形式，它造型多变，结构轻巧，利于环境保护。钢结构是可再生的材料，它已广泛用于住宅产业。

这里介绍的轻型钢结构住宅，它的承重结构是冷弯轻型钢，外墙是轻型墙板，从外观上看又是传统的住宅造型。轻型钢结构住宅实例如图 5-1 所示。

图 5-1　轻型钢结构住宅实例

轻型钢结构住宅是低层建筑，它与传统的钢结构有所不同，一是承重结构是冷弯轻型钢，二是连接方式以螺栓、铆钉连接为主，外墙与屋面材料是传统的轻墙结构与瓦屋面。地面也是块体材料加木地板或地面材料，使之在感观上与传统建筑没有什么区别。

轻型钢结构住宅是一种很好的环保建筑形式。冷轧轻钢住宅骨架示意图如图 5-2 所示。

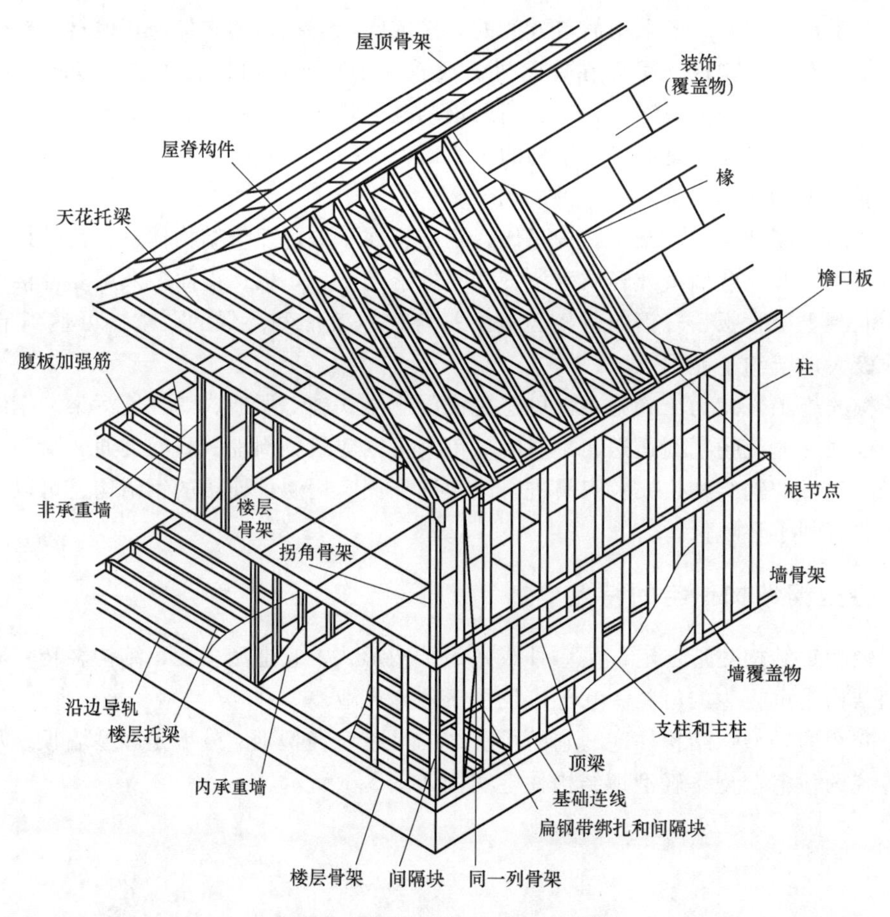

图 5-2　冷轧轻钢住宅骨架示意图

5.2　多层钢结构构造

5.2.1　外围护墙构造

现代多层民用钢结构建筑外墙面积相当于总建筑面积的 30% ~40%，施工量大，且属于高空作业，故难度大，建筑速度缓慢；同时出于美观要求、耐久性要求和减轻建筑物自重等因素的考虑，外围护墙已采取了标准化、定型化、预制装配、多种材料复合等构造方式。

1. 轻质混凝土板材悬挂墙

目前装配式轻质混凝土墙板可分为两大体系：一类为基本是单一材料制成的墙板，如高性能的 NALC 板，即配筋加气混凝土板，该板具有良好的承载、保温、防水、耐火、易加工等综合性能；另一类为复合夹芯墙板，该板内外侧为强度较高的板材，中间设置聚苯乙烯或矿棉等芯材。

外围护墙构造如图 5-3 所示。

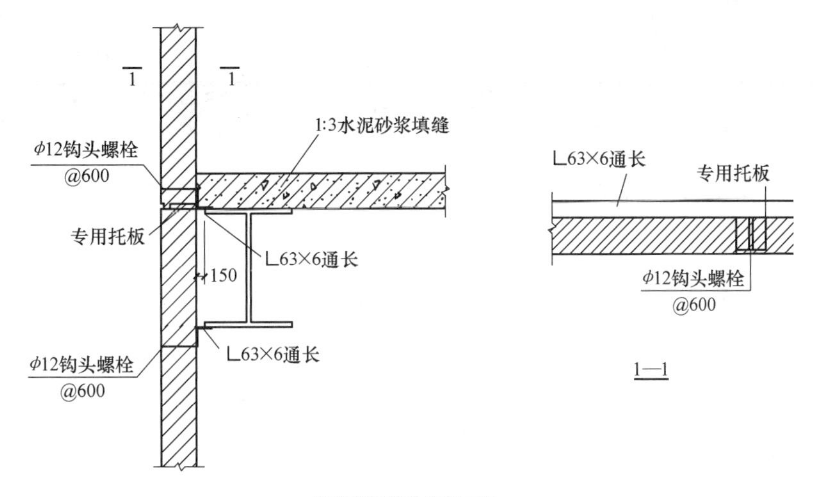

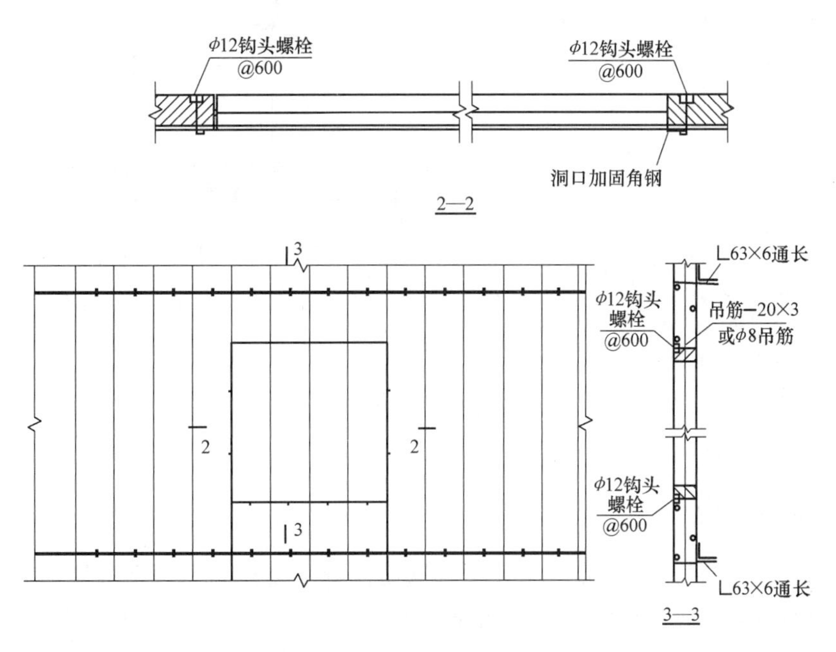

图 5-3　外围护墙构造

2. 玻璃幕墙

玻璃幕墙是当代的一种新型墙体，以其构造方式分为有框和无框两类。主要由玻璃和固定它的骨架系统两部分组成，所用材料概括起来，基本上有幕墙玻璃、骨架材料和填缝材料三种。

玻璃幕墙的饰面玻璃主要有热反射玻璃、吸热玻璃、双层中空玻璃及夹层玻璃、夹丝玻璃、钢化玻璃等品种。

骨架主要由构成骨架的各种型材如角钢、方钢管、槽钢以及紧固件组成。

填缝材料用于幕墙玻璃装配及块与块之间的缝隙处理。

图 5-4 所示为挂架式玻璃幕墙示意图。

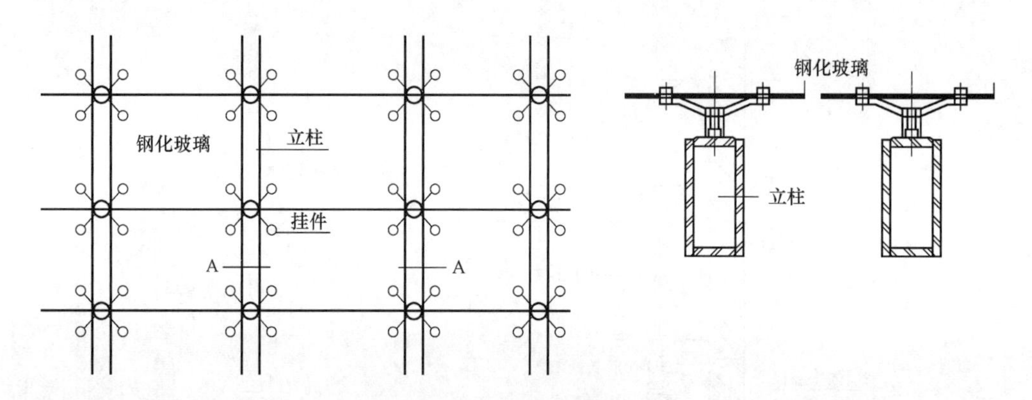

图 5-4 挂架式玻璃幕墙示意图

3. 金属幕墙

金属幕墙按结构体系划分为型钢骨架体系、铝合金型材骨架体系及无骨架金属板幕墙体系等，按材料体系分为铝合金板、不锈钢板、搪瓷或涂层钢、铜等薄板。图 5-5 所示为铝合金蜂窝板节点构造。

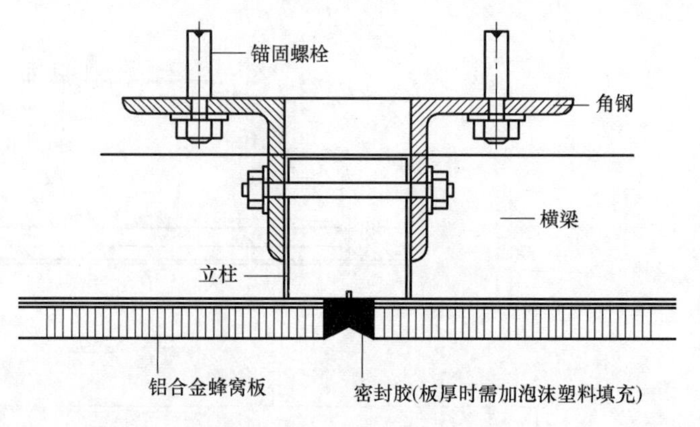

图 5-5 铝合金蜂窝板节点构造

4. 石板材幕墙

石板材幕墙指主要采用天然花岗石作为面料的幕墙，背后为金属支撑架。花岗石色彩丰富，质地均匀，强度及抵抗大气污染等各方面的性能较佳，因此深受欢迎。用于高层的石板幕墙，板厚一般为 30mm，分格不宜过大。

5.2.2 楼板层构造

根据材料的不同，楼板可分为木楼板、钢筋混凝土楼板和压型钢板组合楼板等几种类型。木楼板构造简单，自重轻，保温性能好，但耐火和耐久性差。钢筋混凝土楼板强度高，刚度好，耐久性及防火性好，而且便于工业化施工，是目前采用最为广泛的一种楼板。压型钢板组合楼板是利用压型钢板作为楼板的受弯构件和底模，上面现浇混凝土而成。这种楼板的强度和刚度较高，而且有利于加快施工进度，是目前大力推广应用的一种新型楼板。下面主要介绍一下压型钢板组合楼板，如图 5-6 所示。

5.2.3 屋顶构造

屋顶的形式与建筑的使用功能、屋顶材料、结构类型以及建筑造型要求等有关。由于这些因素不同，便形成了平屋顶、坡屋顶以及曲面屋顶、折板屋顶等多种形式。

平屋顶通常是指屋面坡度小于 5% 的屋顶，常用坡度 2% ~3%。其主要优点是节约材料，构造简单，扩大建筑空间，屋顶上面可作为固定的活动场所。坡屋顶一般由斜屋面组

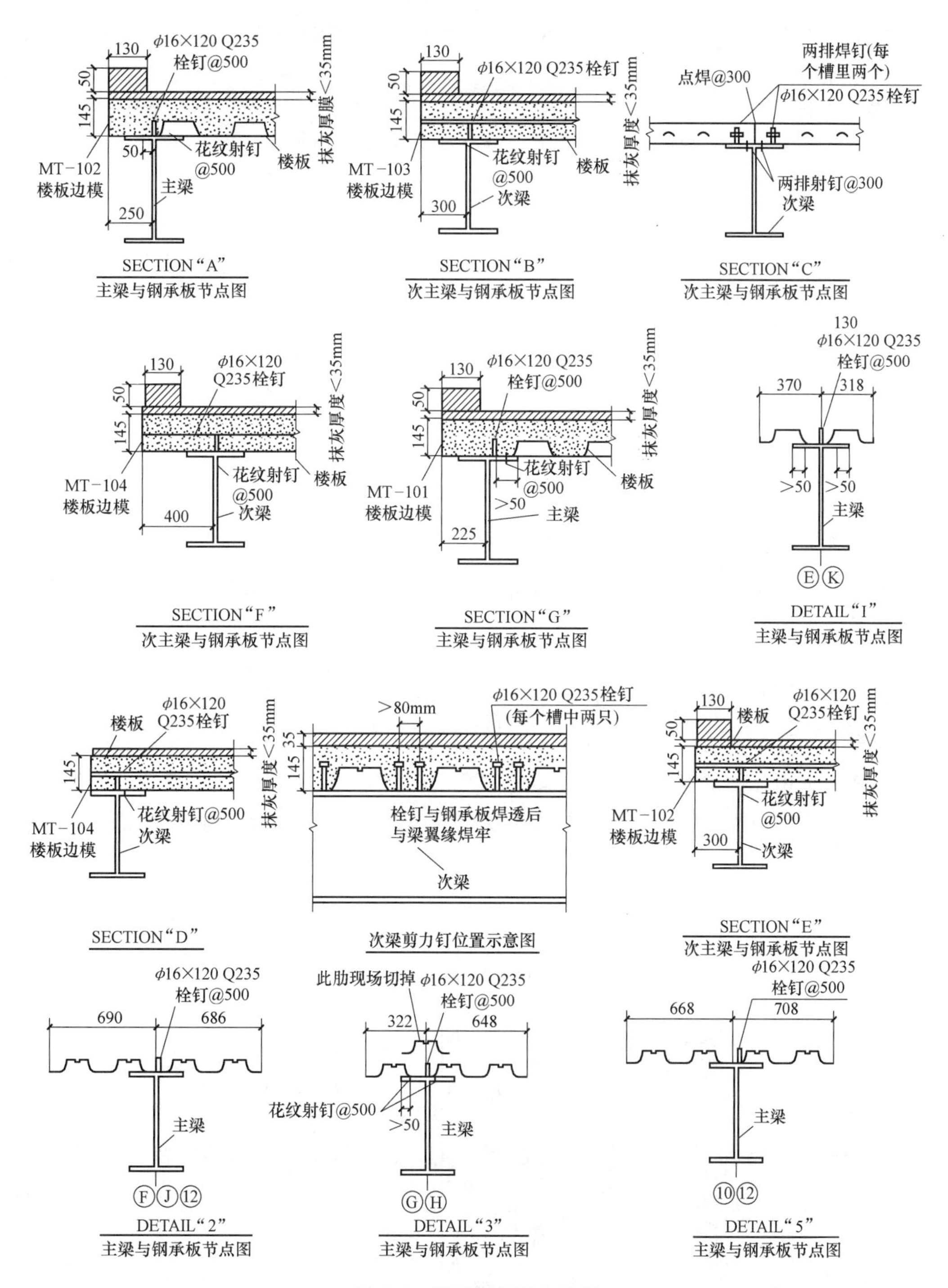

图 5-6　压型钢板组合楼板

成，屋面坡度一般大于 10%，城市建筑中为满足景观或建筑风格的要求也常用坡屋顶。曲面屋顶是由各种薄壳结构、悬索结构以及网架结构等作为屋顶承重结构的屋顶。

为减小承重结构的截面尺寸、节约钢材，除个别有特殊要求者外，首先应采用轻型屋面。轻型屋面的材料宜采用轻质高强，耐火、防火、保温和隔热性能好，构造简单，施工方便，并能工业化生产的建筑材料，如压型钢板、加气混凝土屋面板、夹芯板和各种轻质发泡水泥复合板等。

1. 压型钢板

压型钢板是采用镀锌钢板、冷轧钢板、彩色钢板等作为原料，经冷弯形成各种波形的压型板。具有轻质高强、美观耐用、施工简便、抗震防火等特点。

2. 夹芯板

夹芯板是一种保温和隔热芯材与面板一次成型的双层压型钢板。芯材可采用聚氨酯、聚苯或岩棉。

3. 加气混凝土屋面板

加气混凝土屋面板是一种承重、保温和构造合一的轻质多孔板材，以水泥、矿渣、砂和铝粉为原料，经磨细、配料、浇筑、切割并蒸压养护而成。具有容重轻，保温效能高、吸声好等优点。

4. 发泡水泥复合板

发泡水泥复合板是承重、保温、隔热为一体的轻质复合板，是一种由钢或混凝土边框、钢筋桁架、发泡水泥芯材、玻纤网增强的上下水泥面层复合而成的建筑板材，可应用于屋面板、楼板和墙板中。

5.2.4　楼梯构造

楼梯有钢筋混凝土楼梯和钢楼梯。下面着重介绍钢楼梯。

钢楼梯多采用各种型钢及板材组合而成，可在现场制作，也可在工厂将各组成部件加工好再到现场组装。钢楼梯所用的材料材质主要有普通碳素钢及不锈钢、铜等金属材料。楼梯剖面图如图5-7所示。

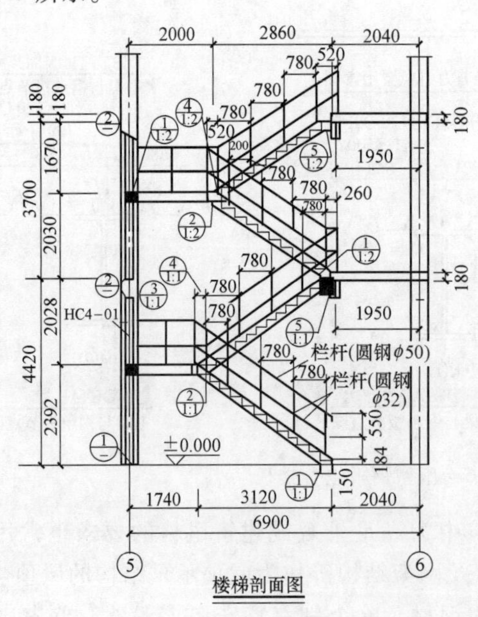

设计说明：
1.所有构件均采用Q235钢材，除注明外均为焊接连接。
2.焊条采用E43××，焊缝长度不小于6cm。
3.焊缝厚度除注明外均与焊件厚度相同。

图5-7　楼梯剖面图

5.2.5　梁柱连接节点

1. 工字形梁和工字形柱连接（图 5-8）

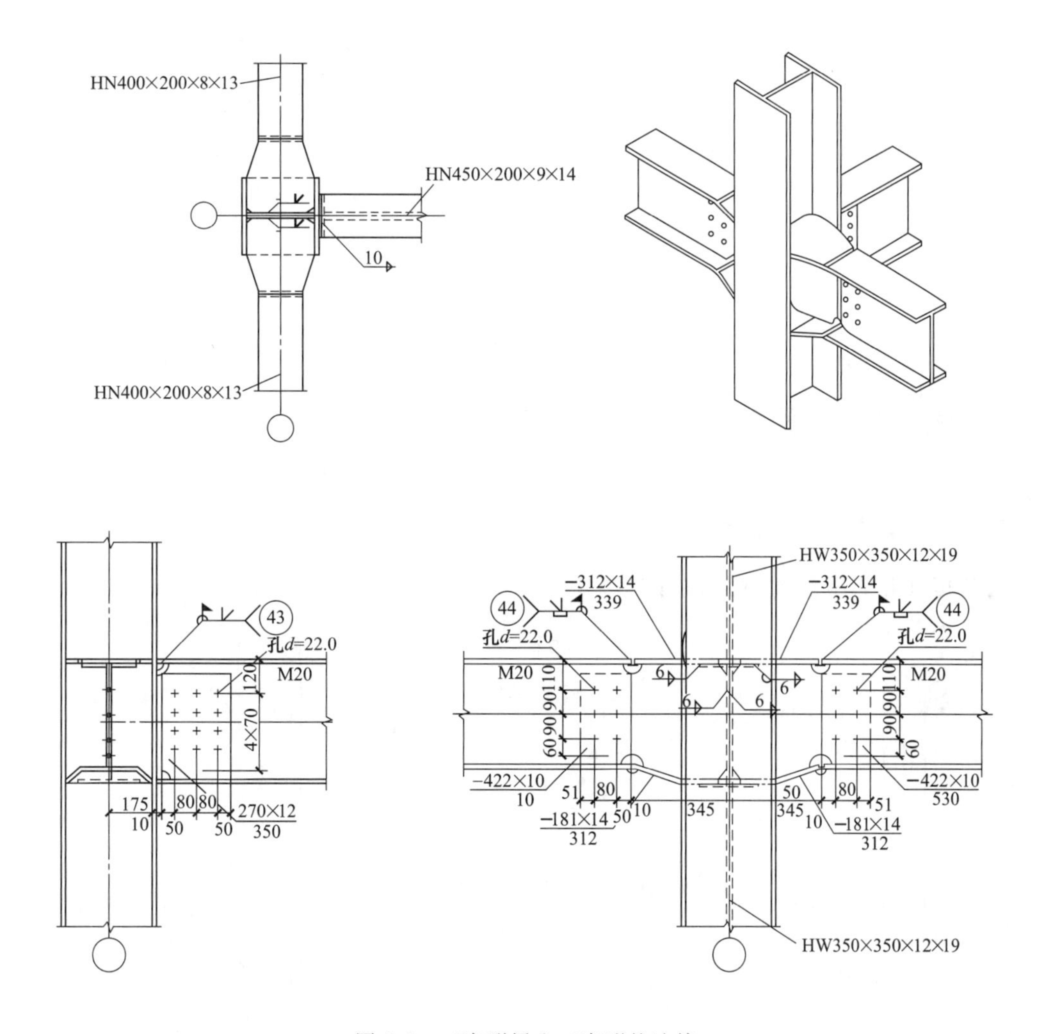

图 5-8　工字形梁和工字形柱连接

2. 工字形梁和箱形柱连接（图 5-9）

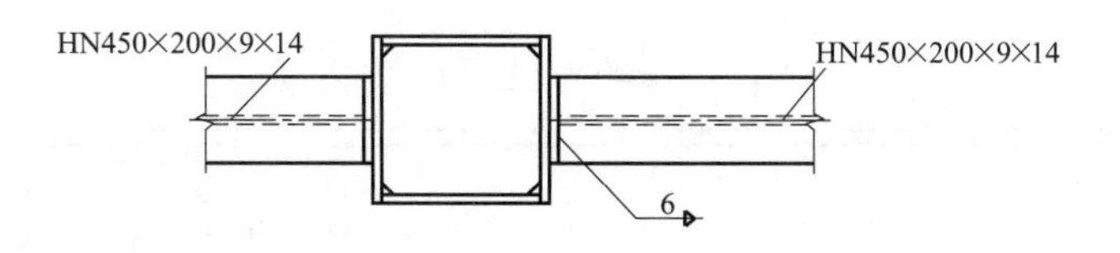

图 5-9　工字形梁和箱形柱连接

3. 工字形梁和圆管柱连接（图 5-10）

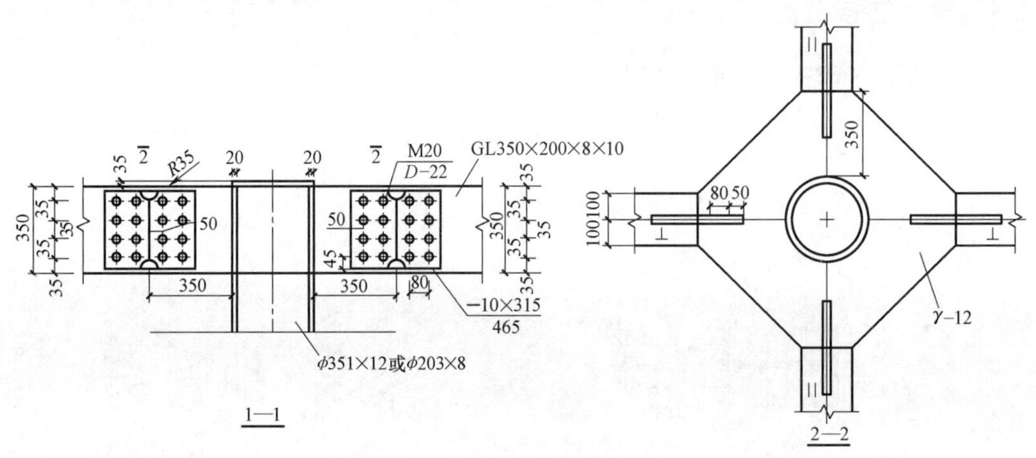

图 5-10　工字形梁和圆管柱连接

5.3　轻型钢结构住宅施工图的识读

5.3.1　轻型钢结构住宅施工图

1. 腹板孔和腹板空加固图（图 5-11）

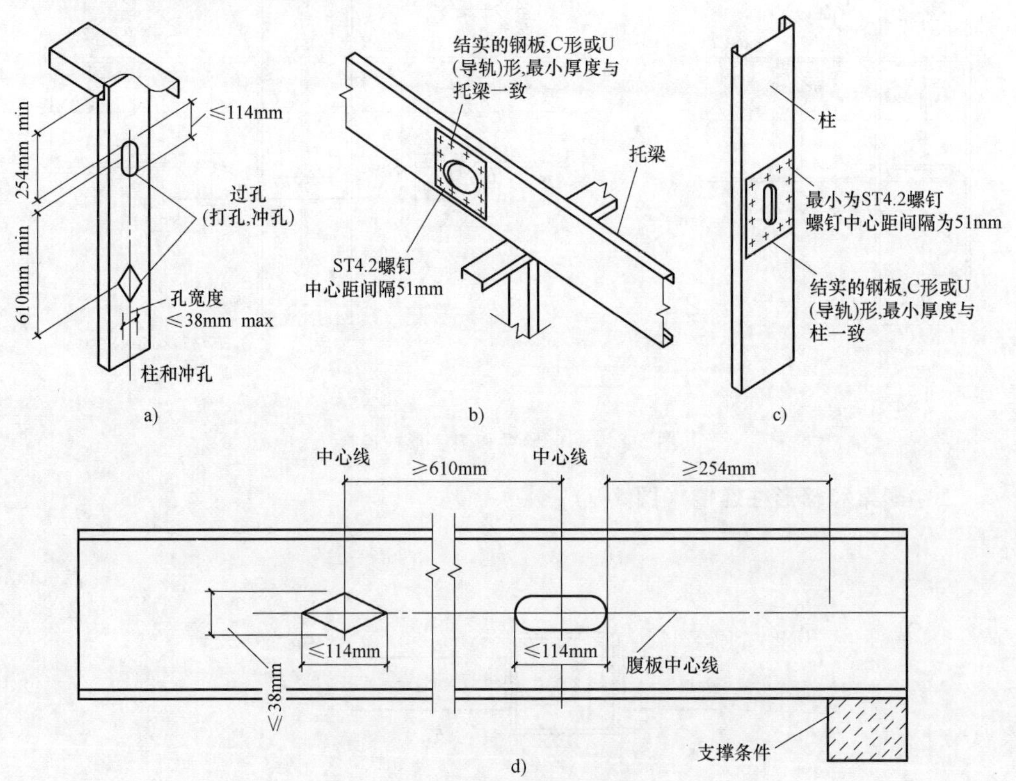

图 5-11　腹板孔和腹板空加固图

a）柱和其他构件腹板上的非加强孔　b）托梁腹板孔加固　c）柱腹板孔的加固　d）楼层和天花托梁非加强腹板孔

2. 轻钢骨架楼层建造（图 5-12）

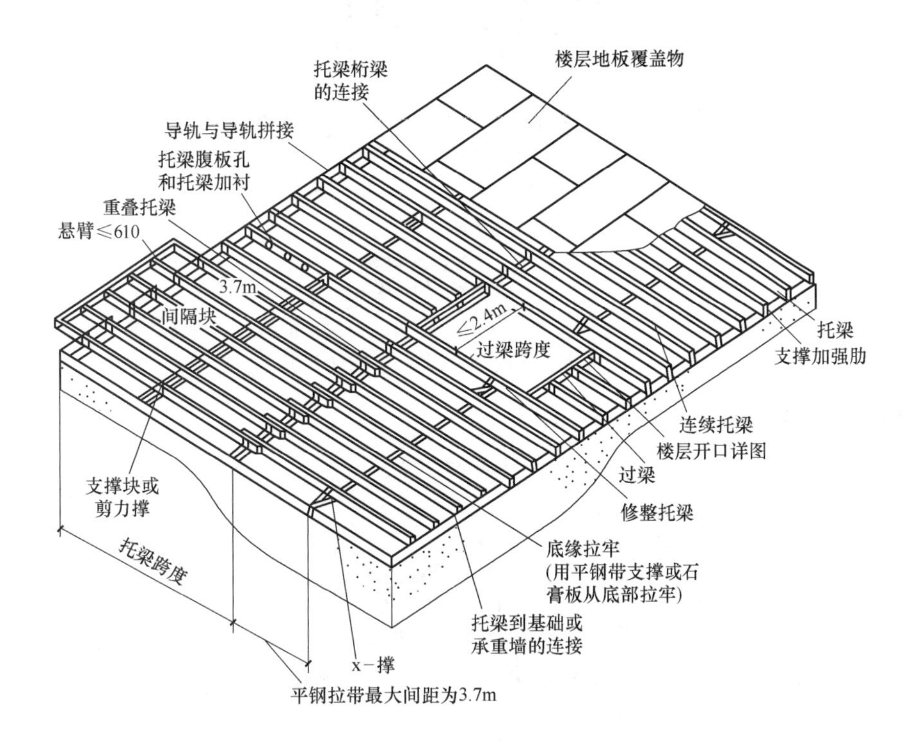

图 5-12　轻钢骨架楼层建造

3. 钢与钢连接（图 5-13）

4. 楼板到基础的连接（图 5-14 ~ 图 5-15）

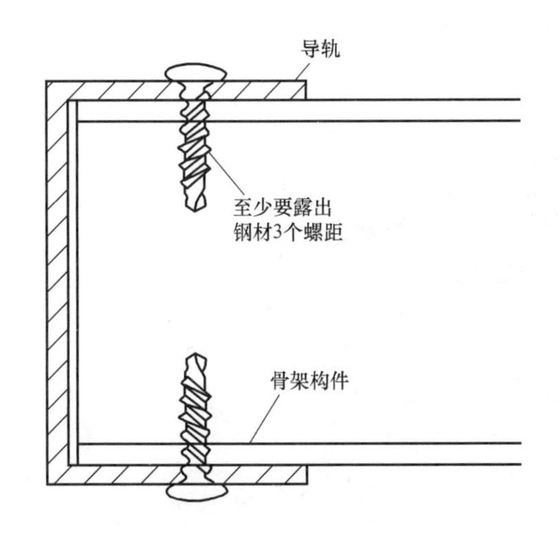

图 5-13　钢与钢连接

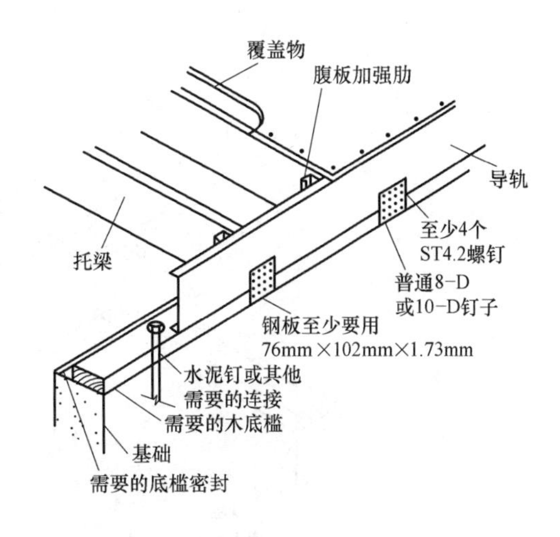

图 5-14　楼板到木基础的连接（一）

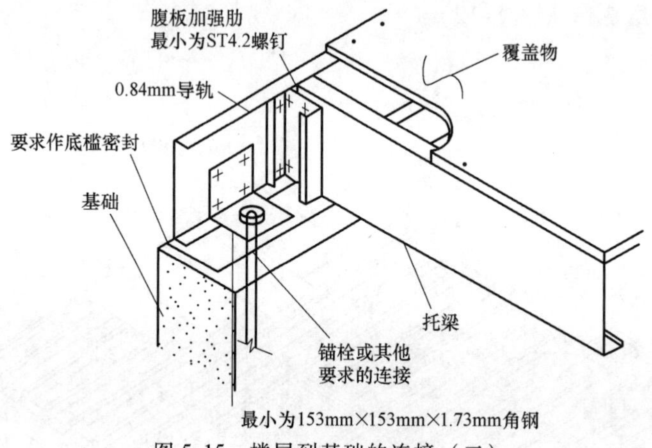

图 5-15　楼层到基础的连接（二）

5. 楼板的连接（图 5-16 ~ 图 5-20）

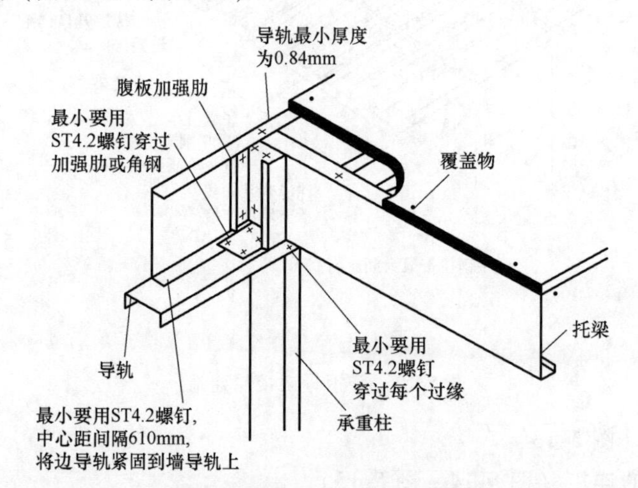

图 5-16　楼板与外承重墙的连接

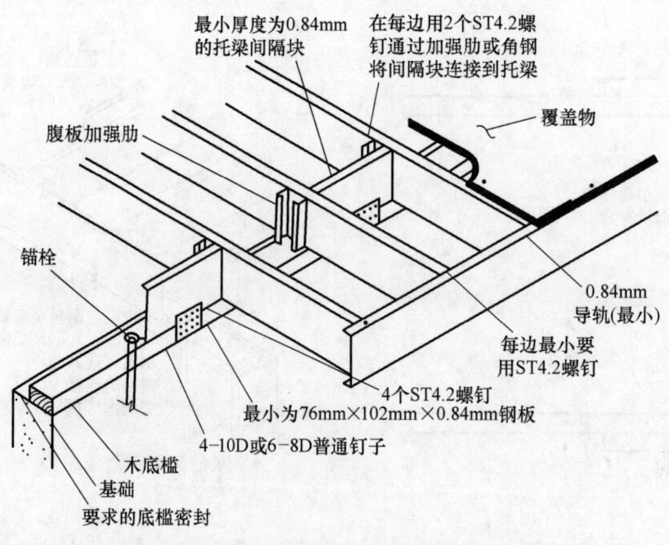

图 5-17　悬臂楼板与木基础的连接

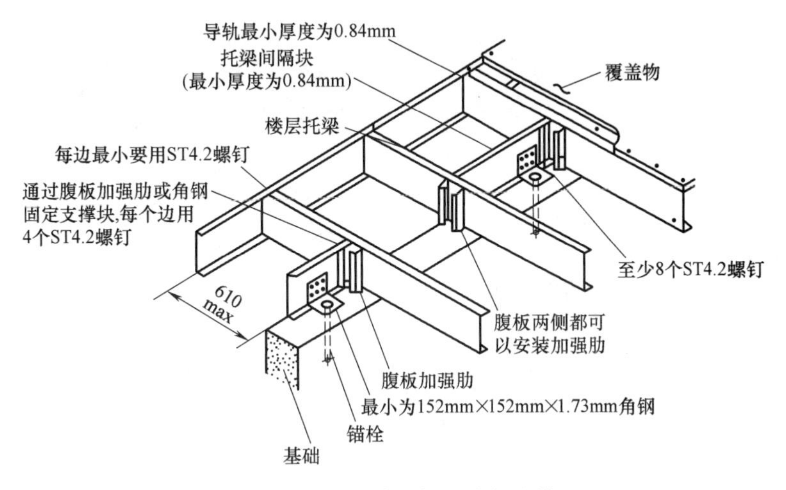

图 5-18　悬臂楼板与基础的连接

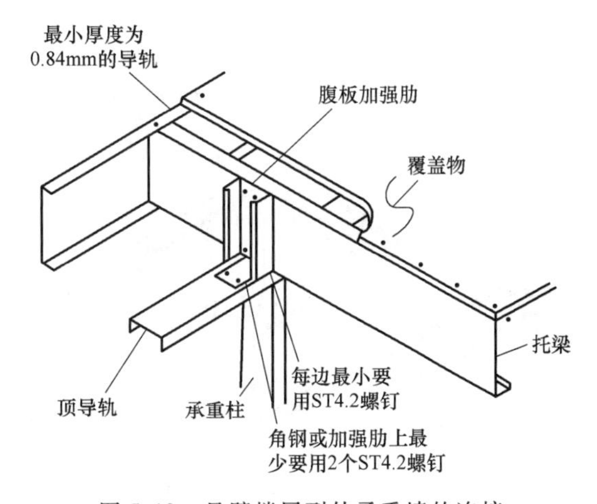

图 5-19　悬臂楼层到外承重墙的连接

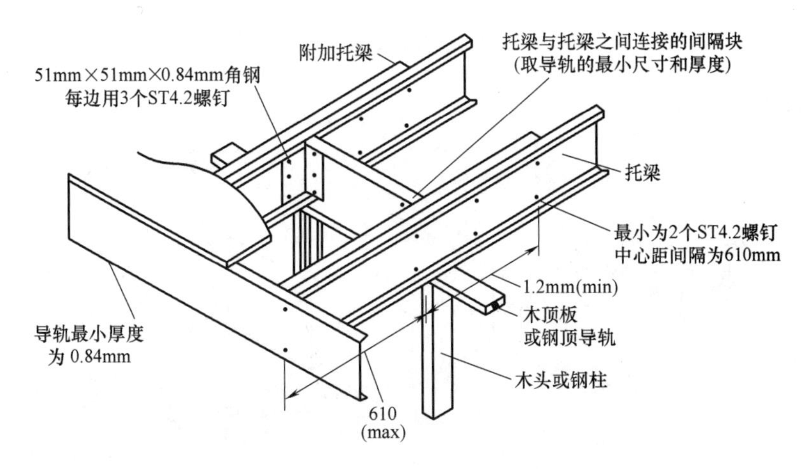

图 5-20　第一层悬臂连接详图

6. 覆盖物安装详图（图 5-21）

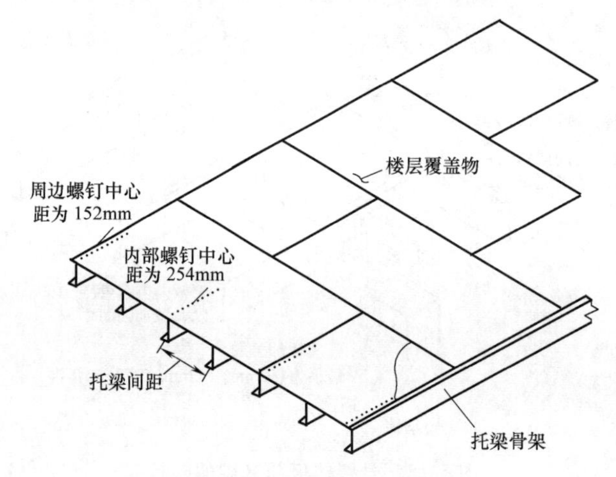

图 5-21　覆盖物安装详图

7. 楼层钢拉带详图（图 5-22）

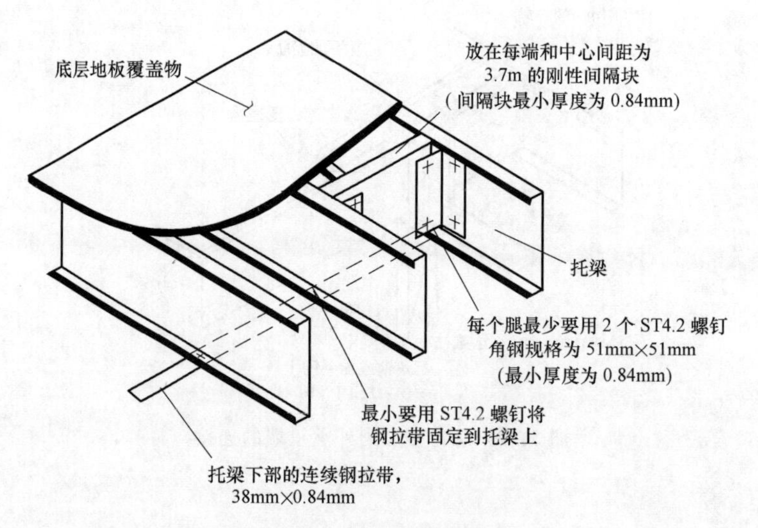

图 5-22　楼层钢拉带详图

8. 间隔块详图（图 5-23）

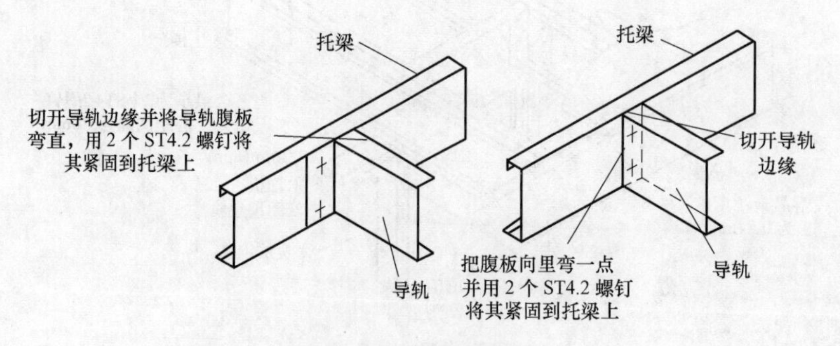

图 5-23　间隔块详图

9. 支撑在内承重墙上的连续跨托梁（图 5-24）

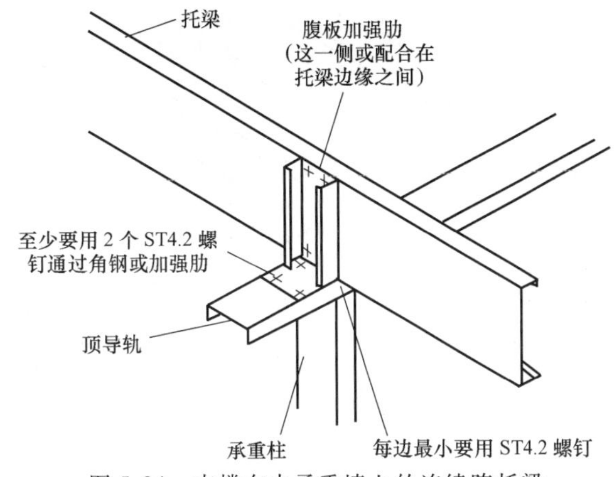

图 5-24 支撑在内承重墙上的连续跨托梁

10. 支撑在内承重墙上的圈梁（图 5-25）

11. 支撑详图（图 5-26 和图 5-27）

12. 导轨对接接头详图（图 5-28）

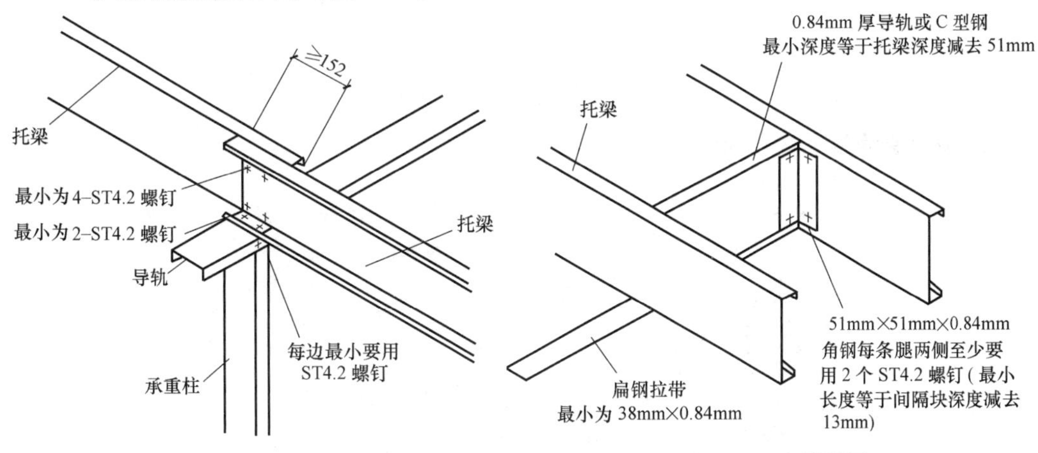

图 5-25 支撑在内承重墙上的圈梁

图 5-26 支撑详图

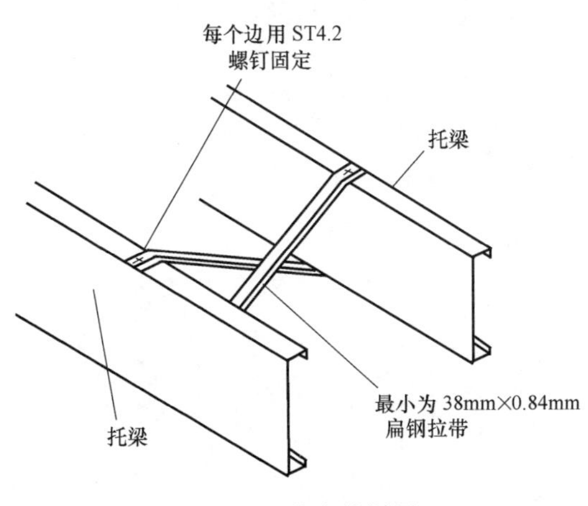

图 5-27 剪力撑详图

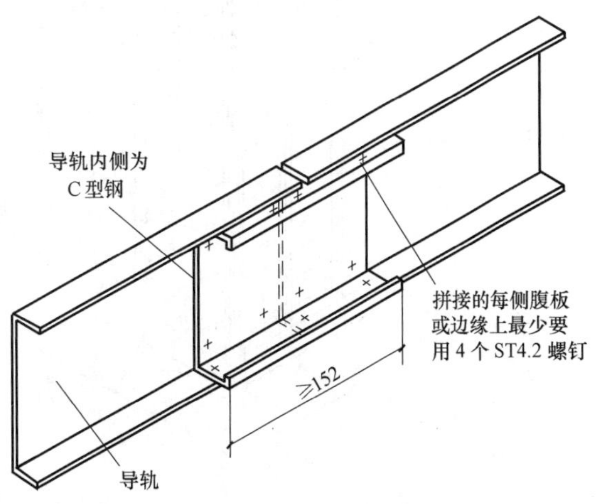

图 5-28 导轨对接接头详图

13. 楼层开口详图（图 5-29）

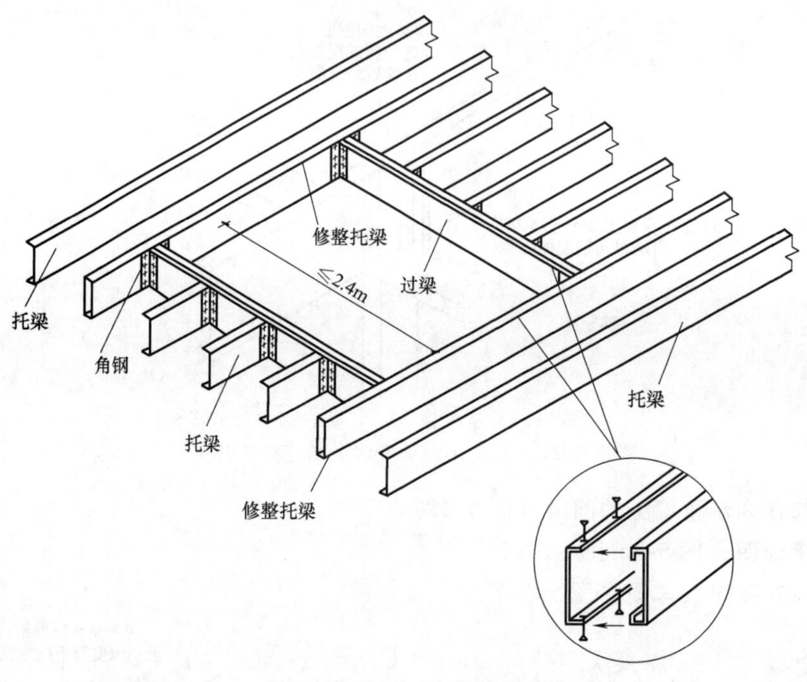

图 5-29　楼层开口详图

14. 轻钢墙骨架（图 5-30）

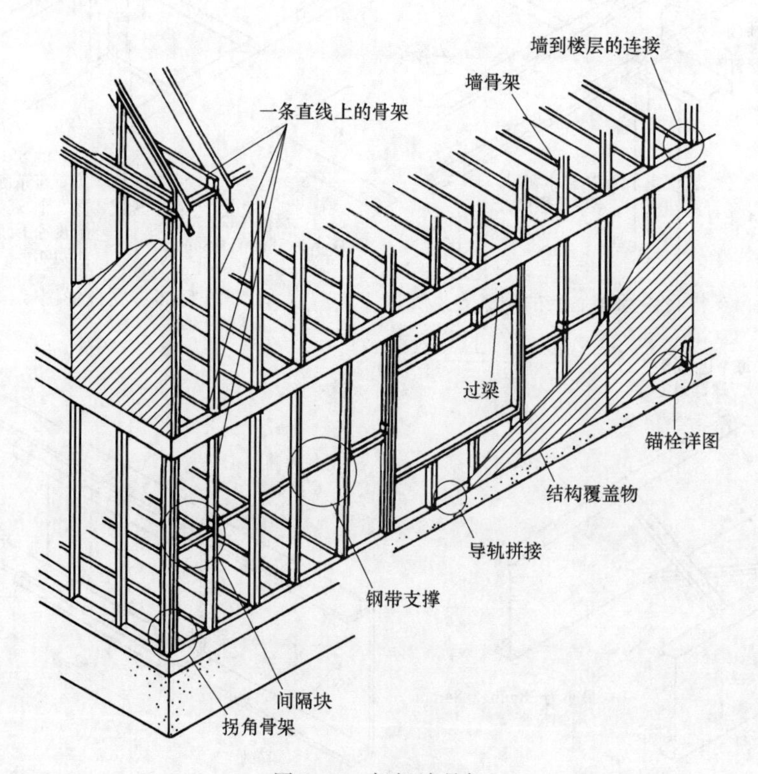

图 5-30　轻钢墙骨架

15. 楼层过梁和翼缘连接详图（图 5-31）

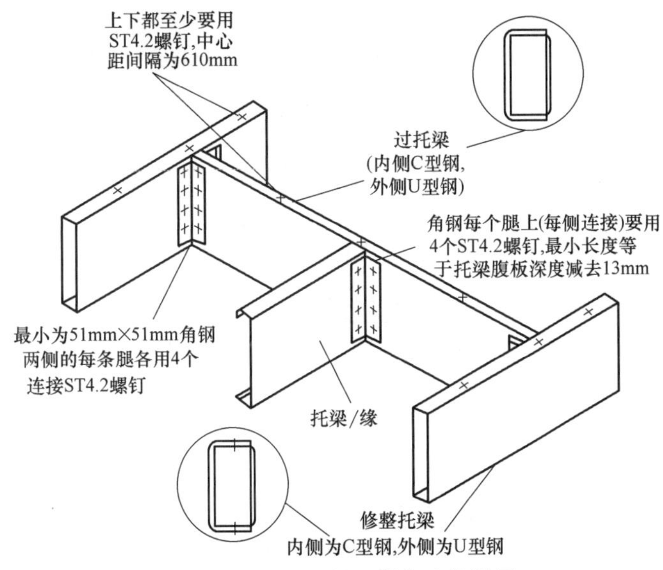

图 5-31　楼层过梁和翼缘连接详图

16. 承重墙详图（图 5-32）

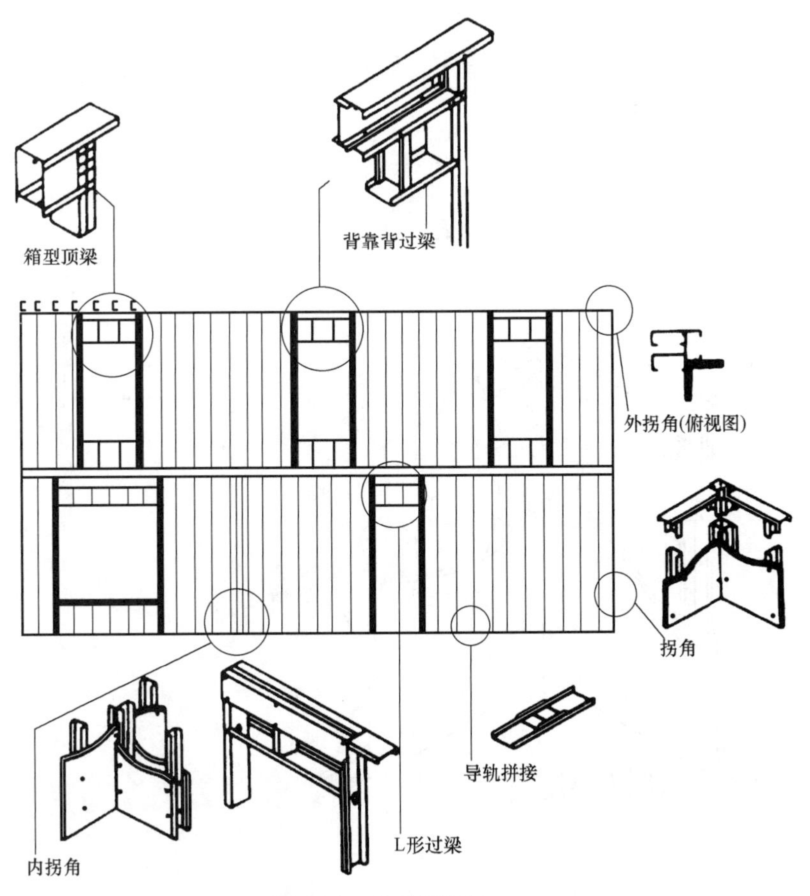

图 5-32　承重墙详图

17. 墙与基础的连接（图 5-33）

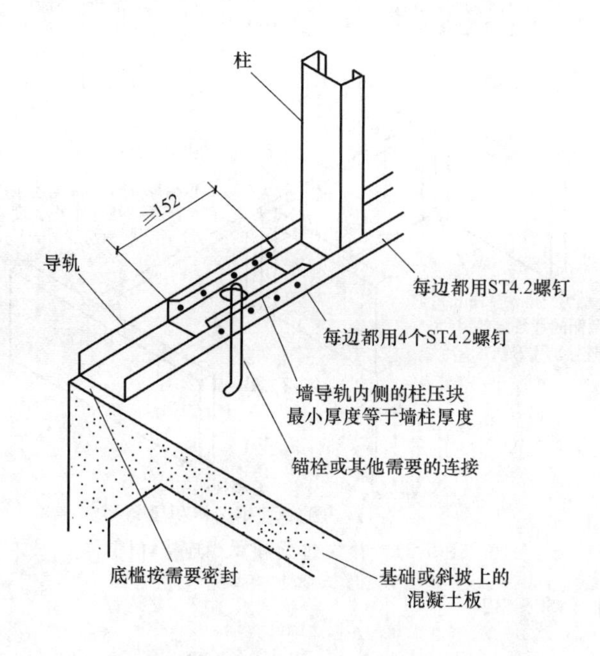

图 5-33　墙与基础的连接

18. 拐角骨架（图 5-34）

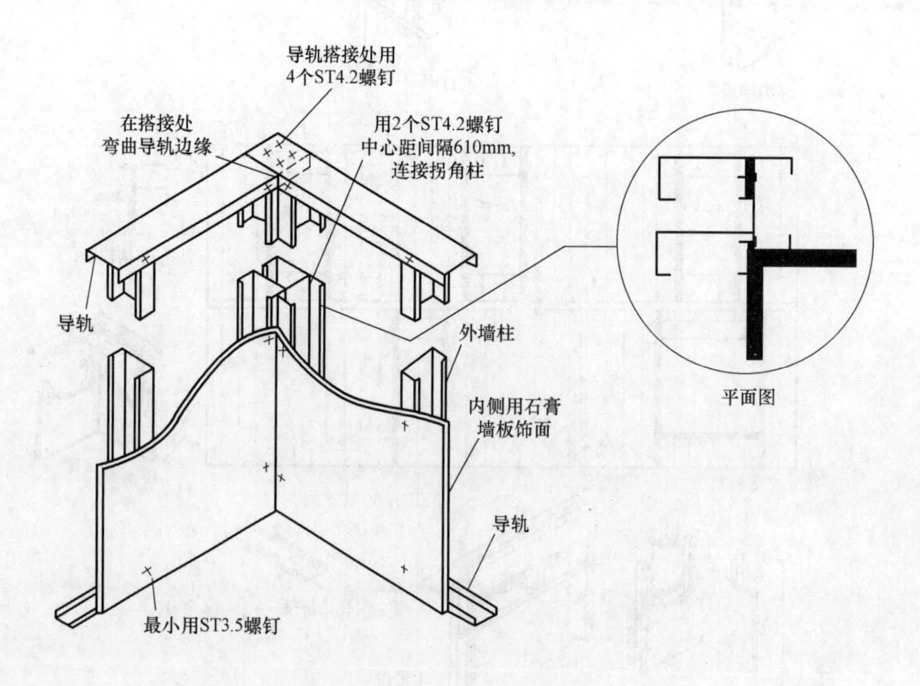

图 5-34　拐角骨架

19. 箱梁过梁详图（图5-35）

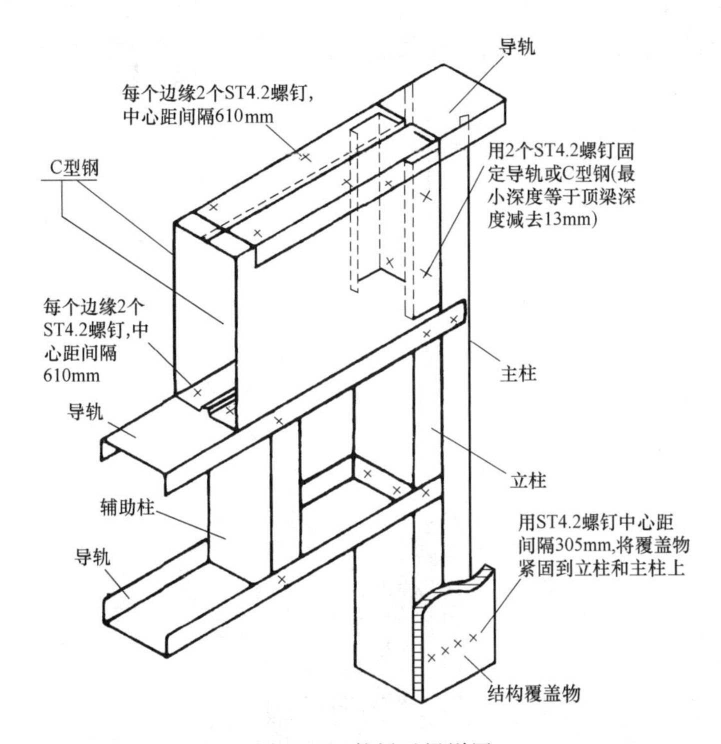

图5-35　箱梁过梁详图

20. 背靠背过梁、L形过梁详图（图5-36～图5-38）

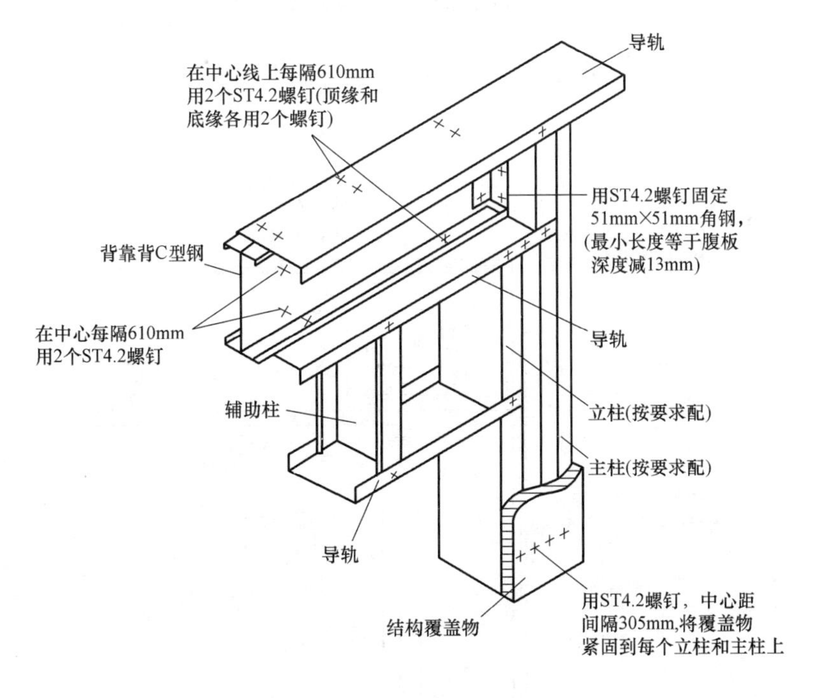

图5-36　背靠背过梁详图

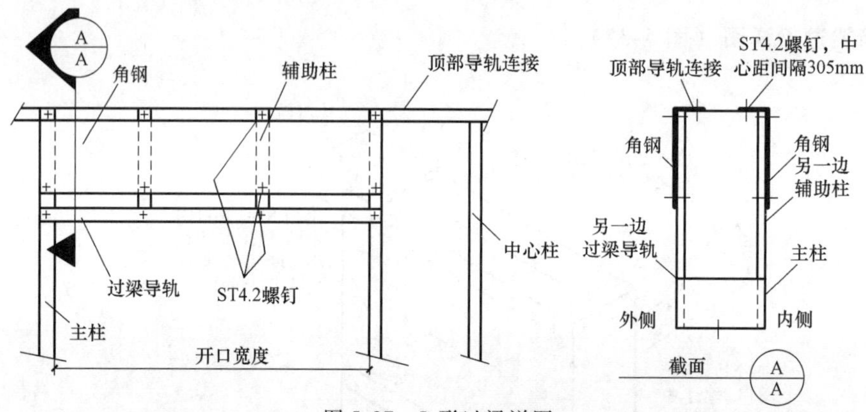

图 5-37 L 形过梁详图

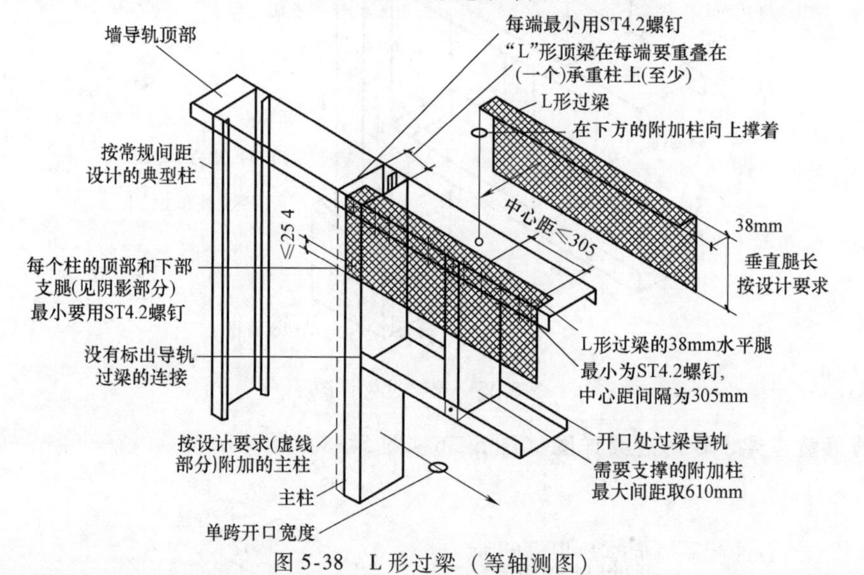

图 5-38 L 形过梁（等轴测图）

21. 拐角柱结构（图 5-39）

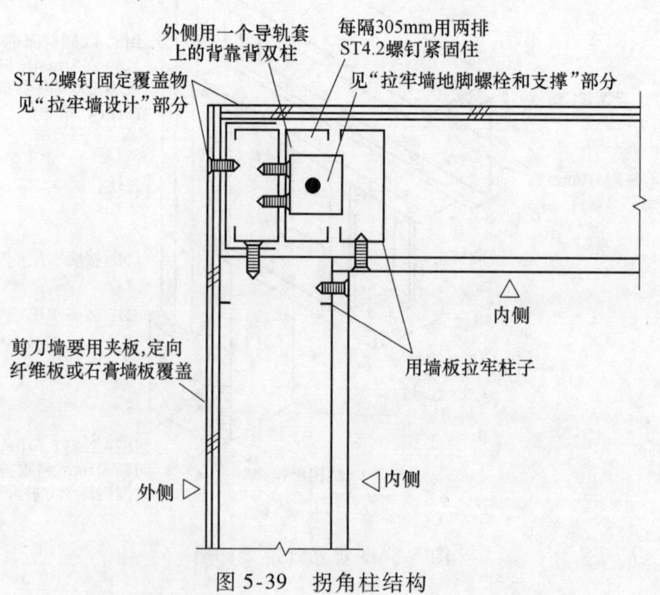

图 5-39 拐角柱结构

22. 结构覆盖物紧固示意图（图 5-40）

23. 骨架详图（图 5-41 ~ 图 5-43）

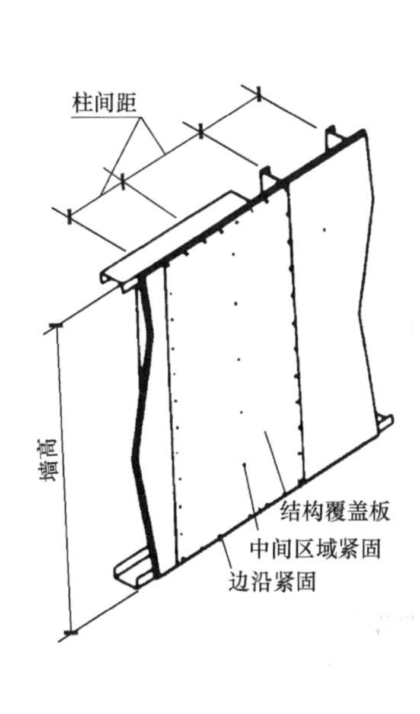

图 5-40　结构覆盖物紧固示意图

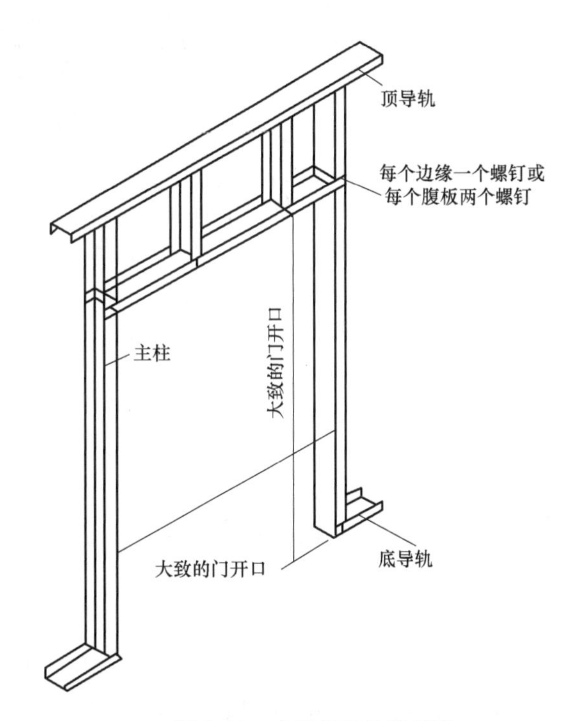

图 5-41　典型的门骨架详图

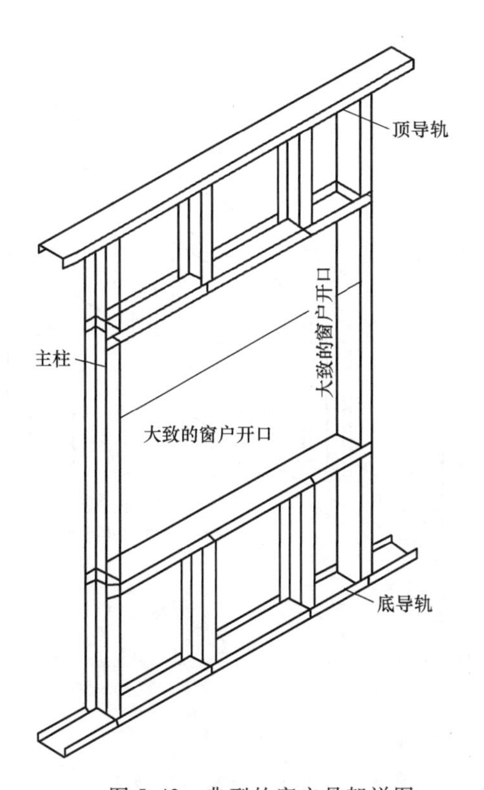

图 5-42　典型的窗户骨架详图

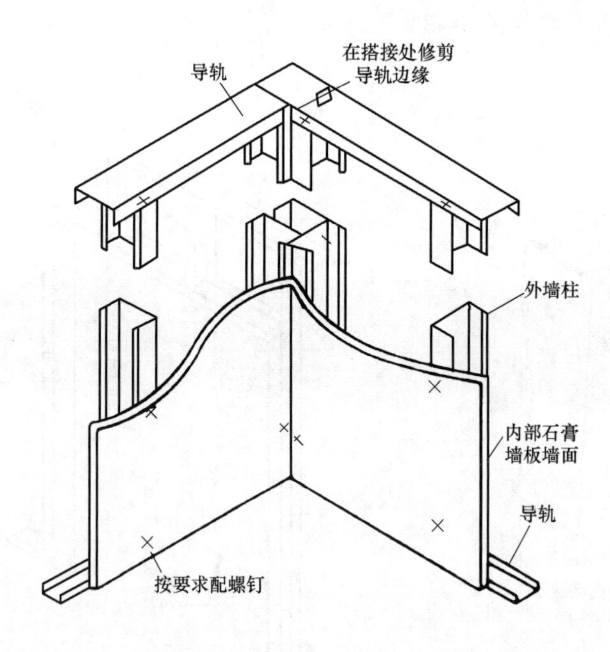

图 5-43　典型的拐角骨架详图

24. 非承重支撑过梁详图（图 5-44）

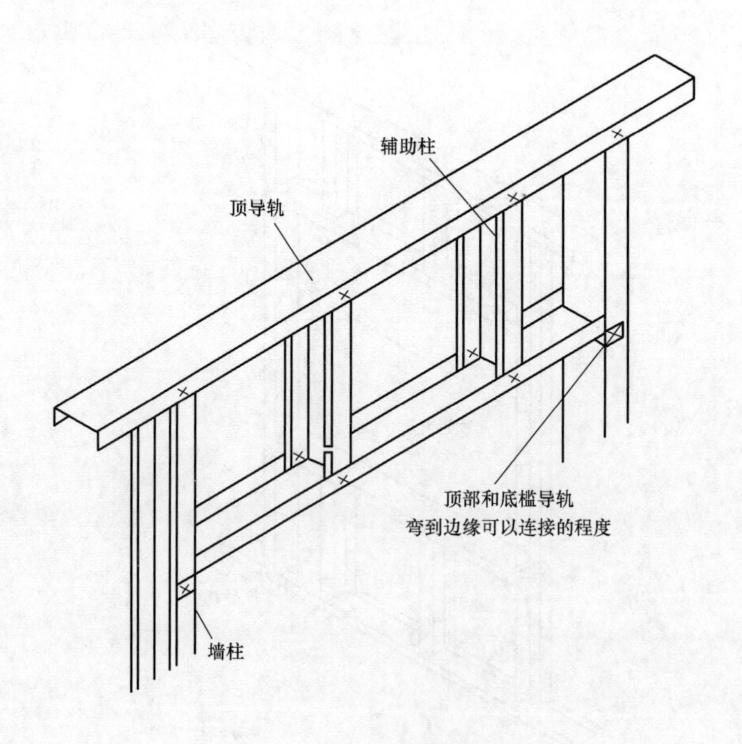

图 5-44　非承重支撑过梁详图

25. T形柱详图（图5-45）

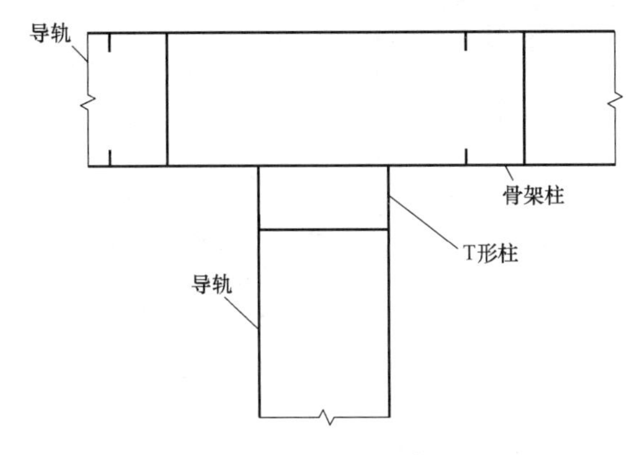

图5-45　T型柱详图

26. 典型的内部非承重墙详图（图5-46）

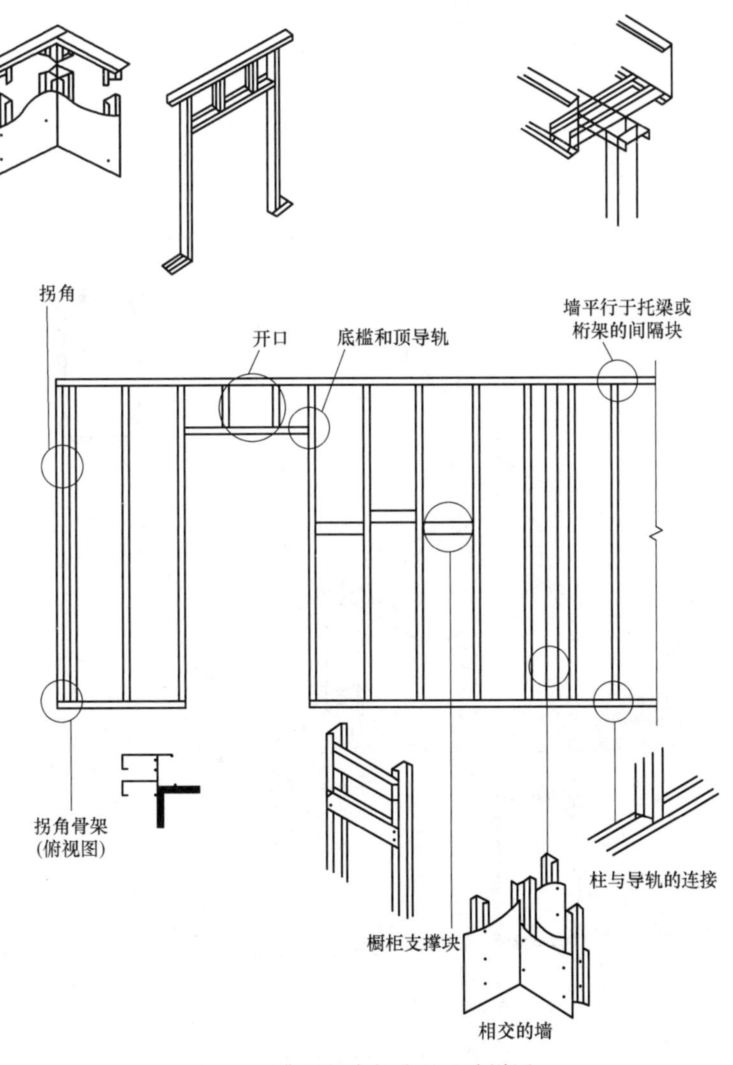

图5-46　典型的内部非承重墙详图

27. 屋顶或天花开口（图 5-47）

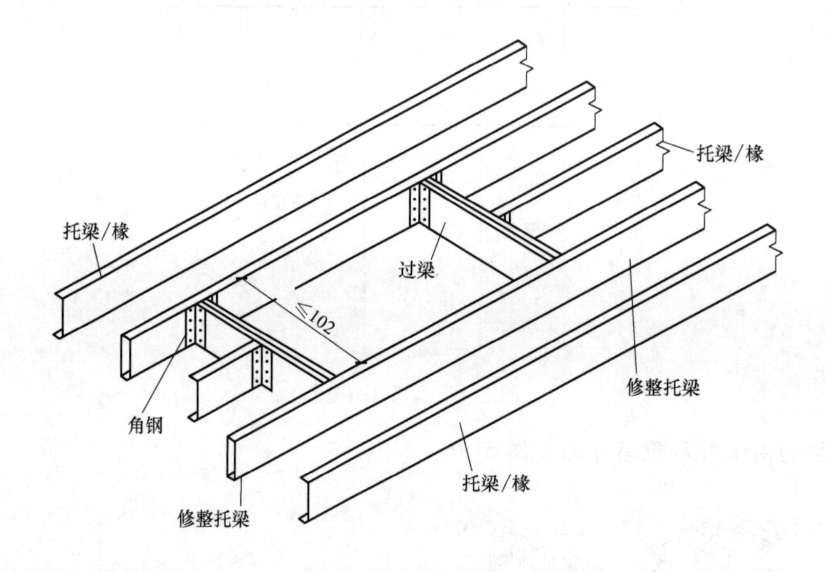

图 5-47　屋顶或天花开口

28. 过梁到托梁详图（图 5-48）

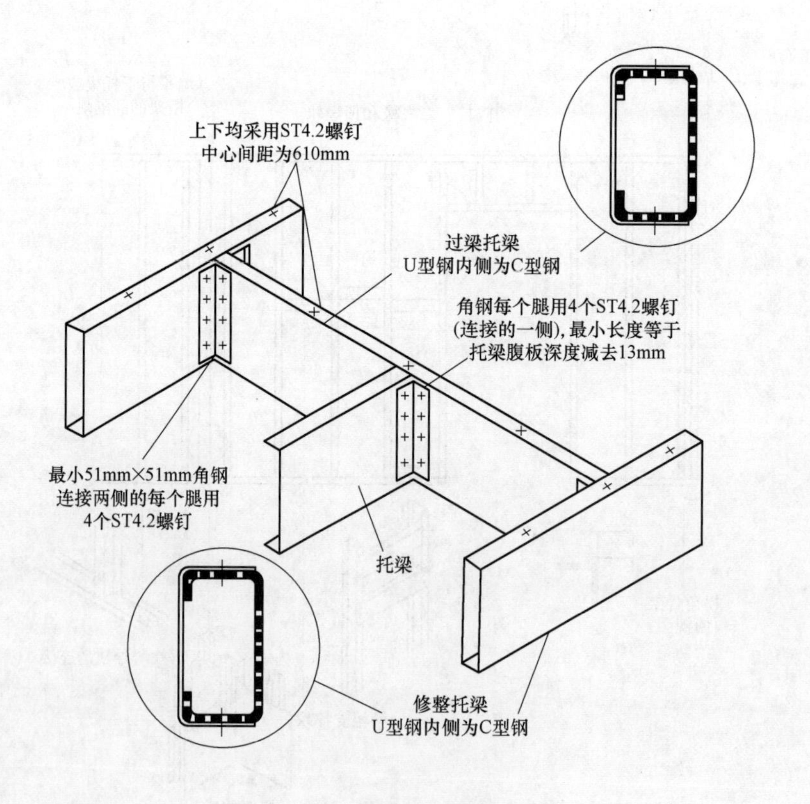

图 5-48　过梁到托梁详图

29. 钢屋顶构造（图 5-49）

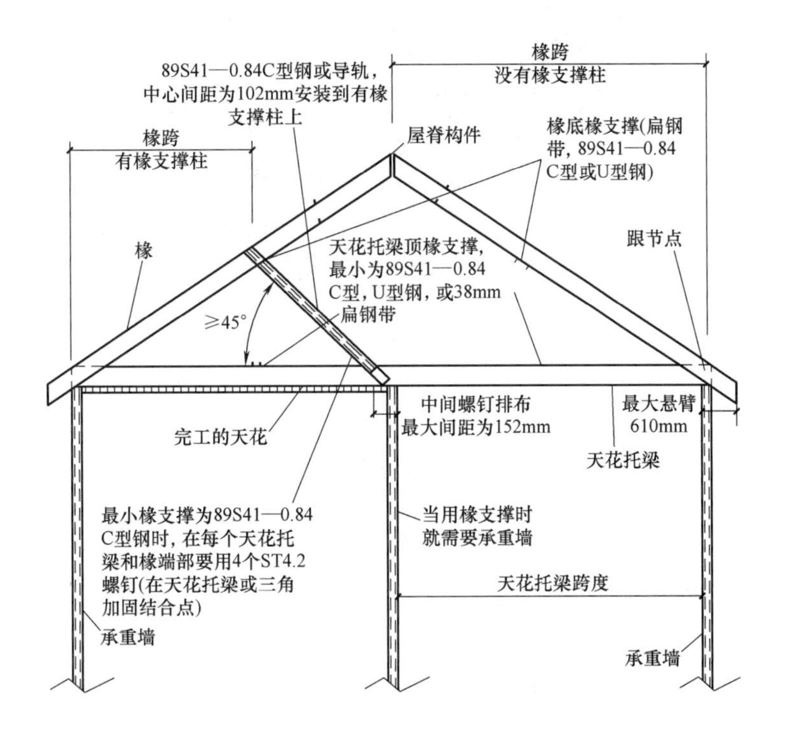

图 5-49　钢屋顶构造

30. 屋脊部分连接（图 5-50）

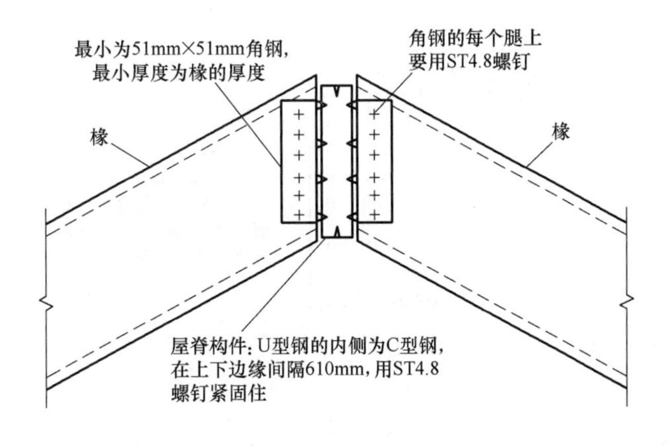

图 5-50　屋脊部分连接

31. 加固天花托梁（图 5-51）

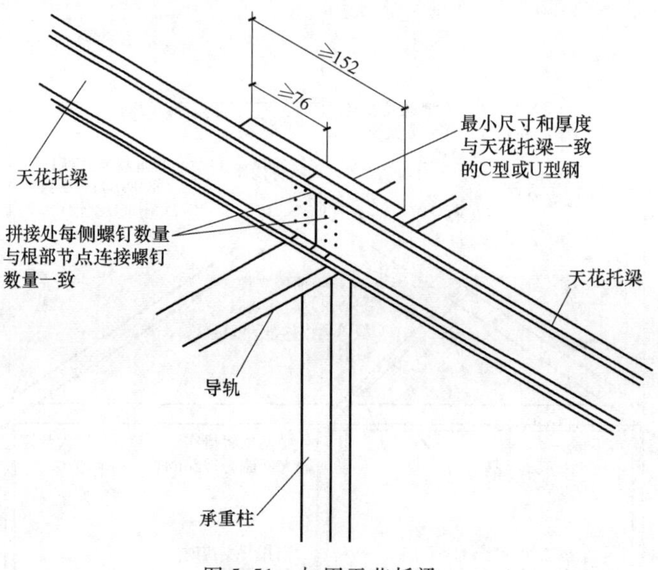

图 5-51　加固天花托梁

32. 根部节点连接（图 5-52）

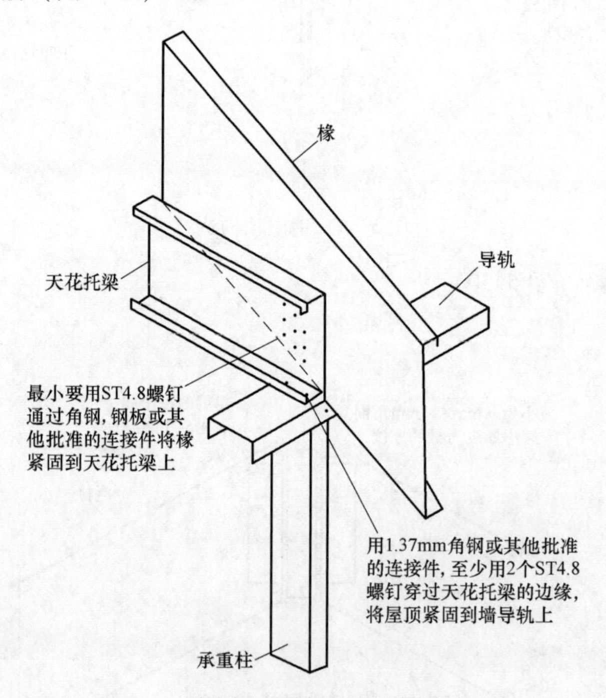

图 5-52　根部节点连接

第 6 章　压型钢板和保温夹芯板施工图的识读

6.1　压型钢板和保温夹芯板的特点

采用彩色压型钢板或保温夹芯板做建筑的维护结构屋面与墙面，是钢结构工业厂房与民用建筑的常用做法，它具有施工简便、施工周期较短、经济实用的特点，屋面与墙面的承重结构是轻钢龙骨组成的檩条体系。

6.1.1　压型钢板

压型钢板是采用镀锌钢板、冷轧钢板、彩色钢板等作为原料，经辊压冷弯成各种波形的压型板，具有轻质高强、美观耐用、施工简便和抗震防火的特点。它的加工和安装已做到标准化、工厂化和装配化。

压型钢板的截面呈波形，从单波到 6 波，板宽 360 ~ 900mm。大波为 2 波，波高 75 ~ 130mm，小波（4 ~ 7 波）波高 14 ~ 38mm，中波波高达 51mm。板厚 0.6 ~ 1.6mm（一般可用 0.6 ~ 1.0mm）。压型钢板的最大允许檩距，可根据支承条件、荷载及芯板厚度，由产品规格中选用。

压型钢板的重量为 0.07 ~ 0.14kN/m^2。分长尺和短尺两种。一般采用长尺，板的纵向可不搭接，适用于平波的梯形屋架和门式刚架。

6.1.2　保温夹芯板

实际上这是一种保温和隔热与面板一次成型的双层压型钢板。由于保温和隔热芯材的存在，芯材的上下均需加设钢板。上层为小波的压型钢板，下层为小肋的平板。芯材可采用聚氨酯、聚苯或岩棉，芯材与上下面板一次成型。也有在上下两层压型钢板间在现场增设玻璃棉保温和隔热层的做法，但这种做法仍属加设保温层的压型钢板系列。

夹芯板的重量为 0.12 ~ 0.25kN/m^2。一般采用长尺，板长不超过 12m，板的纵向可不搭接，也适用于平坡的梯形屋架和门式刚架。

6.2　压型钢板和夹芯板的规格

常用压型钢板版型见表 6-1。

常用夹芯板版型见表 6-2。

表 6-1　常用压型钢板版型

版型	截面形状	钢板厚度/mm	支撑条件
YX51-360（角弛Ⅱ）	适用于：屋面板	0.6	悬臂
			简支
			连续
		0.8	悬臂
			简支
			连续
		1.0	悬臂
			简支
			连续
YX51-380-760（角弛Ⅱ）	适用于：屋面板	0.6	悬臂
			简支
			连续
		0.8	悬臂
			简支
			连续
		1.0	悬臂
			简支
			连续
YX51-300-600（W600）	适用于：屋面板	0.6	悬臂
			简支
			连续
		0.8	悬臂
			简支
			连续
		1.0	悬臂
			简支
			连续
YX114-333-666	适用于：屋面板	0.6	简支
			连续
		0.8	简支
			连续
		1.0	简支
			连续

（续）

版型	截面形状	钢板厚度/mm	支撑条件
YX35-190-760	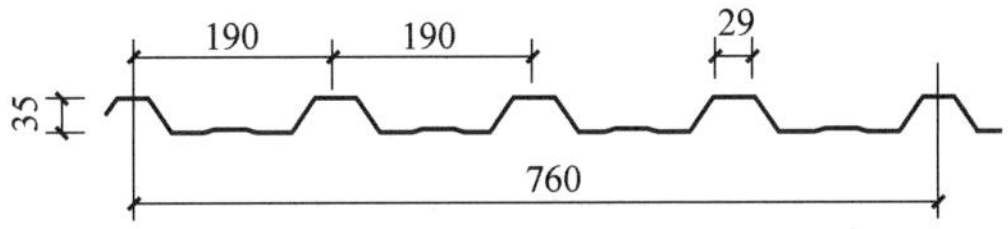 适用于：屋面板	0.6	悬臂
			简支
			连续
		0.8	悬臂
			简支
			连续
		1.0	悬臂
			简支
			连续
YX35-125-750	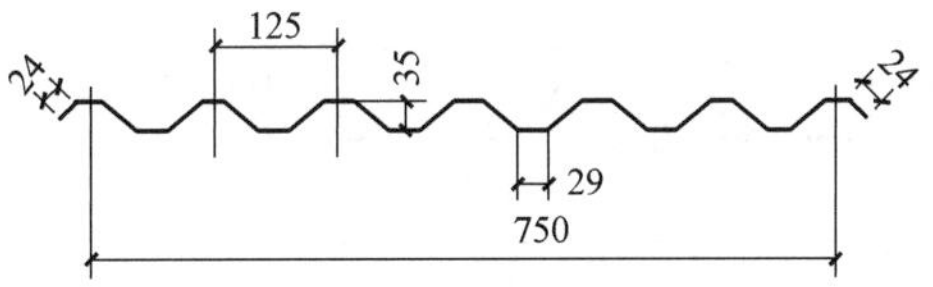 适用于：屋面板(或墙板)	0.6	悬臂
			简支
			连续
		0.8	悬臂
			简支
			连续
		1.0	悬臂
			简支
			连续
YX52-600（U600）	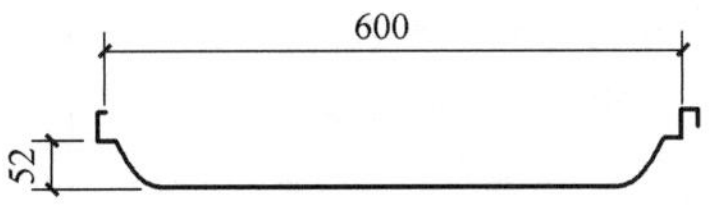 适用于：屋面板	0.5	简支
			连续
		0.6	简支
			连续
YX28-150-750	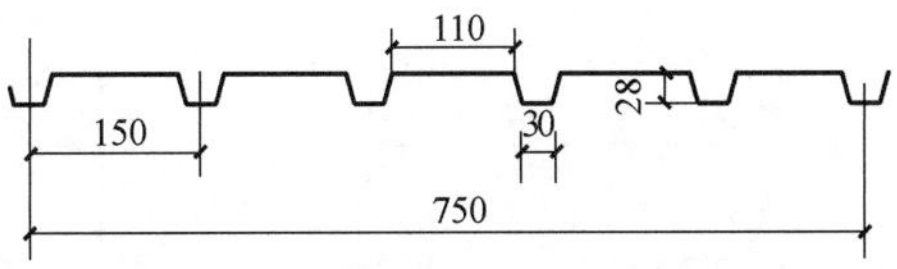 适用于：墙板	0.6	悬臂
			简支
			连续
		0.8	悬臂
			简支
			连续
		1.0	悬臂
			简支
			连续

（续）

版型	截面形状	钢板厚度/mm	支撑条件
YX28-205-820	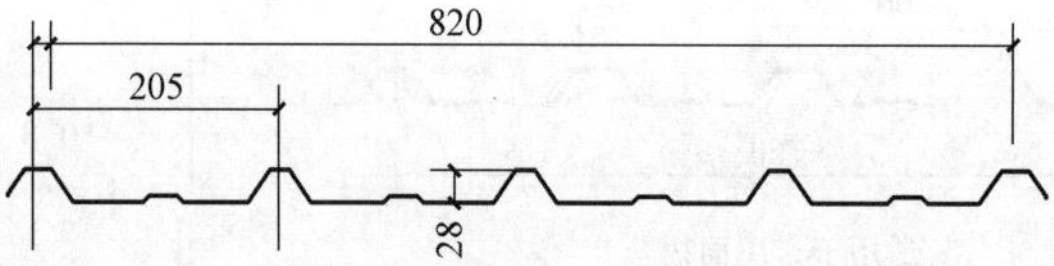 适用于：墙板	0.6	悬臂
			简支
			连续
		0.8	悬臂
			简支
			连续
		1.0	悬臂
			简支
			连续
YX51-250-750	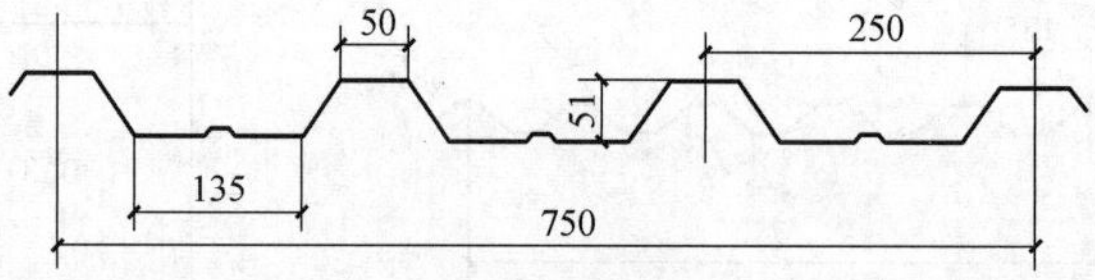 适用于：墙板	0.6	悬臂
			简支
			连续
		0.8	悬臂
			简支
			连续
		1.0	悬臂
			简支
			连续
YX24-210-840	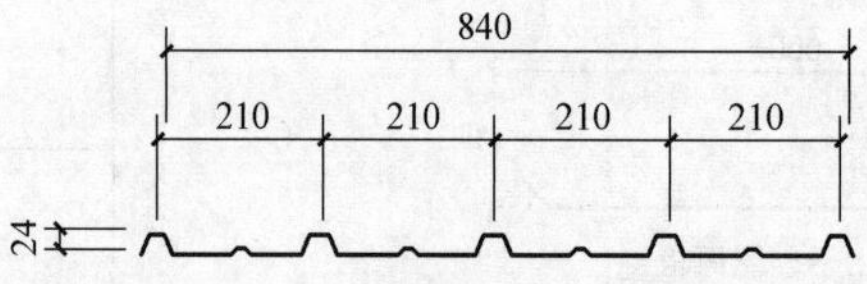 适用于：墙板	0.5	简支
			连续
		0.6	简支
			连续
		1.0	简支
			连续
YX15-225-900	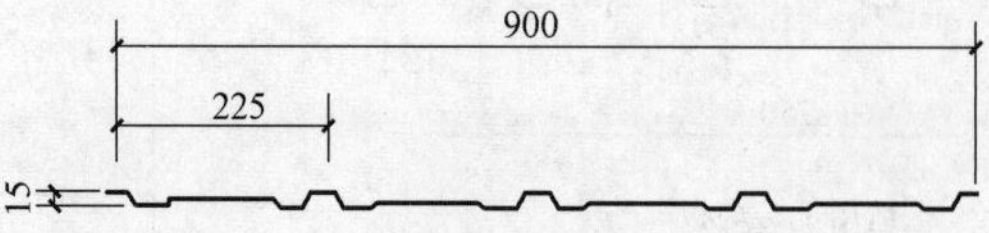 适用于：墙板	0.6	简支
			连续
		0.8	简支
			连续
		1.0	简支
			连续

（续）

版型	截面形状	钢板厚度/mm	支撑条件
YX15-118-826	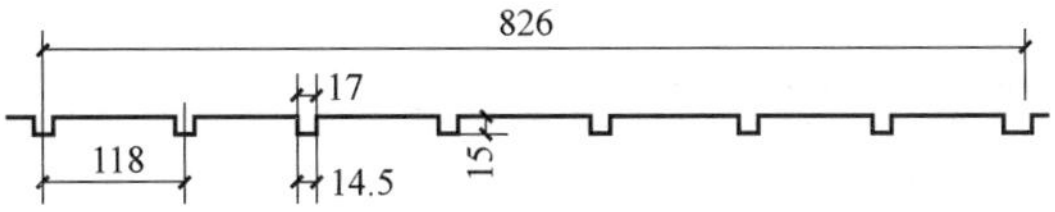 适用于：墙板	0.6	悬臂
			简支
			连续
		0.8	悬臂
			简支
			连续
		1.0	悬臂
			简支
			连续
YX75-175-600（AP600）	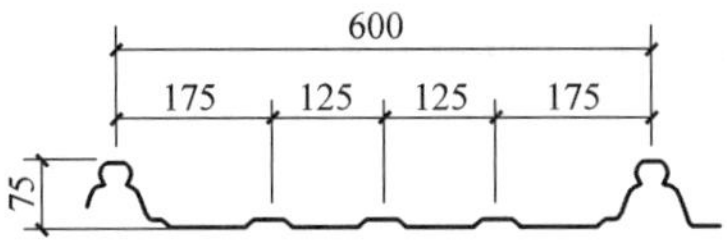 适用于：屋面板	0.47	简支
		0.53	
		0.65	
YX28-200-740（AP740）	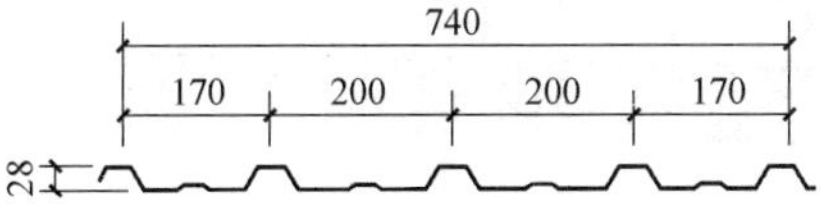 适用于：屋面板	0.47	简支
		0.53	

表 6-2　常用夹芯板版型

版型	截 面 形 状	面板厚/mm	板厚 S/mm	支撑条件
JXB45-500-1000	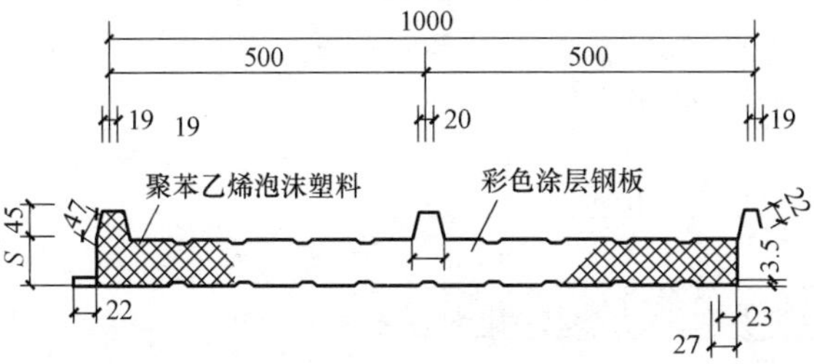 适用于：屋面板	0.6	75	简支
				连续
			100	简支
				连续
			150	简支
				连续

（续）

版型	截面形状	面板厚 /mm	板厚 *S* /mm	支撑条件
JXB42 -333 -1000	1000；*S*；42；适用于：屋面板	0.5	50	简支
				连续
			60	简支
				连续
			80	简支
				连续
JXB -QY -1000	1000；*S*；适用于：墙板	0.5	50	简支
				连续
			60	简支
				连续
			80	简支
				连续
JXB -Q -1000	彩色涂层钢板；聚苯乙烯；*S*；拼接式夹芯墙板	0.5	50	简支
				连续
			60	简支
				连续
			80	简支
				连续
	1222(1172)；1200(1150)；*S*；*S*−6；*S*−7；22；4；23；聚苯乙烯；插接式夹芯墙板 1000；25；28；*S*；24；岩棉；插接式夹芯墙板	0.5	50	简支
				连续
			60	简支
				连续
			80	简支
				连续

6.3　压型钢板和保温夹芯板节点施工详图

通过前几章的学习，对钢结构房屋的结构形式及安装节点已经很熟悉，除此之外，很多构造措施也很重要，如板的搭接，门窗周围，厂房拐角，屋脊，天沟，山墙等处都需要进行特殊处理，如果处理不好会引起房屋漏雨等现象，影响正常使用。本节主要通过图的形式对一些节点处理进行介绍。

6.3.1　墙板节点

1. 墙板纵向连接节点（图 6-1）

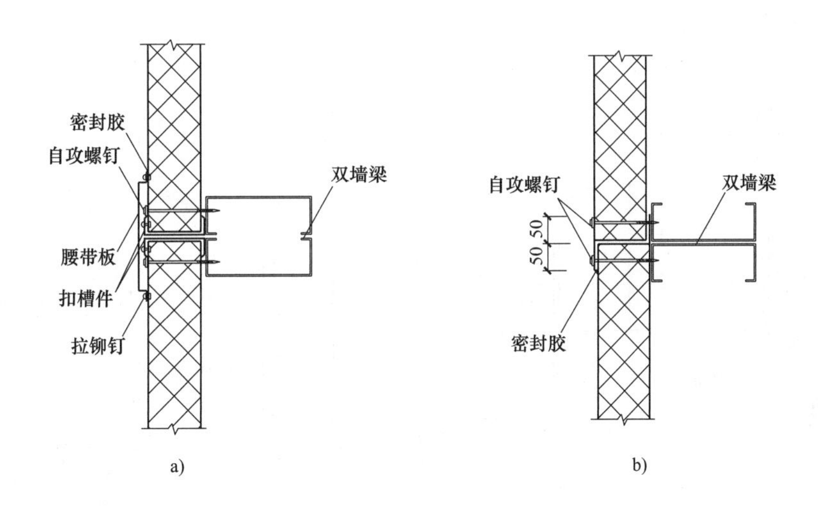

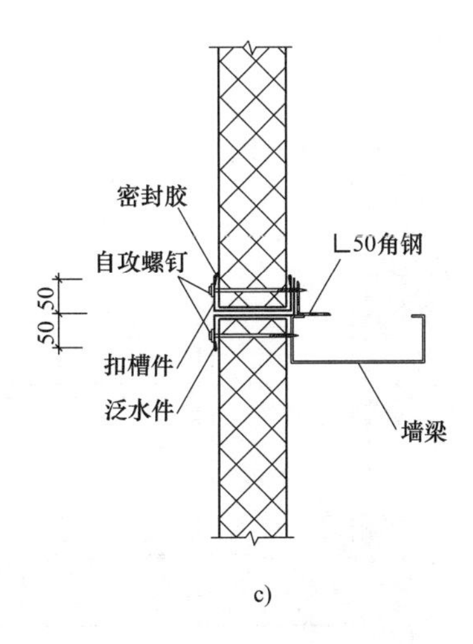

图 6-1　墙板纵向连接节点

2. 墙板横向连接节点（图 6-2）

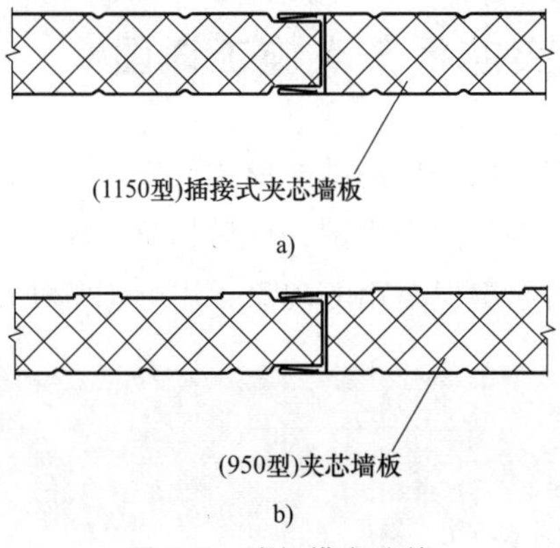

图 6-2　墙板横向连接

3. 外墙交接节点（图 6-3）

4. 内、外墙板交接节点（图 6-4）

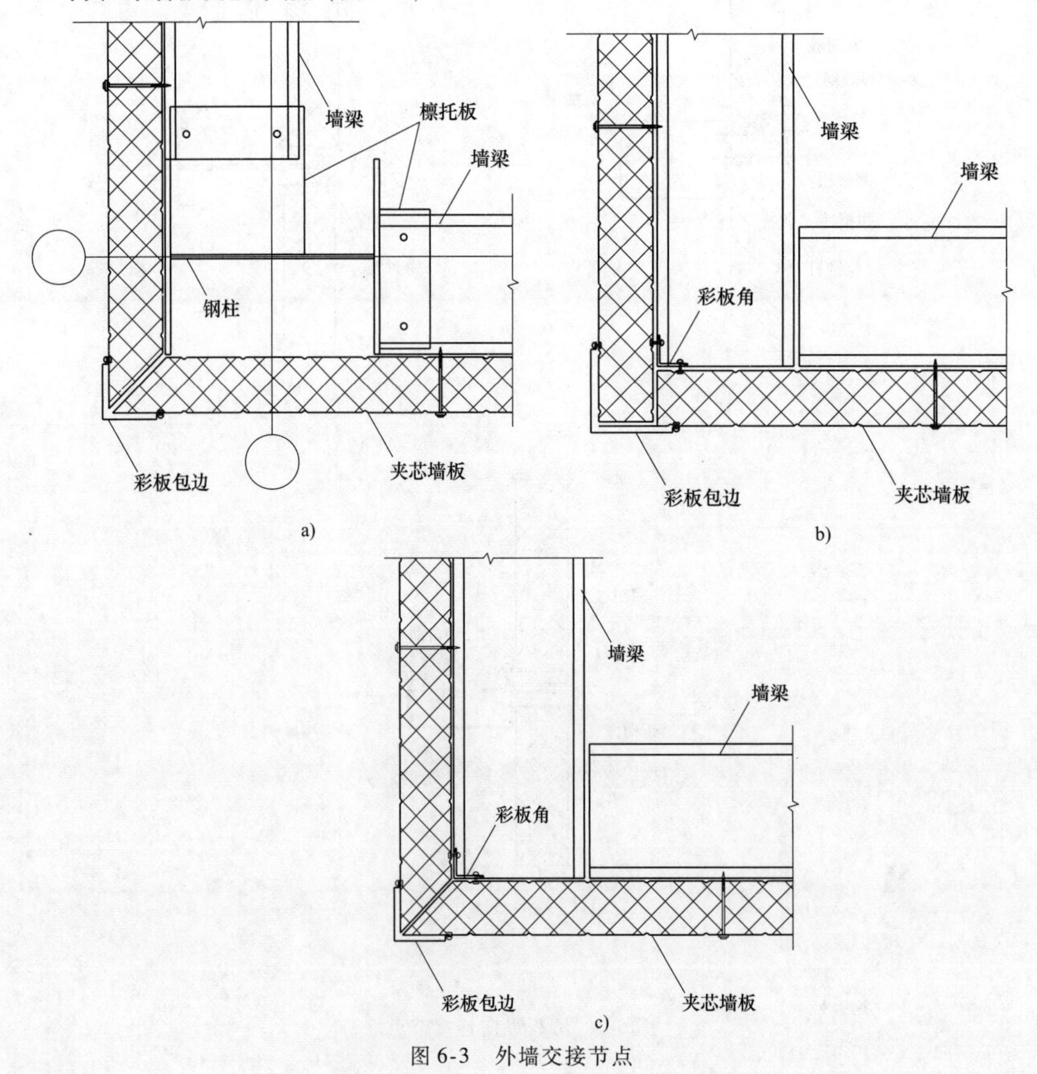

图 6-3　外墙交接节点

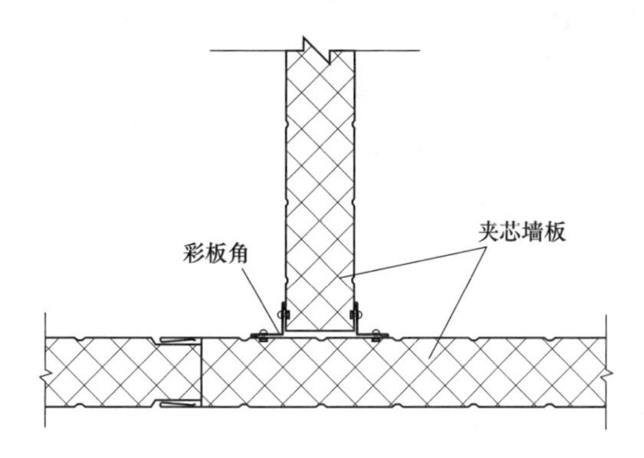

图 6-4　内、外墙板交接节点

5. 坎墙接点（图 6-5）

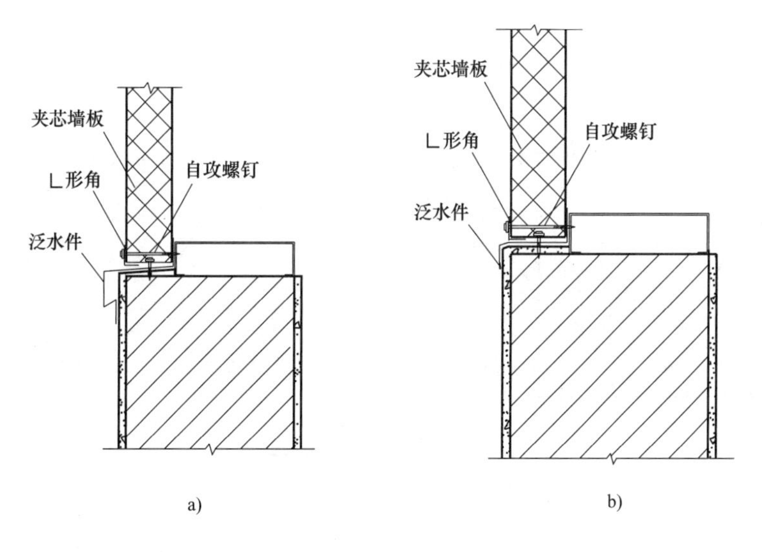

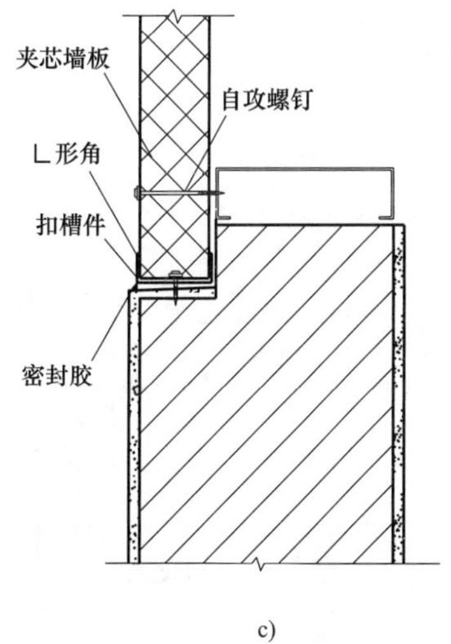

图 6-5　坎墙接点

6. 山墙及女儿墙节点（图 6-6）

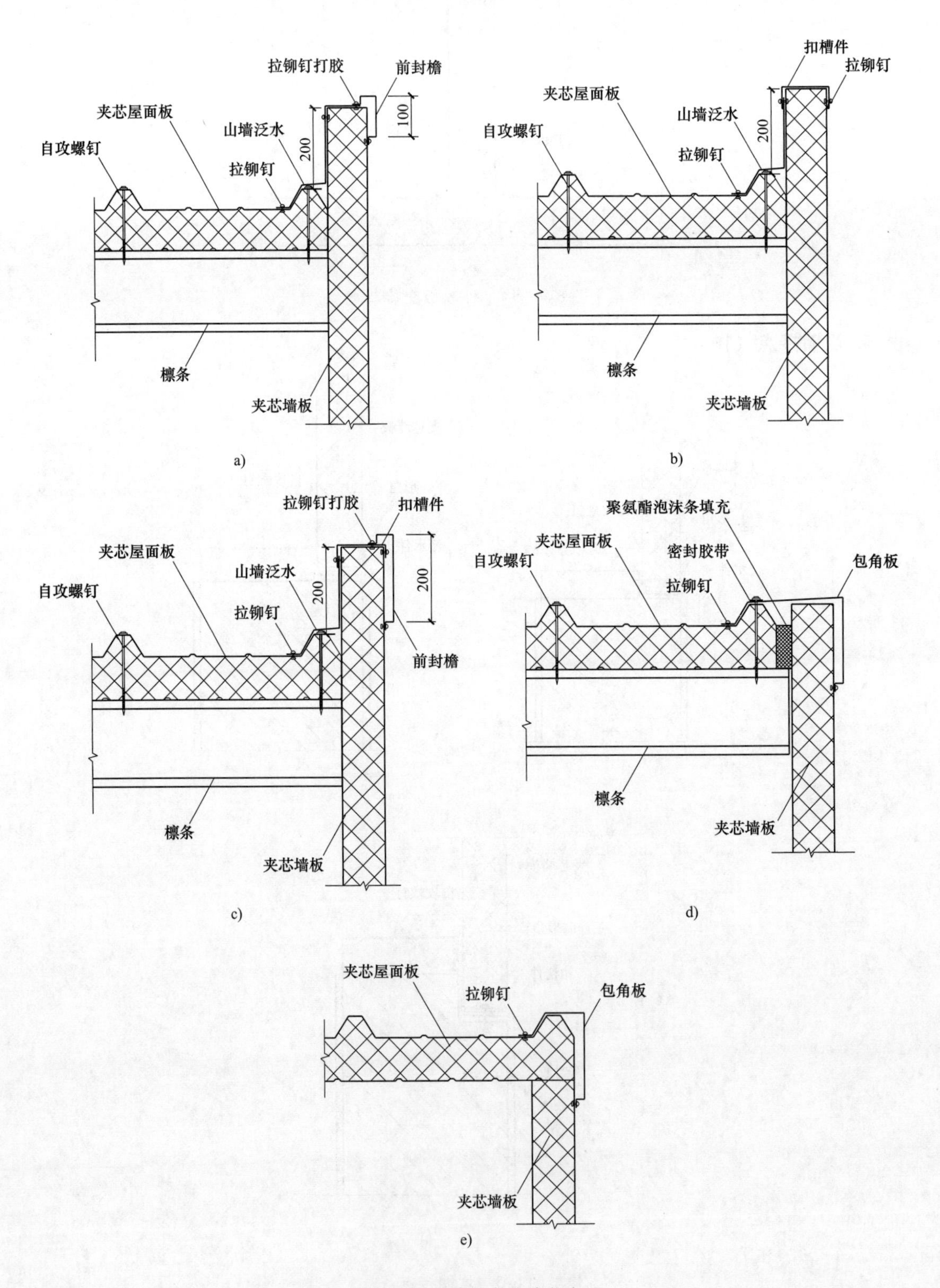

图 6-6　山墙及女儿墙节点

6.3.2　屋面板节点

1. 屋面板纵向连接节点（图 6-7）

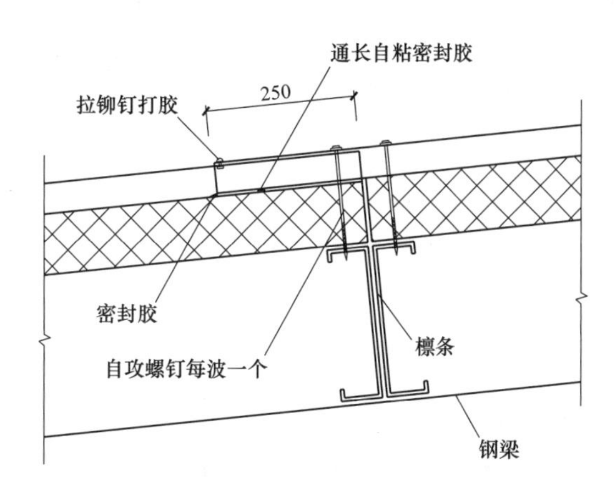

图 6-7　屋面板纵向连接节点

2. 屋面板横向连接节点（图 6-8）

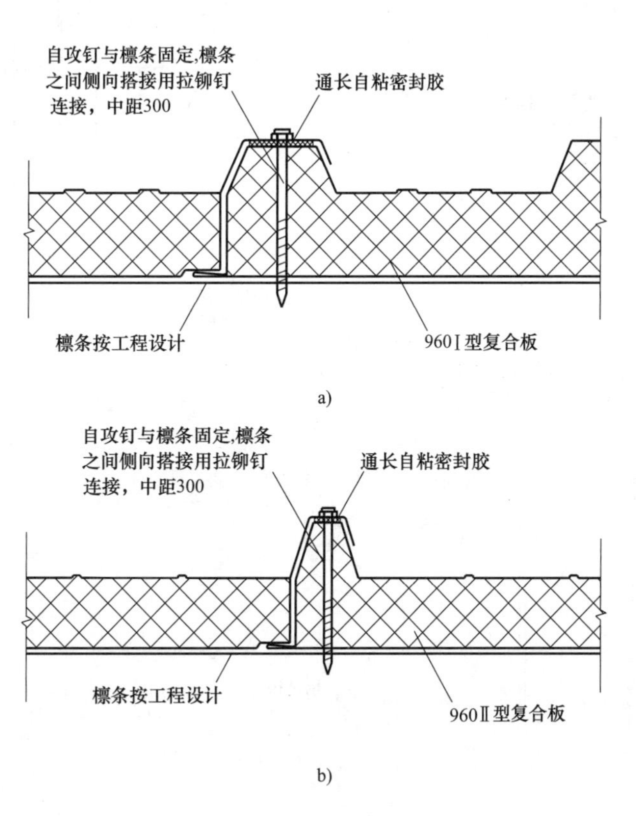

图 6-8　屋面板横向连接节点

3. 屋脊节点（图 6-9）

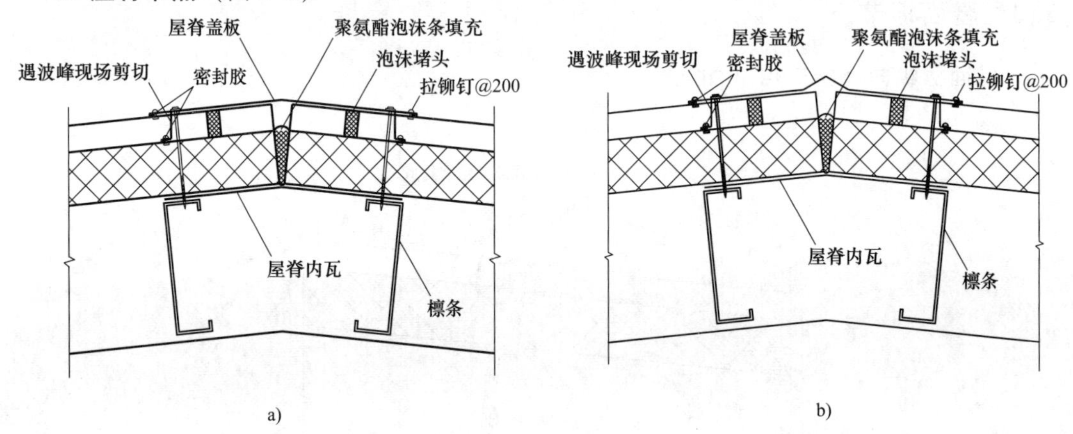

图 6-9　屋脊节点

4. 屋面檐口及檐沟节点（图 6-10）

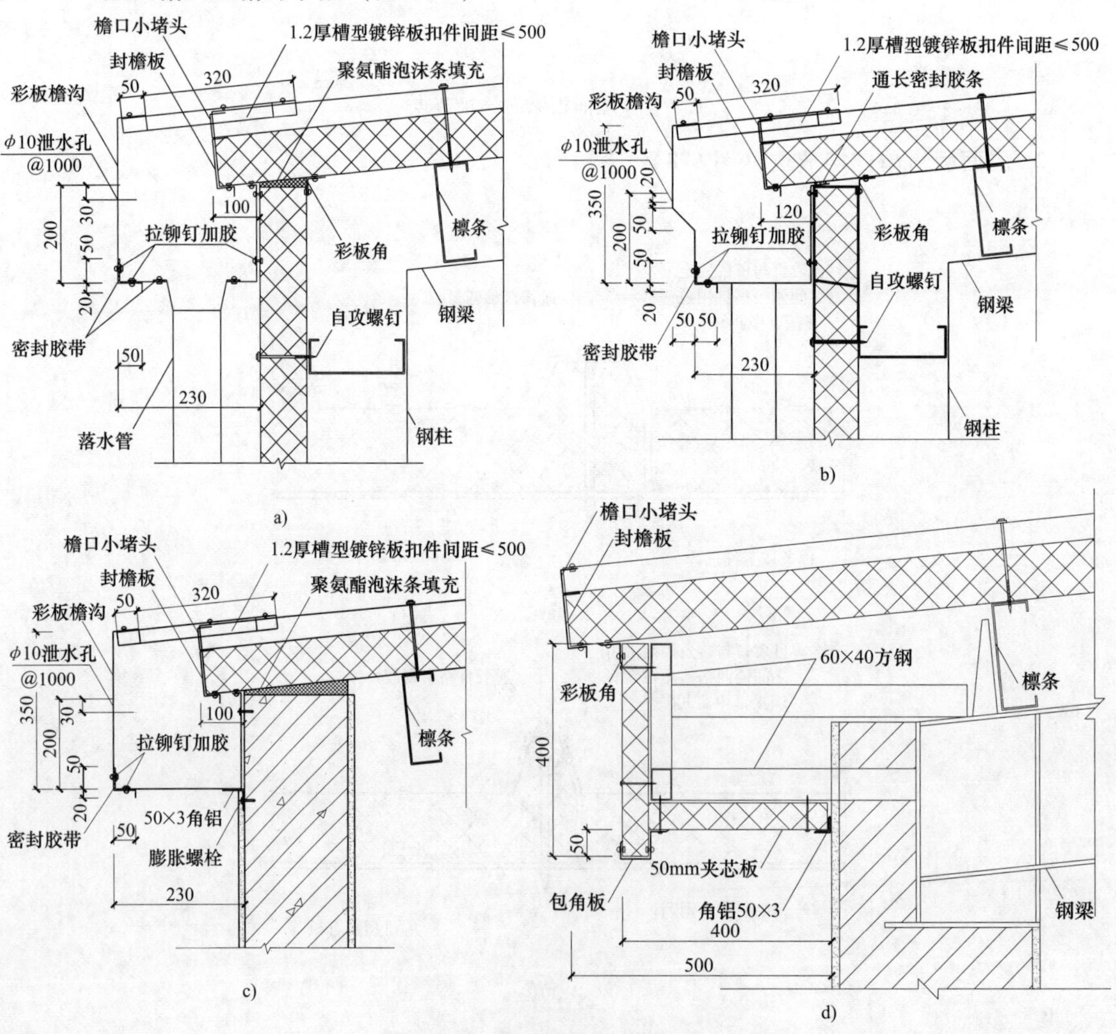

图 6-10　屋面檐口及檐沟节点

5. 内天沟外保温节点（图 6-11）

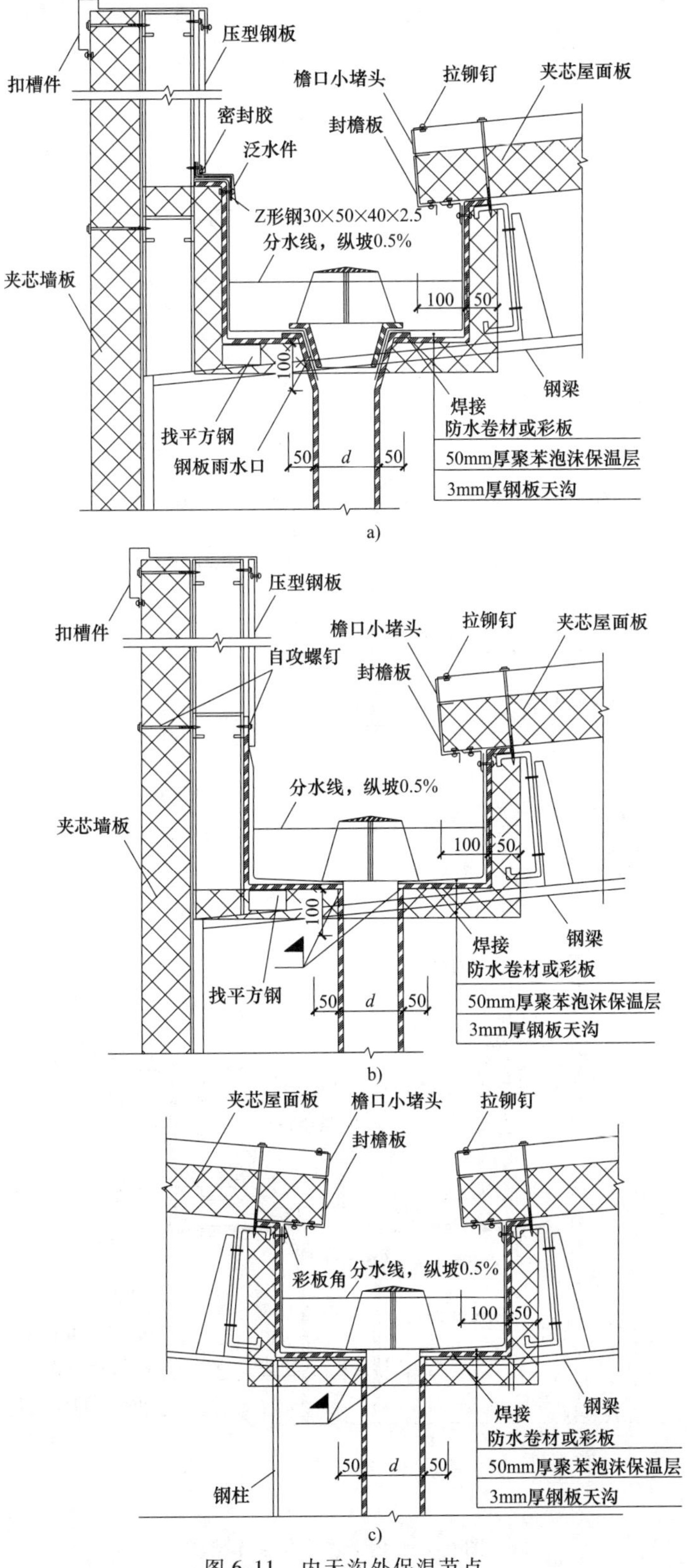

图 6-11　内天沟外保温节点

6. 内天沟内保温节点（图 6-12）

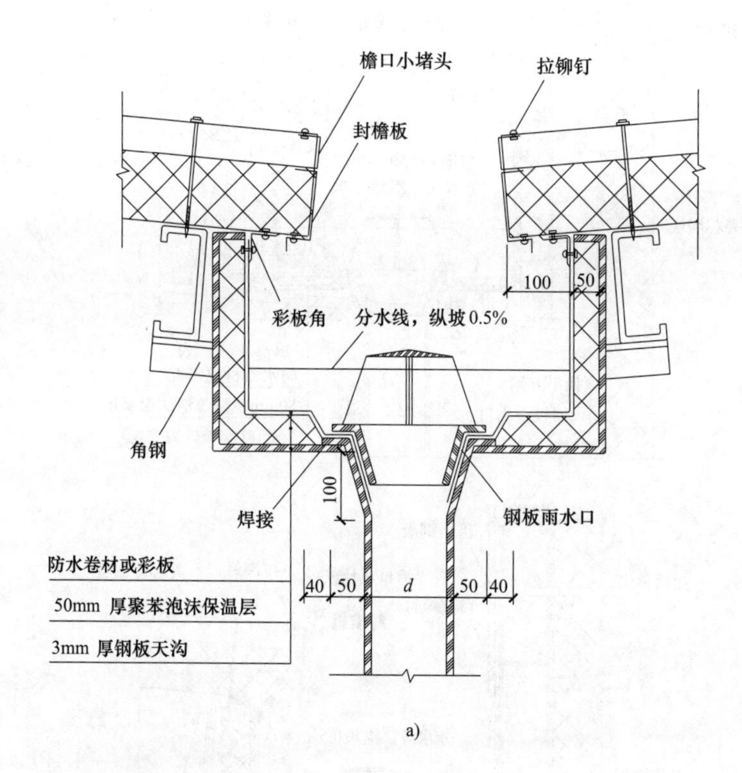

a)

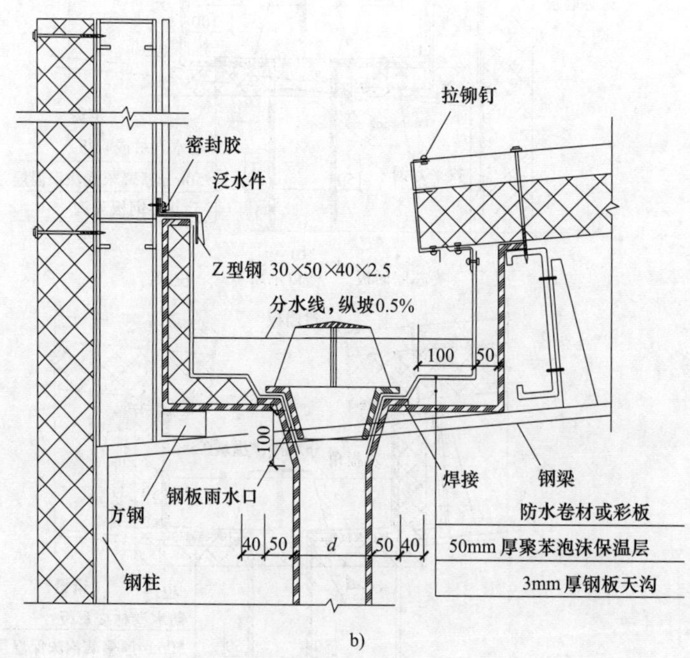

b)

图 6-12　内天沟内保温节点

7. 屋面采光板节点（图 6-13 和图 6-14）

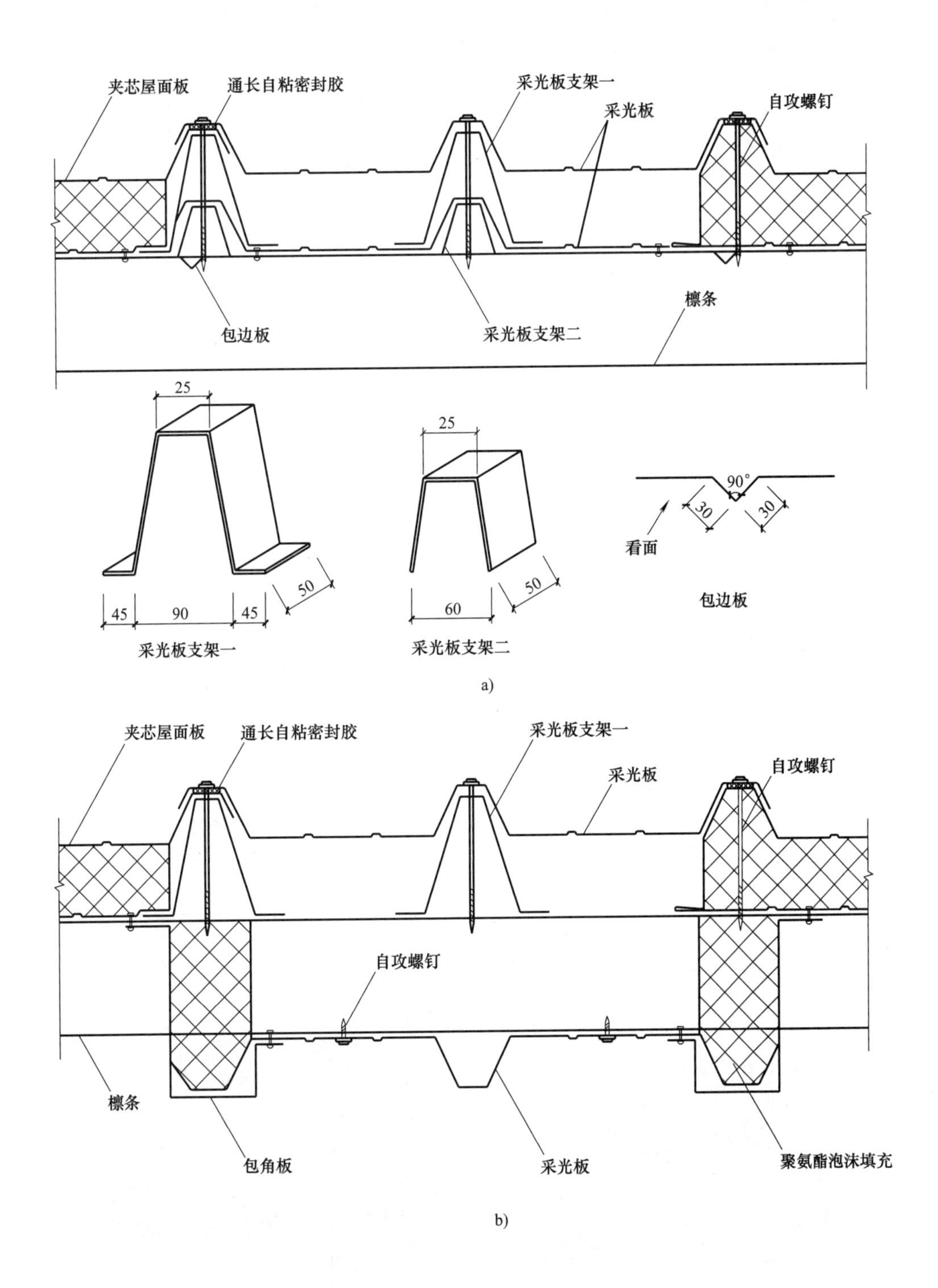

图 6-13　屋面采光板横向搭接节点

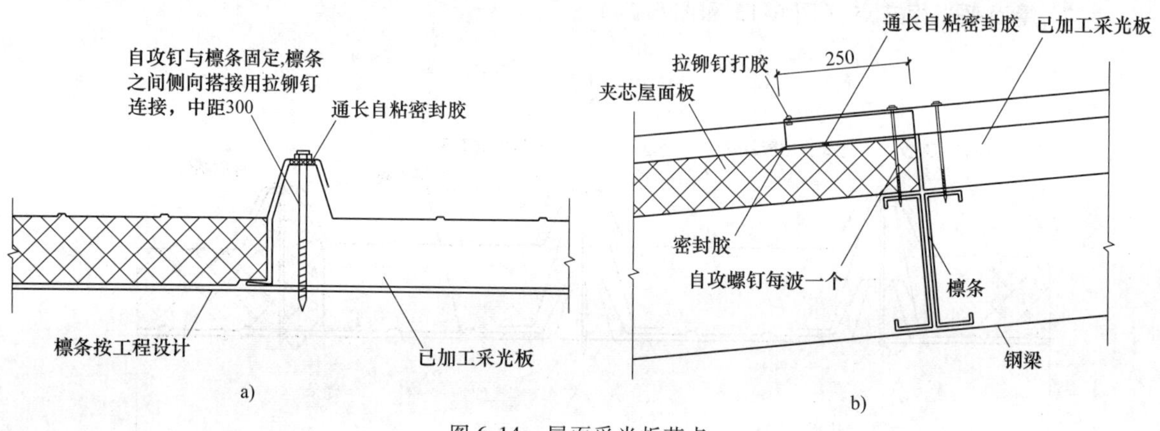

图 6-14　屋面采光板节点

6.3.3　高低跨节点

高低跨节点如图 6-15 所示。

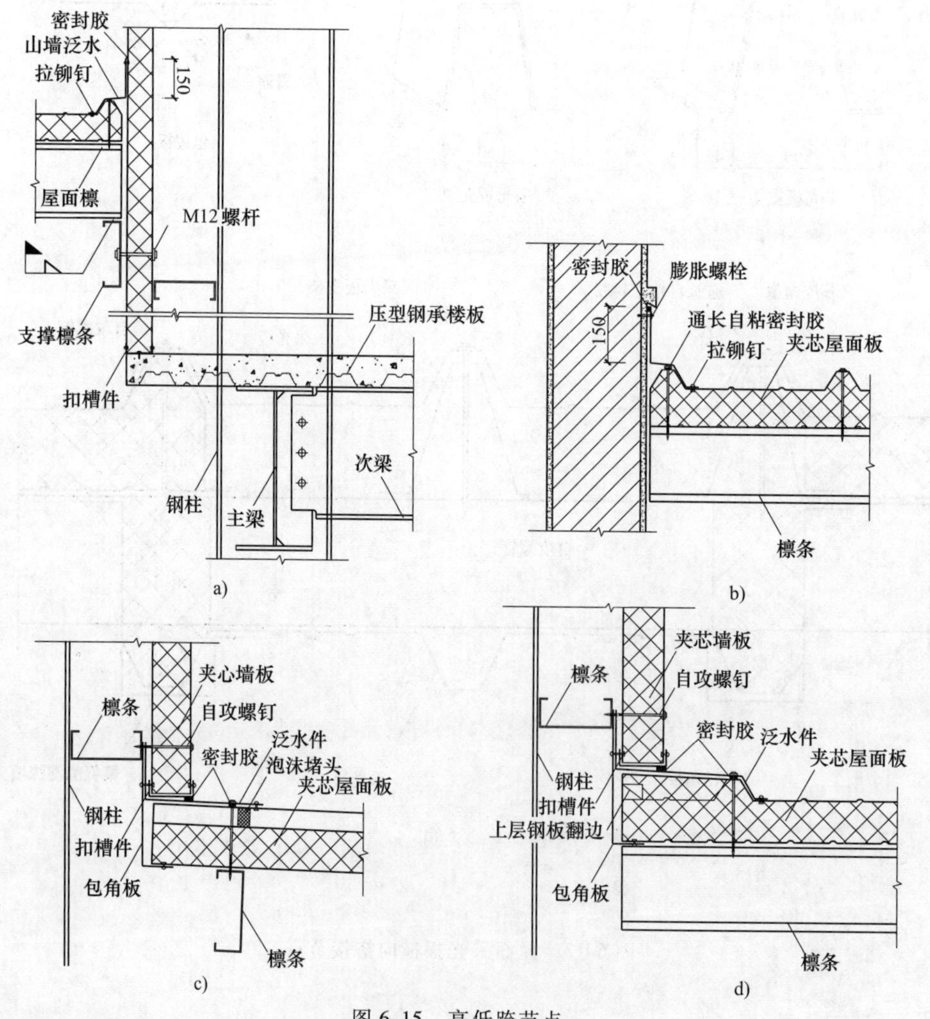

图 6-15　高低跨节点

6.3.4　门、窗口节点

1. 门口节点（图 6-16）

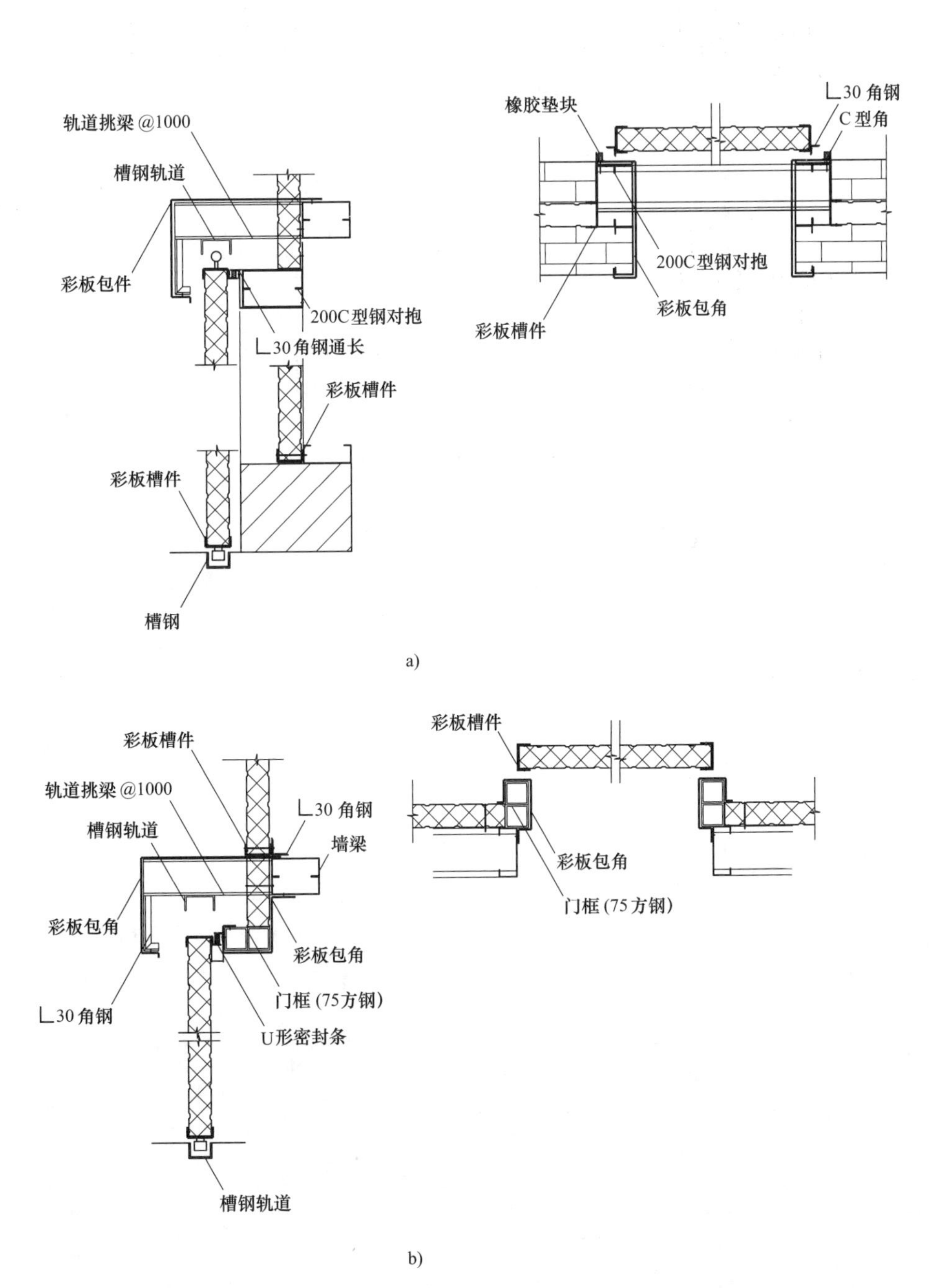

图 6-16　门口节点

2. 窗口节点（图 6-17）

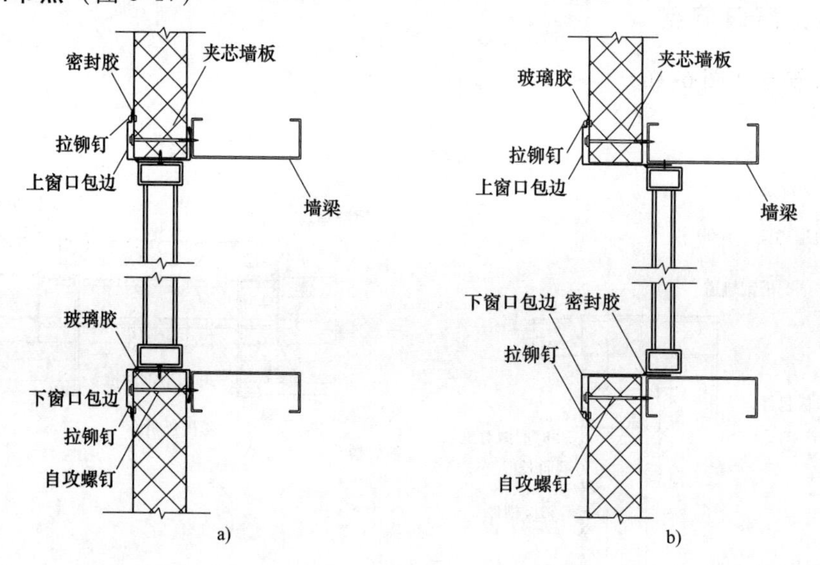

图 6-17　窗口节点

参考文献

[1] 中华人民共和国住房和城乡建设部. GB/T 50001—2010 房屋建筑统一标准 [S]. 北京：中国建筑工业出版社，2010.

[2] 中华人民共和国住房和城乡建设部. GB/T 50103—2010 总图制图标准 [S]. 北京：中国建筑工业出版社，2010.

[3] 中华人民共和国住房和城乡建设部. GB/T 50104—2010 建筑制图标准 [S]. 北京：中国建筑工业出版社，2010.

[4] 中华人民共和国住房和城乡建设部. GB/T 50105—2010 建筑结构制图标准 [S]. 北京：中国建筑工业出版社，2001.

[5] 中华人民共和国住房和城乡建设部. GB/T 50010—2010 混凝土结构设计规范 [S]. 北京：中国建筑工业出版社，2010.

[6] 中华人民共和国住房和城乡建设部. GB 50017—2003 钢结构设计规范 [S]. 北京：中国建筑工业出版社，2003.

[7] 中国建筑标准设计研究院. 11G101—1 混凝土结构施工图平面整体表示方法制图规则和构造详图（现浇混凝土框架、剪力墙、梁、板）[S]. 北京：中国建筑标准设计研究院，2011.

[8] 中国建筑标准设计研究院. 01J925-1 压型钢板、夹心板屋面及墙体建筑构造 [S]. 北京：中国计划出版社，2002.

[9] 中国建筑标准设计研究院. 03G102 结构设计制图深度和表示方法 [S]. 北京：中国建筑标准设计研究院，2003.

[10] 中国建筑标准设计研究院. 05J910-2 钢结构住宅 [s]. 北京：中国计划出版社，2005.

[11] 周佳新，张九红. 建筑工程识图 [M]. 北京：化学工业出版社，2008.

[12] 周佳新，姚大鹏. 建筑结构识图 [M]. 北京：化学工业出版社，2008.

[13] 魏明. 建筑构造与识图 [M]. 北京：机械工业出版社，2008.

[14] 苏小梅. 建筑制图 [M]. 北京：机械工业出版社，2009.

[15] 褚振文. 建筑识图实例解读 [M]. 北京：机械工业出版社，2009.

[16] 同济大学，等. 房屋建筑学 [M]. 北京：中国建筑工业出版社，2006.

[17] 赵研. 建筑识图与构造 [M]. 北京：中国建筑工业出版社，2004.

[18] 刘志杰，廉文山，等. 轻松识读房屋建筑施工图 [M]. 北京：北京航空航天大学出版社，2007.

[19] 王强，张小平. 建筑工程制图与识图 [M]. 北京：机械工业出版社，2003.

[20] 姜庆远. 怎样看懂土建施工图 [M]. 北京：机械工业出版社，2003.

[21] 高霞，杨波. 建筑施工图识读技法 [M]. 合肥：安徽科学技术出版社，2007.

[22] 郑贵超，赵庆双. 建筑构造与识图 [M]. 北京：北京大学出版社，2009.

[23] 张学宏. 建筑结构 [M]. 北京：中国建筑工业出版社，2003.

[24] 王全凤. 快速识读钢结构施工图 [M]. 福州：福建科学技术出版社，2004.

[25] 乐嘉龙. 学看钢结构施工图 [M]. 北京：中国电力出版社，2005.

[26] 乐嘉龙，高文云，张立明，等. 钢结构建筑施工图识读技法 [M]. 合肥：安徽科学技术出版社，2006.

[27] 郭兵，纪伟东，赵永生，等. 多层民用钢结构房屋设计 [M]. 北京：中国建筑工业出版社，2005 .

[28] 宋琦，刘平. 钢结构识图技巧与实例 [M]. 北京：化学工业出版社，2008.